A Series of Food Science & Technogy Textbooks

食品科技系列

普通高等教育"十二五"规划教材

粮油加工工艺学

周裔彬 主编

化学工业出版社
·北京·

本书系统地阐述了粮油原料结构、化学组成、加工的基本方法和理论。主要内容包括原料清理的原理、方法和主要设备的结构；稻谷碾米的原理、工艺和主要设备的结构；小麦制粉的原理、工艺和主要设备的结构；油脂取制的原理、工艺和主要设备的结构；杂粮加工的原理、工艺和主要设备的结构；粮油副产品深加工的方法与工艺。本书密切联系我国粮油加工技术的现状，列有粮油产品的国家新标准。书中图文并茂，章后附有思考题，便于理解和自学。

本书可作为粮油加工专业、食品科学与工程专业等专业课程教材，也可以供相关领域的科研及技术人员参考。

图书在版编目（CIP）数据

粮油加工工艺学/周裔彬主编. —北京：化学工业出版社，2014.12（2024.8重印）
普通高等教育"十二五"规划教材
ISBN 978-7-122-22020-2

Ⅰ.①粮…　Ⅱ.①周…　Ⅲ.①粮食加工-工艺学-高等学校-教材②食用油-油料加工-工艺学-高等学校-教材　Ⅳ.①TS210.4②TS224

中国版本图书馆 CIP 数据核字（2014）第 233216 号

| 责任编辑：赵玉清 | 文字编辑：魏　巍 |
| 责任校对：宋　玮 | 装帧设计：关　飞 |

出版发行：化学工业出版社（北京市东城区青年湖南街 13 号　邮政编码 100011）
印　　装：北京天宇星印刷厂
787mm×1092mm　1/16　印张 13¾　字数 359 千字　2024 年 8 月北京第 1 版第 7 次印刷

购书咨询：010-64518888　　　　　　售后服务：010-64518899
网　　址：http://www.cip.com.cn
凡购买本书，如有缺损质量问题，本社销售中心负责调换。

定　　价：32.00 元

前　言

　　稻谷、小麦、杂粮和油料均是粮油加工的原料，是食品工业的重要组成部分，也是现代人们生活中膳食结构的主体。粮油原料及其副产品的加工与转化，不仅可以充分利用资源，提高农产品附加值，还可以促进农业和食品工业的发展。在 20 世纪 90 年代以前，我国高等教育设置有粮油加工专业，对稻谷、小麦、油脂的制取等有专门的学科，分别进行系统的理论和实践教学，专业性很强，但极少涉及杂粮加工和粮油副产品深加工的理论和实践教学。随着高等院校专业结构的调整，粮食和油脂制取合为一门综合工艺课程。对高等农业院校来说，无论课程是农产品加工或是农产品加工与贮藏还是粮油加工学，所涉及的内容不仅包括稻谷加工、小麦制粉和油脂制取等内容，还包括产品的深加工，如焙烤工艺、面条工艺、植物蛋白和淀粉的加工等，甚至涉及发酵和糖类等工艺，内容庞杂，且与食品工艺学课程交叉重叠较多。特别是各高等院校课程小型化改革，课程学时压缩，学生很难在有限的时间内比较全面地掌握粮油加工的基本理论和工艺技术。因此，有必要精简粮油加工学课程的内容，重新凝炼，使之更适合目前设置粮油加工或是农产品加工等课程的教学和实践要求。

　　编写课题组在充分调研高等院校，特别是高等农业院校开设粮油加工学、农产品加工课程的相关内容，以及目前所使用的粮油加工学、农产品加工学等教材的基础上，制定了本书的编写框架。为了更适合大粮油加工人才的培养，满足理论与实践教学的要求，及密切联系我国现有粮油加工企业所需人才要求，本书按 40～48 课时的要求进行编写，共计 6 章，包括原料的清理、稻谷碾米、小麦制粉、油脂取制与加工、杂粮加工和粮油副产品深加工等。每章列有学习重点和思考题。在编写过程中，考虑到方便自学和对目前我国粮油产品标准的了解，对主要的设备采用结构简图说明，并附有目前我国粮油产品新规定的标准。

　　本书由安徽农业大学食品系周裔彬主编，并独立编写第 1 章和参编第 2 章、第 3 章、第 4 章和第 5 章等内容。宋晓燕参与编写了第 2 章。李梦琴参与编写了第 3 章。吴卫国和王乃富参与编写了第 4 章。马挺军、廖卢艳参与编写了第 5 章。吴卫国和汪名春参与编写了第 6 章。研究生张尧北平和张扬等帮助收集资料和整理部分文字。全书由周裔彬定稿。

　　本书在编写过程中得到了安徽农业大学教务处、化学工业出版社给予的大力支持，对此表示衷心的感谢！编写过程中参阅了近期国内各高等院校粮油加工学、农产品加工等方面的教材和文献，以及粮油国家标准，对采用这些作者的资料、成果一并表示谢意。

　　由于作者水平有限，书中难免存在缺点或不足，敬请各位同行、专家和读者批评指正。

周裔彬

2014 年 7 月

于合肥

目　录

第4章 油脂取制与加工 /115

第5章 杂粮加工 /159

第6章　粮油副产品深加工　/181

参考文献　/213

第1章 原料的清理

本章学习的目的和重点： 掌握原料中杂质的特点、分类，以及稻谷、小麦、油料等大宗原料清理的工艺；了解蒸谷米处理的工艺；重点掌握清理的原理和方法、设备的组合、工艺性质及润麦的原理；通过学习，能将清理的原理应用于不同粮食清理的工艺中。

1.1 原料中的杂质

粮食（grains，cereal）和油料（grains and oilseeds）等在收获、干燥、储藏等过程中，虽经过了一定程度的清理（cleaning），但由于技术条件的限制，仍然残留有各种杂质。在储运过程中，由于环境或容器不净，也难免会混入一些杂质。此外，粮食和油料作物在生长过程中，混长一些杂草、非粮食和油料类的杂粮，在收获过程中，这些草籽和杂粮自然进入原料粮中，如果加工时不去除，将会影响最终加工产品的质量。因此，在加工时，有必要分析这些杂质的性质和特性，利用机械将混入原粮和油料中不适宜加工的一些异物清除。

1.1.1 杂质的种类和性质

目前，伴随在原料中的杂质一般按化学组成不同和颗粒大小、形状等物理性质的差异进行分类。

1.1.1.1 按化学组成分

（1）无机杂质

凡混入原料中的泥土、砂石、煤渣、砖瓦碎块、玻璃碎块、金属及矿物质等属于无机杂质（inorganic impurities）。

（2）有机杂质

凡混入原料中的根、茎、叶、颖壳、野生植物种子、异品种粒及无食用价值的生芽、病斑、变质粒等属于有机杂质（organic impurities）。

也有些资料中，为了分类简化，习惯将无机杂质和有机杂质称为尘芥杂质，异种粮粒和无食用价值的籽粒称为粮谷杂质。

有些病害变质粮粒、异种油籽粒和野生植物种子含有毒素，人畜误食后会中毒，如麦角、赤霉病、蓖麻子、毒麦和麦仙翁等。原料中如含这些杂质应加强清理，必须使其达到卫生规定标准。

异种粮粒和无毒的野生植物种子，如稗子、野豌豆、野燕麦、雀麦等富含淀粉、脂肪和蛋白质，这些杂质清理出来后应回收，进行综合利用。

1.1.1.2 按物理性状分

（1）根据颗粒大小分为三类

a. 大杂质：比粮食和油料籽粒大而长的杂质。

b. 小杂质：比粮食和油料籽粒小而短的杂质。

c. 并肩杂质：与粮食和油料籽粒形状、大小相似的杂质。

（2）根据密度大小分为两类

a. 轻杂质：指密度小于粮食和油料的杂质。

b. 重杂质：指密度大于粮食和油料的杂质。

杂质除了颗粒大小和密度等物理性状与粮食和油料不同外，其表面特征、色泽、磁电性能和气体动力学性质等方面也存在某些差异，这些差异也是清理杂质的主要依据，差异越显著，杂质越容易分离出来。

1.1.2 杂质对加工和产品质量的影响

（1）影响产品质量

杂质清理不净，会降低产品纯度，影响色泽、气味和食用品质。如矿物杂质会使面粉灰分增加，牙碜。特别是刺状铁屑和玻璃、矿渣粉末会严重伤害人体消化器官。一些有毒杂质的含量如超过规定的卫生标准则有害人身健康，副产品糠麸、饼粕也不能作饲料。

荞子表皮黑色，黑穗病麦粒含黑色孢子且有腥味，会影响面粉色泽和气味。一些泥土、茎秆、皮壳会使油脂颜色变深，沉淀物增多。含砂、稗、黄粒米则有损大米的食用品质。异种粮粒、发芽和病虫害麦粒淀粉含量高，面筋质差，影响面团物理特性，使烘焙品质变坏。

（2）影响出品率

原料中的杂质，多无食用价值。显然，含杂质多会减少原料本身的有效利用，降低出品率。特别是油料中的杂质不但不含油，若不预先清除，在加工过程中还会吸附一定数量的油脂，致使出油率降低。

（3）影响加工工艺

原料中含绳头、蒿草等纤维杂质，容易堵塞输送管道，妨碍生产顺利进行；或缠绕在螺旋输送机和搅拌器的转轴与叶片上，降低输送能力，使产品搅拌不均匀并增加动力消耗。

（4）影响安全生产

原料中含砂石、金属等坚硬杂质容易磨损机械设备的工作表面和构件，缩短其使用寿命；有时还会严重损坏高速运转的机械，引起火灾或粉尘爆炸等事故。

（5）影响环境卫生

原料中含泥土、灰尘，如吸风除尘系统不完善，会使灰尘飞扬，污染工作场所和周围环境，有碍操作工人和附近居民的身心健康。

1.1.3 原料含杂的允许标准

鉴于国际和我国政府对食品质量安全的关注，原粮中的杂质，不仅影响加工工艺和设备，而且会对加工的产品质量造成直接的影响，根据国粮发〔2010〕178 号文件，杂质含量是原料收购和调拨时依质定等的标准之一，并对主要原粮和油料的质含杂量作了如下规定：即各种等级的原粮和油料含杂总量不应超过 1％。对于小麦中的杂质，矿物质应在 0.5％以下。稻谷中黄粒米限度为 2％。

由于入厂原料品种很多，含杂种类和数量也不固定，有时含杂量往往超过上述规定标准，给加工生产带来很多困难，并增加生产成本。因此在操作规程中，对清理后原料含杂标准也作了如下规定。

（1）进入一皮磨粉机的净麦，尘芥杂质含量不超过 0.3%，其中砂石含量不超过 0.02%。粮谷杂质不超过 0.5%，荞子不超过 0.1%。

（2）进入砻谷机的净谷，其含杂总量不超过 0.6%，其中石子每公斤不超过 1 粒，稗子每公斤不超过 130 粒。

（3）主要油料清理后，其含杂总量不超过下列数值：大豆冷榨 0.05%，热榨 0.1%；棉籽、油菜籽、芝麻均为 0.5%；花生仁 0.1%；米糠 0.05%。

1.2　原料清理的原理和方法

原料与杂质在物理性质上可能存在几个方面的差异，除杂时应选择最显著的差异作为依据，采取适当的方法，以求实效。

1.2.1　风选法

风选（pneumatic separating）是根据物料与杂质在空气中悬浮速度等空气动力学性质的差异，利用一定形式的气流将物料和杂质分离的方法。按气流运动方向的不同，有垂直气流风选、水平气流风选和倾斜气流风选等方法。风选法除对重杂质起辅助分离作用外，主要用于分离原粮中的轻杂质，如灰尘、壳、瘪粒以及虫蛀、霉变粒等。

在垂直气流风选中，根据物料与杂质性质的差异，选择适当的风速，使悬浮速度小于气流速度的杂质顺气流方向被吸（吹）走，大于气流速度的物料逆气流方向下落，等于气流速度的呈悬浮状态。物料在受到垂直气流作用时，其运动状态由物料本身的颗粒大小、密度和外施空气速度决定：①空气作用力和浮力之和大于物料重量时，物料上升，但不可能分离出物料中的轻杂质，可能能够分离出大于物料重量的重杂质，实际生产中不宜采用；②空气作用力和浮力之和小于物料颗粒重量时，物料和重杂质一起下落，轻杂质（如灰尘、壳片、叶片、不饱满粒等）被气流带走，实现轻杂质分离，实际生产中常用；③空气作用力和浮力之和等于物料重量时，物料则处于悬浮状态，实际生产中，将风速调小，使其符合物料和轻杂质分离要求。

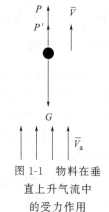

图 1-1　物料在垂直上升气流中的受力作用

如图 1-1 所示，在重力场中，当质量为 m 的物料处于垂直上升的稳定气流中，将受到其自身重力 G、空气的作用力 P 和原料颗粒排出同体积的浮力 P' 的作用而运动。由于空气的密度很小，物料的体积也很小，所以 P' 可略去不计。故当 $P>G$ 时，物料向上运动；当 $P<G$ 时，物料向下运动；当 $P=G$ 时，物料既不向上运动也不向下运动，而处于悬浮状态，实际生产中不可取。

物料在稳定的水平气流中，同样受到自身重力 G、气流作用力 P 和空气浮力 P' 的作用（P' 值可略去不计）而朝着 P 和 G 的合力 R 的方向运动，轨迹为一抛物线，如图 1-2 所示。合力 R 和重力 G 的夹角 α 越大，物料被气流带走的距离越远，反之就越近。如果用水平气流作用力 P 和重力 G 的比值表示，则得 α 角的正切，即：

$$\tan\alpha=\frac{P}{G}=\frac{K\rho F(V_a-V_x)^2}{G} \tag{1-1}$$

式中，K 为阻力系数；ρ 为物料的密度，kg/m³；F 为物料所受风面积，m²；（V_a-

V_x）为物料所受的实际气流的速度，m/s。

$\tan\alpha$ 一般称为物料的飞行系数式(1-1)，它是表征物料在水平气流中的空气动力学特性的。由于物料和杂质的飞行系数不同，在同一水平气流的作用下，它们便沿着各自不同的轨迹运动而分离。水平气流既能分离物料中轻杂质和重杂质，也能把物料按颗粒密度大小不同分成轻质物料和重质物料。

物料在倾斜气流（气流与水平方向成某一角度）中，受到重力（G）、空气作用力（P_y）和浮力（P'）的共同作用（图1-3），其运动轨迹呈抛物线，物料颗粒的大小、密度和空气速度将决定其水平方向的运动距离。从运动力学上分析可知，向上的倾斜气流比水平气流对物料和杂质的分离更有效。

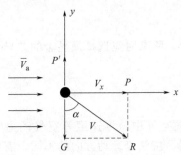

图1-2 物料在水平气流中的受力作用

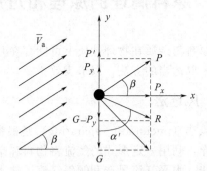

图1-3 物料在倾斜气流中的受力作用

$$\tan\alpha' = \frac{P_x}{G-P_y} = \frac{P\cos\beta}{G-P\sin\beta} \tag{1-2}$$

式中，$\tan\alpha'$ 为倾斜气流中物料的飞行系数；P_x 为物料在水平方向上所受气流的作用力；（$G-P_y$）为物料在垂直方向上的作用合力；β 为气流与水平方向的夹角。

1.2.2 筛选法

筛选法（sieve separating，sifting）是根据物料颗粒与杂质在粒度大小、形状等方面的差异，利用一层或数层运动或静止的筛面将物料和杂质分离的过程。在筛选过程中，凡大于筛孔尺寸，不能通过筛孔的物料称为筛上物；小于筛孔尺寸，穿过筛孔的物料称为筛下物。

物料颗粒的几何尺寸，一般是长＞宽＞厚。按粒度大小进行筛选主要是根据宽度、厚度的不同。

1.2.2.1 筛选的一般原理

（1）根据宽度不同

圆形筛孔主要是根据物料宽度不同进行分离的。如图1-4所示，宽度小于筛孔直径的物料穿过筛孔，宽度大于筛孔的物料不能通过筛孔。利用圆形筛孔筛选时，长形物料依靠自身重力需要竖起来才能顺利通过筛孔。当物料长度大于筛孔直径两倍以上时，如物料仅作平行于筛面的相对运动，其宽度虽小于筛孔直径，由于重心位置不在筛孔内，不能竖起来，也不易穿过筛孔（图1-4）。因此，在生产实践中，多利用圆形筛孔分离比物料宽度大和比物料长很多的大杂质，也利用圆形筛孔分离比物料宽度小的小杂质，或利用圆形筛孔按物料宽度分级。

（2）根据厚度不同

长方形筛孔是根据物料厚度不同进行分离的。如图1-5所示，厚度小于筛孔宽度的物料可以通过筛孔，大于筛孔宽度的留于筛面上。

利用长方形筛孔时，筛孔长边应与物料运动方向一致，筛孔对长形物料穿过筛孔很有

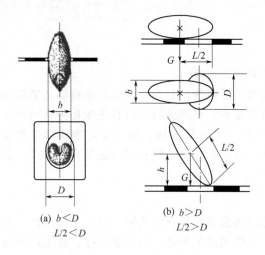

(a) $b<D$
$L/2<D$

(b) $b>D$
$L/2>D$

图 1-4 圆形筛孔分离原理

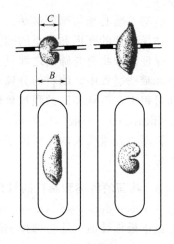

图 1-5 长方形筛孔分离原理

利，由于物料不需要竖起来，横着便能穿过筛孔，因此物料只作平行于筛面的相对运动即可。在实际生产中，多利用这种筛孔分离比物料厚度较大和较小的杂质，或按厚度不同对物料进行分级。

（3）物料的形状或截面不同

三角形筛孔是根据物料的形状或截面的形状不同进行分离的。当颗粒直径小于三角形筛孔内切圆直径或颗粒呈三角形而小于筛孔时，就能穿过筛孔，反之不能穿过，如图 1-6 所示。适用于筛选近似三角形的物料，如荞麦等三角形或菱形物料（图 1-7）；或者用来分离物料中近似三角形的杂质，如菱形石子和草籽、稗子等。

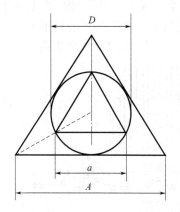

图 1-6 三角形筛孔与圆形筛孔的几何关系

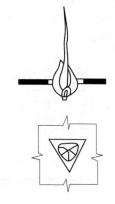

图 1-7 三角形孔物料穿过筛孔的状态

除上述圆形、长方形和三角形筛孔分离物料或物料与杂质外，还有正方形、菱形、鱼鳞式筛孔和袋孔形、凸孔形，以及钢条、铁丝、纤维和尼龙丝等编织的筛孔用于分离物料或除杂。

筛孔的制作，要先对物料颗粒的长、宽、厚及大小形状进行测定，按统计方法将测定结果绘制成曲线，同时，分析物料中杂质的特性，以此为依据选择适当的筛孔，再配置不同的筛孔、筛面达到分离物料和除杂。

1.2.2.2 筛选的基本条件

在筛选的过程中，要使一部分物料穿过筛孔成为筛下物，达到分级的目的，必须具备以下三个条件。

（1）应筛下物必须与筛面接触。

（2）选择合理的孔形和大小的筛面。

（3）保证筛选物料与筛面之间具有适宜的相对运动速度。

物料在筛选过程中，物料的分离和筛选与物料的散落性、自动分级性关系密切。散粒物料在运动过程中，性状相同的颗粒集聚在一起重新排列，形成分级，这种现象称为自动分级（self-classification）。一般的规律是：大而轻的物料浮于料层上部，小而重的物料沉于料层的底部；轻而小和重而大的物料位于中层。因此，散落性越好，物料颗粒越易自动分级，分离效果越好。

1.2.2.3 筛面的种类和筛孔的排列

筛面（screen deck，screen surface）是筛选设备最基本的具有孔眼的筛选工作部件。按选择钢板或铝板作筛面，还是选择钢丝、铜丝、纤维绳或尼龙丝、蚕丝来制孔，常用的筛面分为三种。

（1）冲孔筛面

冲孔筛面（perforated deck）有平板冲孔筛面和波纹形冲孔筛面两种。平板冲孔筛面多用厚度为 $0.5 \sim 2.5\text{mm}$ 的薄钢板或铝材板冲制，主要有圆形、长方形、三角形、方形筛孔。筛孔规格按实际尺寸用毫米表示。冲孔筛面的特点是：比较耐磨，筛面和筛孔不易变形，筛分精度高，但筛孔占筛面面积的百分率较低，易堵孔，有效筛理面积较小。

波纹形冲孔筛面（ribbed perforated deck）（沉孔筛面）如图 1-8 所示，有圆形和长方形筛孔两种。整个筛面呈波浪状，圆形筛孔冲压成上大下小的圆锥形，宛如漏斗，对需要直立穿过筛孔的物料可起辅助作用，使其容易穿过，而且筛孔间距缩小，各筛孔之间没有使物料滑过去的"通道"，从而可避免物料失去穿孔过筛的机会。长方形筛孔冲压成上宽下窄的斜槽形，可对物料沿长轴运动起导向作用，使其容易穿过筛孔。与平板冲孔筛面相比，波纹形冲孔筛面的刚性好，筛孔尺寸可比平板冲孔筛面做的小些，因而筛分精度更高。

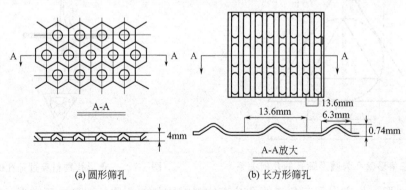

(a) 圆形筛孔　　　　　　　　　(b) 长方形筛孔

图 1-8　波纹形冲孔筛面

平板冲孔筛面多用于振动筛、平面回转筛上；波纹形冲孔筛面则用于高速振动筛和圆筒回转筛上。

（2）编织筛面

编织筛面（woven screen）一般是由镀锌钢丝或其他金属丝编织而成。筛孔有长方形、方形、菱形三种（图 1-9）。方形筛孔规格按两钢丝之间的最小距离用毫米表示，或用网目方法表示（即每厘米长度上的筛孔数）。

编织筛面的特点是：制作容易，造价低廉，筛孔占筛面面积的百分率较高，有效筛理面

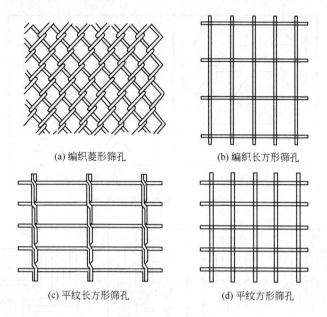

(a) 编织菱形筛孔　　　　　　　　(b) 编织长方形筛孔

(c) 平纹长方形筛孔　　　　　　　(d) 平纹方形筛孔

图 1-9　编织筛面

积较大，圆形钢丝比较光滑，物料易穿过筛孔，能减少筛孔堵塞现象，同时由于钢丝相互交织，筛面凹凸不平，对物料的摩擦系数较大，容易使物料产生自动分级，有利于筛理。但编织筛面的钢丝易移动，导致筛孔变形，影响筛分的准确性。编织筛面多用于高速振动筛、留筛或回转筛上。编织菱形筛孔只用于网带式初清筛上。

（3）筛孔的排列

筛孔在筛面上的分布规律称为筛孔排列。筛孔排列的形式很多，常用的有正列和错列两种（图1-10）。正列是纵、横两个方向都相互对齐的筛孔排列形式，而错列是只有一个方向相互对齐的筛孔排列。两种筛孔排列的特点是：在正列的两纵列筛孔之间无筛孔，降低了物料穿孔的机会；而错列的两纵列筛孔之间有筛孔，筛选物料接触筛孔的机会均等，物料穿孔的机会比在筛孔正排列的大。此外，还有交错排列和旋转排列（图1-11、图1-12）。

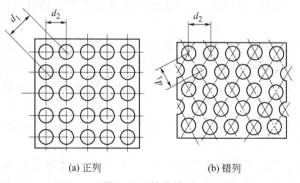

(a) 正列　　　　　　　　　　(b) 错列

图 1-10　筛孔排列

1.2.2.4　筛面组合

由于物料中的杂质种类较多，若利用一层一种规格筛孔的筛面，经过一道筛选，只能清理一种比物料颗粒较大或较小的杂质；如果根据杂质的特性，选用几种不同规格筛孔的筛面进行叠层，一是延长物料的筛理路线，对杂质进行多次分离，二是可以针对大小（与物料颗粒比较）不同的杂质进行分层筛选，使杂质与物料在不同筛面上进行分离。筛面的组合方法

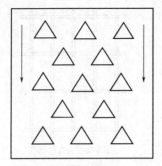 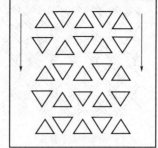

(a) 同向交错排列　　　　　　(b) 异向交错排列

图 1-11　三角形筛孔的排列

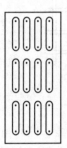 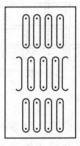 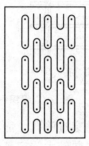 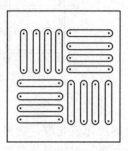

(a) 直行排列　(b) 直行纵向交错排列　(c) 直行横向交错排列　　(d) 顺序旋转排列

图 1-12　长方形筛孔的排列

可分为筛上物连续筛选法、筛下物连续筛选法和混合筛选法。

（1）筛上物连续筛选法。筛选物料在筛面上连续进行筛理，分选出不同级别的筛下物（图 1-13）。

筛上物连续筛选的特点是：①筛孔逐渐增大，$d_1 < d_2 < d_3$；②随着筛孔的增大，分选出不同级别的物料粒度也逐渐增大，Ⅰ＜Ⅱ＜Ⅲ＜Ⅳ；③穿过筛孔物料量较少；④大颗粒物料经过的筛路较长。此法一般用于下脚料整理，从小粒杂质中提取有用的大粮粒。

（2）筛下物连续筛选法。将穿过上层筛面的筛下物送入下层继续筛选，分选出不同级别的筛上物（图 1-14）。

筛下物连续筛选的特点是：①筛孔逐渐增大，$d_1 > d_2 > d_3$；②随着筛孔的减小，分选出不同级别的物料粒度也逐渐减小，Ⅰ＞Ⅱ＞Ⅲ＞Ⅳ；③穿过筛孔物料量较多；④小颗粒物料经过的筛路较长。此法用于筛选小粒物料，可以保证小粒物料的筛选质量，常用于油料筛选。

（3）混合筛选法。不是按照筛孔的大小依次叠加筛选，而将筛面按筛孔的不同交叉搭配配置（图 1-15）。

混合筛理的特点是：①筛孔交叉配置，$d_3 > d_1 > d_2$；②筛选后得到物料粒度的规律为Ⅰ＞Ⅱ＞Ⅲ＞Ⅳ；③总筛下物量较筛下物连续筛选法少；④大粒和小粒物料经过的筛路基本相同。

上述三种不同大小孔径的筛面组合只是一种常规用的方法，在实际的生产中，根据需要可以有超过三层不同大小孔径的筛面组合，或者在一层筛面上采用先大后小、先小后大的分段筛孔的筛面形式。但是，所选用的筛孔大小一定要根据分析原料的特性配置，不能用筛选稻谷的筛子筛理小麦或者油料，反之亦然。

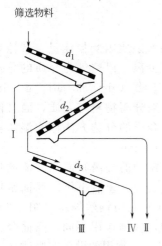

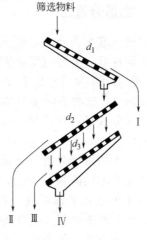

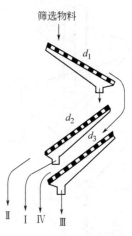

图 1-13　筛上物连续筛选法　　　　图 1-14　筛下物连续筛选法　　　　图 1-15　混合筛选法

1.2.3　精选法

在物料的清理过程中，根据籽粒长度和形状的不同，利用专门的机械，将物料中的异种粮粒或草籽等杂质分离出来的方法称为精选（selection method）。

（1）按颗粒长度差别进行分选，主要是利用圆筒或圆盘工作表面上的袋孔，使短粒进入袋孔内，长粒留于袋孔外。只要选用适当规格的袋孔，便可将原料中的长、短杂质分开。如把大麦、燕麦或荞子等从小麦中分离出来，或者可以用来精选籽粒饱满的种子。常用的有碟片精选机（图 1-16）和滚筒精选机（图 1-17）。

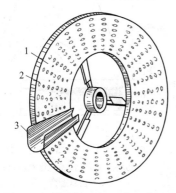

图 1-16　碟片精选机及其工作原理
1—碟片；2—袋孔；
3—收集槽

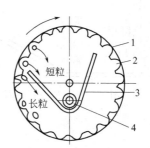

图 1-17　滚筒精选机及其工作原理
1—滚筒；2—袋孔；
3—收集槽；4—输送螺旋

（2）按形状不同进行分选是利用斜面或斜螺旋面，使球形颗粒和非球形颗粒的运动速度和轨迹不同而分离的。

小麦与杂质（荞子、豌豆）形状不同，在斜面上运动时运动形式、所受摩擦阻力也不同（小麦为滑动摩擦，荞子和豌豆为滚动摩擦），因而运动速度和轨迹各异，据此将之分离的方法称之为形状分离。

用于将小麦与杂质分离的工作斜面称之为抛道，常用设备为螺旋精选机，也称抛车（spiral seed separator），如图 1-18 所示。这种方法简单有效，也可用于杂粮的分离除杂，但设备封闭性不好，环境易污染，劳动强度大。

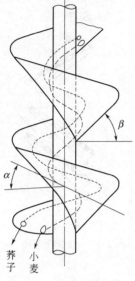

图 1-18　抛车工作示意图

1.2.4　比重分选法

以空气或水为介质，根据原料和杂质因颗粒比重、摩擦系数、表面性状、悬浮速度不同进行分离。以空气为介质的分选方法通常称为干法重力分选法（dry specific gravity separating），这种方法不仅能够用来分离物料与杂质，而且能够将物料分成轻、重质粒；以水为介质的分选方法称为湿法重力分选法（wet specific gravity separating）。

（1）干法重力分选主要借助于振动的分级筛面和气流的作用，使比重不同的颗粒分层，轻者上浮，重者下沉。筛面常用薄钢板冲压成鱼鳞形筛孔（图 1-19）或用钢丝编织（图 1-20）而成，整个筛面倾斜安装于筛体内，根据作用不同，筛面分为分离区、聚石区、检查区（或精选区）。常用的设备有吸式比重去石机、吹式比重去石机和重力分级机等，重力分级机的工作原理类似吹式去石机（图 1-21、图 1-22）。

（2）湿法重力分选是借助于水槽，密度小于水的杂质浮于水面上，密度大于水的原料颗粒和砂石、金属物等则按沉降速度不同而分离。常用的设备有去石洗麦机和油料清洗机等。

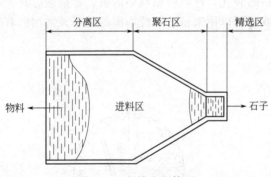

图 1-19　鱼鳞去石筛面

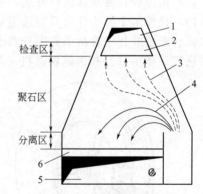

图 1-20　编织去石筛面

1—出石口；2—调节板；3—石子运动方向；
4—物料运动方向；5—物料出口；
6—挡料台阶

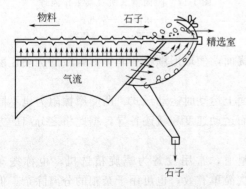

图 1-21　吹式比重去石机精选装置

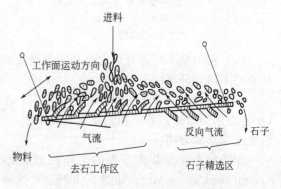

图 1-22　吹式比重去石机工作原理

1.2.5 磁选

原粮和油料等不仅在入仓时混有一些磁性杂质，在加工过程中也会因机器磨损而产生一些铁屑或螺钉、垫圈等混入原料中。这些磁性杂质虽为数不多，但危害很大，为了安全生产，凡在高速运转的机器之前都应安装磁选设备，根据物料与杂质的磁性不同，利用磁场将物料和磁性杂质分开，这种方法称为磁选（magnetic separating）。当然，根据电性不同，在平板或滚筒上面通以2万～4万伏高压直流电，构成非匀强电场。当原料及杂质通过电场时，由于感应、接触传导、摩擦、电晕等现象而带电荷，按它们的介电常数、导电率不同，在电场作用下而分离，这种方法称为静电分选。这种设备效果较好，但涉及安全问题，一般不采用。

1.2.6 色选

根据物料光学特性的差异，利用光电技术将物料中的异色颗粒自动分拣出来，从而达到提升物料的品质，去除杂质的方法称为色选（color selection）。

如图1-23所示，被选物从顶部的料斗进入机器，通过振动器装置的振动，被选物料沿跑道下滑，加速下落进入分选室内的观察区，并从传感器和背景

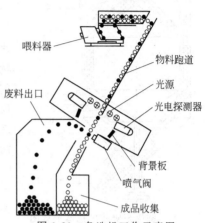

图1-23　色选机工作示意图

板间穿过。在光源的作用下，根据光的强弱及颜色变化，使系统产生输出信号驱动电磁阀工作，通过气阀吹出异色颗粒吹至废料出口，而成品自留至成品收集装置。色选不仅可以用于大米、小麦、杂粮中去除杂质，而且可用于茶叶或种粮进一步筛选，目前应用的范围越来越广。

1.3　原料清理设备

1.3.1 风选设备

风选的任务的主要是分离原料中的轻杂质，如灰尘、皮壳、瘪粒及虫蚀粒等；对部分重杂质也兼起辅助分离作用。

风选设备按气流的运动方向可分为垂直上升气流、水平气流和倾斜气流三种形式；按含尘空气的处理方式分为开放式（含尘空气送至机外净化）和循环式（含尘空气在机内净化后循环使用）两种；按风选作业的气压状态分为吹式（机内处于正压）和吸式（机内处于负压）两种。由于吹式水平（或倾斜）气流风选装置体积庞大，占用车间的面积和空间较大，因此，已逐渐被吸式垂直上升气流风选装置所取代。

风选设备除可以单独用于原料清理工艺中外，一般都是与其他清理设备（cleaning machinery）组合起来使用。下面介绍几种使用较广泛的风选设备。

（1）圆筒形吸式风选器

圆筒形吸式风选器（cylindrical air-suction separator）主要用于小麦清理和玉米等加工中皮壳分离，常吊装于梁板下，不占用车间面积，其结构和工作过程如图1-24所示。物料

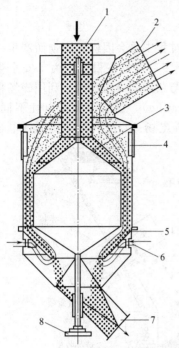

图 1-24 圆筒形吸式风选器示意图

1—进料管；2—吸风管；3—圆锥形
分配器；4—观察窗；5—集料斗；
6—进风孔；7—出料管；8—手轮

由进料管 1 经圆锥形分配器 3 均匀落入圆筒的环形空间，被由进风孔 6 进入的空气清理，轻杂质被气流吸至连接于通风系统的吸风管 2，清理过的物料由出料管 7 排出。手轮 8 用来调节分配器下面锥体与集料斗 5 之间的空隙，以控制气流速度，阻止杂质重新落入物流中。在实际生产中，如果进气孔是热气流，该设备也可用于粮油、饲料等物料的干燥。

（2）循环风选器

图 1-25 为循环风选器（cycle winnowing separator）之一，主要由风选室、沉降室、风机及传动装置组成。物料进入进料槽 1 后，靠重力作用打开进料活门 2，均匀地落到反射板 4 上，这时经过一次吸风清理，物料在反射板上发生弹跳散落过程中又一次经气流充分清理，然后从出料口 5 排出（出料口设有料封装置）。含尘空气沿风道进入沉降室 7，沉降下来的轻杂质落入底部绞龙 6，通过末端的活瓣 14 送出机外。净化的空气则由梯形进风口 10 进入风机，再沿管道送回风选室 3，继续使用。

空气循环过程如图 1-26 所示。风选室的气流速度可利用手柄 13 调节（图 1-25），它通过风门小轴 11 与风门 12 连接。反射板的位置和倾斜度均可根据物料性质进行调节。风机和绞龙则由电动机 8 驱动。

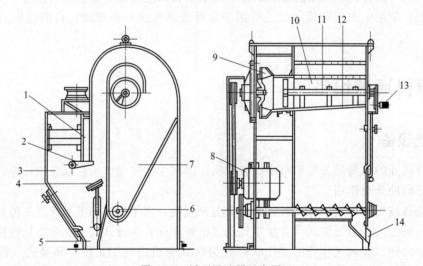

图 1-25 循环风选器示意图

1—进料槽；2—进料活门；3—风选室；4—反射板；5—出料口；
6—绞龙；7—沉降室；8—电动机；9—风机；10—梯形进风口；
11—风门小轴；12—风门；13—手柄；14—活瓣

（3）风筛结合设备的吸风除尘装置

这种设备用处很广，可要根据物料颗粒的性质配置适当的筛面，可用于所有的粮油等农副产品中除尘去杂。设备主要借振动筛进出口物料均匀分布的有利条件分离物料中的轻杂质。有时也同高速振动筛或其他清理设备组合使用。

图 1-27 所示为不带风机的吸风除尘装置，工作时需另设风机，以供给必要的风量。其结构主要由前（在进料端）、后（在出料端）吸风道和前后沉降室组成。原料由进料口 1 落入进料斗，经压力门 2 均匀稳定地流入前吸风道 3，被垂直上升气流进行第一次风选，然后落到筛面 4 上，经过筛选的原料再进入后吸风道进行第二次风选。

前后吸风道的含尘气流先分别在前后沉降室 5 和 8 内沉降，然后由吸风口 11 到吸风除尘系统进一步净化。沉降室沉降下来的轻杂质则通过活瓣 6 落入斜槽 7，送至收集筒。前后吸风道的风速可分别通过风门 10 或 12 调节。

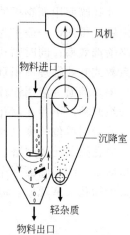

图 1-26　循环风选器空气的循环过程

沉降室底部的斜面与水平的夹角应大于 60°，以便于沉降的轻杂质向下流动。活瓣由许多小块构成，并装成上下两排。工作时依靠沉降室内外的压力差处于封闭状态。当轻杂质压开部分活瓣向外排料时，上下活瓣交替地开闭，避免空气由此倒吸，影响风道内的气流速度。

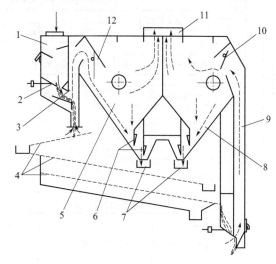

图 1-27　风筛结合设备的吸风除尘装置示意图

1—进料口；2—压力门；3—前吸风道；4—筛面；5—前沉降室；
6—活瓣；7—斜槽；8—后沉降室；9—后吸风道；10,12—风门；11—吸风口

1.3.2　筛选设备

筛选是粮油及杂粮等农副产品加工中应用最广泛的一种清理方法，其任务是清除原料中的大杂质和小杂质，或按粒度大小对原料进行分级。筛选设备的种类很多，用于原料清理的设备概括如图 1-28 所示。不论筛选设备的种类如何，完成筛选任务都离不开筛面，离不开原料与筛面的相对运动，即满足筛选的三个条件，通常筛选与风选相结合，对清理杂质，特别是轻杂质的效果很明显。因此在介绍各种筛选设备之前，有必要先介绍一下筛面的基本知识。

1.3.2.1　筛面

筛面（deck，screen）是筛选设备的主要工作部件，常用的有冲孔筛面和编织筛面两

种。冲孔筛面用薄钢板冲制而成。筛孔形状有圆形、长方形、三角形和方形等几种。筛孔按一定顺序排列,一般多为交错排列,这样物料在筛面上运动时与筛孔接触机会较多,有利于提高筛选效率;同时筛孔面积百分率是指在一定筛面上,筛孔总面积的百分比(又称筛面利用系数或有效筛理面积百分率)。

编织筛面一般用镀锌钢丝编织而成,筛孔有长方形、方形和菱形三种;编织方法有平纹和绞织两种,不存在筛孔排列问题。编织筛面的筛孔规格,按两钢丝之间的净尺寸用毫米表示,或者用单位长度(每厘米或每英寸)上的筛孔数(即网目法)表示。

冲孔筛面比较耐磨,寿命长,筛孔尺寸准确,筛分精度高,但筛孔面积百分率较低,筛孔易堵塞。编织筛面制作容易,造价低廉,筛孔面积百分率较高,而且圆形钢丝比较光滑,能减少筛孔堵塞现象,但钢丝容易移动,引起筛孔变形,影响筛分的准确性。

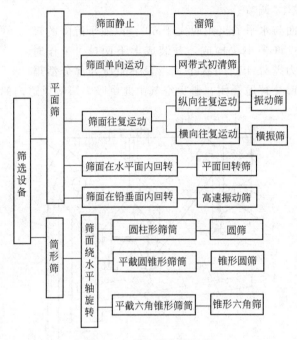

图 1-28　筛选设备的种类

1.3.2.2　初清筛

初清筛(scalping machine)是用于原料进厂入库前的初步清理设备,主要分离原料中的大杂质,如秸秆、穗头、绳头、砖石、泥块及玻璃等大型杂质,以提高原料入库质量,为下道清理工序创造有利条件。对初清筛的要求是:产量大、结构简单、操作方便、动力消耗小,有一定的清理效果,灰尘不外扬,以适应原料入库的任务大、时间短的特点;大杂质去除率应在 95％ 以上,下脚料中不应含正常完整的粮粒。

初清筛的种类很多,常用的有网带式初清筛和圆筒形初清筛两种。圆筒式初清筛是利用旋转的筒形筛面进行筛理的。按筛理方式有两种:一种是物料在筛筒内筛理;另一种是物料在筛筒外表面上筛理。其结构由筛筒、进料装置、驱动机构和风选除尘系统等部分组成。按筛筒的构造又可分为冲孔圆筒筛和编织圆筒筛两种。

(1) 网带式初清筛

图 1-29 是网带式初清筛的结构示意图,主要有网带、进出料装置、沉降室、传动机构和机箱等部分组成。网带常用钢丝编织成方形或菱形筛孔,分段固定(焊接)在牵引链板上,因不承受拉力作用,故仅作清理构件。工作时,通过传动机构驱动链轮,使网带不断运

转。物料自进料口落入，先后穿过上下边网带的筛孔成为筛下物。下边网带还起刮板输送机的作用，将落入底板的物料送出至出口溜筛上，分离出部分细杂质，再流向出料口8，并经一次吸风清理。大杂质不能穿过筛孔，被上边网带送到大杂质出口5排出。但网带易缠结麻绳等纤维物质，影响筛的清理效果，需要经常护理网带。该清理设备适合所有的农副产品原料清理。

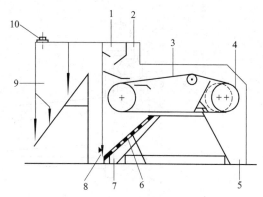

图 1-29　网带式初清筛结构示意图
1—进料口；2,10—吸风口；3—网带；
4—链轮；5—大杂质出口；6—溜筛；
7—细杂质出口；8—出料口；9—沉降室

（2）冲孔圆筒初清筛

冲孔圆筒初清筛（pre-cleaningcylindricalscreen）主要由筛筒、传动结构、进料装置和机架等部分组成，如图1-30所示。筛筒由薄钢板制成，筛孔冲成方形。筛筒分清理段和检查段两部分，清理段起主要筛理作用，检查段起继续筛理作用，以降低大杂质含量。

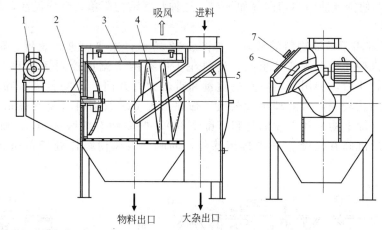

图 1-30　冲孔圆筒初清筛的结构示意图
1—电动机；2—传动轴；3—筛筒；4—螺旋；5—进料管；6—清理刷；7—检修门

筛筒靠传动端的减速器由电动机驱动。在筛筒旋转的上行方向装有清理刷，以清理筛面。吸风的目的主要是保持机内处于负压状态，不使灰尘外逸。

当原料进入筛筒后，与旋转的筛筒发生相对运动，穿过筛孔落至出料口，大杂质不能穿过筛孔，借助导向螺旋的作用，经检查段送至出口。物料与筛筒发生相对运动是圆筒筛进行筛选的必要条件，但筛筒的转速必须适当，否则会影响筛选效果。该筛理设备适合筛选所有的农副产品等原料的清理，与风选结合，效果明显。

1.3.2.3　振动筛

TQLZ振动筛（shaker screen）是粮油、杂粮加工厂中应用最多的一种筛选与风选相结合的设备。通常多用于原料清理的第一道工序，清除大、小、轻杂质。如图1-31所示，主要由进料机构、筛体、振动机构、机架及配套的垂直吸风分离器组成。物料由进料口9入软布套管8，经匀料门7落入分料板6，在进料箱中通过调节匀料板4匀料后，进入一道筛3除大杂，物料穿过上层筛面后进入二道筛2除小杂，经筛面均匀送入风选器11，经吸风道，

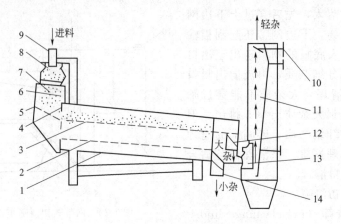

图 1-31　TQLZ 型振动筛示意图

1—底板；2—二道筛；3——道筛；4—调节匀料板；5—进料箱；6—分料板；7—匀料门；8—软布套管；
9—进料口；10—调风门；11—风选器；12—大杂出口；13—卸料口；14—小杂出口

轻杂质直接排出机外。进料装置采用重锤式压力门结构，当进料斗内装满物料，其力矩大于重锤的力矩时，便推开活门均匀向筛面供料。这种装置结构简单，动作灵活，能随进料的变化自动调节流量。

SZ 振动筛常用于粮油物料的清理，如图 1-32 所示，主要由进料装置、筛体、吸风除尘装置、振动机构和机架等部分组成。进料斗 1 中有两个流量控制活门和一个重锤门构成，物料进入料斗后，利用物料本身的重量和重击力打开门，使物料流入筛体 3 中筛理，这个筛面上的筛孔较大，常清理出大杂质。筛理出大杂质的物料自流到筛格 4 重新筛理，清理出小杂质（筛下物）和干净的物料（筛下物）。振动筛有前吸风道 12 和后吸风道 8，确保灰尘吸附后沉降在沉降室 9 中排出筛外，同时，吸风使筛体处于负压状态，灰尘不易外扬。

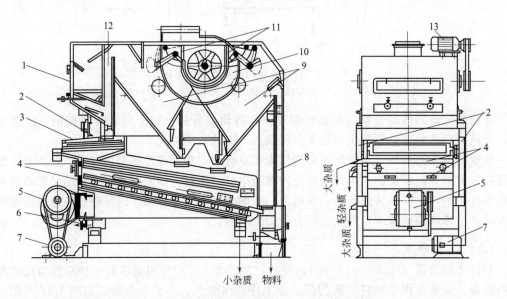

图 1-32　SZ 型振动筛的结构示意图

1—进料斗；2—吊杆；3—筛体；4—筛格；5—自衡振动器；6—弹簧限振器；7,13—电动机；
8—后吸风道；9—沉降室；10—风机；11—风门；12—前吸风道

1.3.2.4 平面回转筛

平面回转筛（rotary sieve classifier；plansifter）既可以用于原料的清理，也常用于大米、面粉、杂粮加工等产品分级。平面回转作为除杂的一种设备，效果较好，主要用于第二、三道筛选工序，以进一步分离原料中的大、小、轻杂质。其结构（图1-33）主要由筛体、吸风装置、传动机构等部分组成。物料从进料斗3进入上层筛面6，大杂质从出口14排出。物料穿过上层筛面落入下层筛面7继续筛理，小杂质穿过下层筛面从出口13排出，净物料则从出料口落入出料口15排出，并再次经过一次风选。

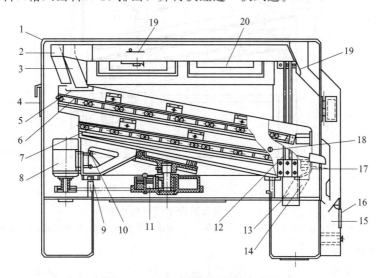

图1-33　平面回转筛的结构示意图

1—机架；2—吸风道；3—进料斗；4—检修门；5—缓冲溜板；6—上层筛面；7—下层筛面；8—电动机；
9—限振装置；10—调节螺管；11—转动轮；12—吊杆；13—小杂出口；14—大杂出口；15—出料口；
16—检查窗；17—惯性重块；18—手轮；19—调风门；20—观察窗

1.3.2.5 高速振动筛

高速振动筛（high speed shaker screen）因筛体的振动频率比一般筛子高而得名。高速振动筛，是谷稗、小麦、杂粮等去杂的有效设备，多用于第二、三道清理流程中。其特点是筛体振幅小，频率高，物料在筛面上作跳跃运动，容易松散，筛孔不易堵塞，有利于小杂质和稗子穿过筛孔。因此，广泛应用于清理工序中。

如图1-34所示，高速振动筛工作时，物料进入料箱，利用自身的重量和冲击力打开活力门落到主筛1上筛理，主筛的筛上物为大杂质，而筛下物继续落入筛下物连续筛理组合分级筛3上筛理，筛上物为净料直接排出筛外，而筛下物落入副筛（检查筛）5上继续筛理，其筛下物为小杂质。该设备采用外吸风的方式，有前吸风道7和后吸风道6，避免了物料筛理过程中灰尘外扬，防止灰尘污染环境。

1.3.2.6 筛选的工艺要求

原粮经过筛选后，一般应达下列工艺指标。

（1）初清筛

大于主筛面筛孔的大杂质基本除净，下脚料中不应含正常完整粮粒。

（2）振动筛

第一道筛选大、小杂质去除率不应低于65%，其各道不应低于50%。在米、小麦、杂粮等厂中第一道筛选杂质去除率应不低于35%。清理出来的下脚料含正常完整粮粒不超过1%。

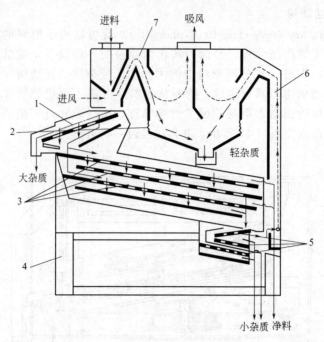

图 1-34 SG 型高速振动筛结构示意图

1—主筛；2—弹簧；3—组合分级筛；4—机架；5—副筛（检查筛）；6—后吸风道；7—前吸风道

（3）平面回转筛

大杂质去除率不应低于 50%，小杂质去除率不低于 60%，下脚料中含正常完整粮粒不超过 1%。

（4）高速筛

小杂质去除率应 50%，下脚料中含粮不超过 1%。如在米厂中，如进机稻谷含稗在 1000 粒/公斤左右，稗子千粒重小于 6g，瘪谷不小于 95% 的情况下，降稗效率不低于 80%，稗子中含饱满谷粒不应超过 8%。

（5）筛选设备的产量和单位电耗的计算

a. 筛选设备的产量计算

$$Q = 3600 \cdot B \cdot h \cdot \upsilon \cdot \gamma \tag{1-3}$$

式中，Q 为产量，t/h；B 为筛面宽度（单进口多层筛面只按单层筛面宽度计算，双进口多层筛面按双层筛面宽度计算），m；h 为筛面上物料平均厚度，m；υ 为物料在筛面上运动的平均速度，m/s；γ 为物料的容重，t/m³。

b. 筛选设备的生产能力

$$q = Q/B，或 q' = Q/F \tag{1-4}$$

式中，q 或 q' 为生产能力，kg/(cm·h) 或 kg/(m³·h)；Q 为产量，kg/h；B 为筛面宽度，cm；F 为筛面面积，m²。

在实际筛选中，当物料质量、水分、含杂为一般情况，筛选按额定流量，物料初清时，分离大杂质的效率不应低于 90%；物料第一道筛选效率不应低于 65%，其余各道分离大、小杂质的效率应在 50% 以上。

c. 单位电耗

$$单位电耗(°/t) = 总电耗(°)/物料筛理量(t) \tag{1-5}$$

显然，按式（1-5）对筛选设备进行评定时，单位流量越大，筛选效率越高，单位电耗越低，则技术指标越先进。

1.3.3 精选设备

精选设备在粉厂中应用最多，用以分离小麦中的荞子、燕麦和大麦；近来在米厂中也有应用，用于分离碎米；种子公司常用来选种；在杂粮中应用不多。常用的精选设备有袋孔精选机和螺旋精选机（抛车）两种，前者又分为碟片精选机、滚筒精选机、碟片滚筒组合机三种。

1.3.3.1 碟片精选机

碟片精选机（disk separator）大多用于分离小麦中的大麦或燕麦。其结构与荞子碟片精选机大体相同，只是没有检查部分，碟片上的袋孔较大。该设备也可用于小麦选种，但不用稻谷精选，调节袋孔的大小可用于杂粮中。

1.3.3.2 滚筒精选机

滚筒精选机（cylinder separator）的形式很多，按滚筒的速度有快速和慢速之分；按用途有荞子滚筒、大麦滚筒和分级滚筒之分。它们的结构大同小异，如图1-35所示，主要由滚筒、收集槽、绞龙、搅动器和传动机构等部分组成。工作时，物料进入滚筒，随着滚筒的转动，短粒进入袋孔内，当转到某一角度后便脱离袋孔落入收集槽15，由绞龙送至出口。长粒留于筒底，靠搅动器（或依靠滚筒斜置，或靠固定于收集槽底部的倾斜叶片）送至出口。

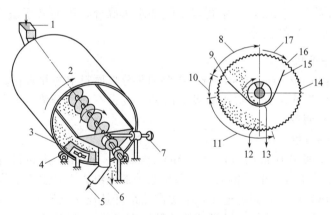

图1-35 滚筒精选机的结构示意图

1—进料；2,16—滚筒；3—挡板及调节装置；4—滚筒支撑轮；5,13—短粒；6,12—长粒；
7—收集槽角度调节手轮；8—卸料段；9—收集槽接料沿；10—保持段；
11—盛料端；14—袋孔；15—收集槽；17—转动方向

1.3.3.3 袋孔的选择

碟片精选机的袋孔（图1-36），目前常用的有三种形式。Ⅰ型（R形）袋口呈半圆形，提料边是下直线，卸料边是圆弧，多用于分离碎料或荞子。Ⅱ型（V形）袋口也呈半圆形，提料边是圆弧，卸料边直线，多用于分离荞子和野豌豆。Ⅲ型袋口呈方形，主要用于分离大麦或燕麦。分离荞子时一般选用4～5.5mm的袋孔；分离大麦或燕麦时选用8～9mm的袋孔。组装碟片时，袋孔大小的排列顺序是进料端小，出料端较大。荞子碟片精选机的袋孔，检查部分比工作部分小。

滚筒精选机的袋孔多呈半球形，分离荞子一般选用直径为4.25～5mm，分离大麦或燕麦选用8～10mm；荞子检查选用3～4mm；大麦或燕麦检查选用9～11mm。

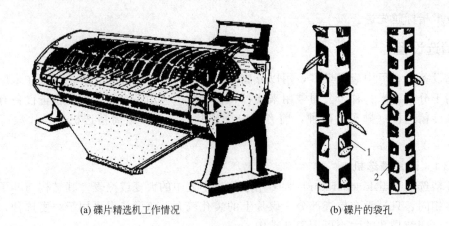

| (a) 碟片精选机工作情况 | (b) 碟片的袋孔 |

图 1-36　碟片精选机示意图
1—分离大麦和燕麦的袋孔；2—分离荞子的袋孔

1.3.3.4　精选的工艺要求

各种精选机分离荞子、大麦和燕麦的效率均要求在 75％以上。在下脚料中含正常完整的粮粒不超过期 3％。

1.3.4　重力分选设备

重力分选（gravity separator）主要以空气和水为媒介，因而有干法和湿法两种，其设备有比重去石机和重力分级机等。

1.3.4.1　比重去石机

比重去石机（specific gravity stoner）主要用于分离原料中的并肩石。其结构形式很多，目前常用的方法按供气方式分为吹式和吸式两种，按去石筛面分为冲孔筛面（图 1-19）和编织筛面（图 1-20）两种。

（1）吹式比重去石机

如图 1-37 所示，吹式比重去石机（air-blast specific gravity stoner）由进料装置 1、2、3，及去石筛面 13、风机 7、偏心传动机 8 和机箱等部分组成。其主要工作构件是去石筛面。去石筛面与风机的出风口外壳固定连接，上部利用吊杆悬挂在机架上，下部通过连杆与偏心振动机构相连，构成同一振动体。风机叶轮的轴承支座装在机箱底部，由电动机传动，它不随风机外壳一起振动。

去石筛面为薄钢板冲压面双面凸起的鱼鳞状筛孔。根据作用不同，在去石筛面上一般可分为分离区、聚石区和检查区等几个区段。去石筛面作有规律的振动，物料不断进入去石筛面的分离区。在分离区密度较小的粮粒浮于上层，密度较大的砂石趋于底层，形成自动分级现象。同时由于自下而上的气流作用，物料颗粒之间的孔隙度加大，正压力和摩擦力降低，使物料处于流化状态，从而促进了物料的自动分级。这时，上层的粮粒受重力、惯性力和连续进机物料的作用便相对于去石筛面的倾斜方向下滑，至出料口排出；而底层的砂石则在去石筛面摩擦阻力和气流作用下，沿去石筛面上滑，经聚石区、检查区至出石口排出。在检查区，利用与石子运动方向相反的气流阻止粮粒向出石口移动，以控制石中含粮。

吹式比重去石机自带风机，安装简便，工艺性能较稳定；其缺点是工作时机箱内处于正压状态，灰尘容易外逸。

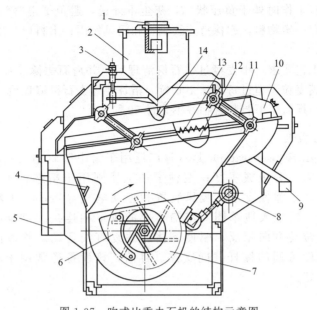

图 1-37　吹式比重去石机的结构示意图

1—进料口；2—进料斗；3—进料调节手轮；4—导风板；5—出料口；

6—进风调节装置；7—风机；8—偏心传动机；9—出石口；10—检查装置（精选室）；

11—吊杆；12—匀风板；13—去石筛面；14—缓冲匀流板

（2）吸式比重去石机

吸式比重去石机（air-suction specific gravity stoner）的去石筛面与吸风罩固定连接成同一振动体（图 1-38），上部通过柔性和气密性良好的胶布筒与吸风管道连接，下部靠三个撑杆支承在机架上，以便于调节去石筛面的倾角。在筛体两侧中部支座内的横轴上有连杆与偏心振动机构相连，偏心机构由电动机驱动。

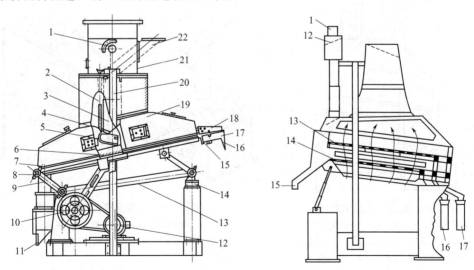

图 1-38　吸式比重去石机的结构示意图

1—风量调节装置；2—弹簧；3—存料斗；4—压力门；5—缓冲槽；6—去石筛面；7—筛体；

8—橡胶轴承；9—撑杆；10—偏心转动结构；11—出料口；12—电动机；13—连杆；

14—垫板；15—调风板；16—出石口；17—进风室；18—检查装置（精选室）；

19—吸风罩；20—支架；21—进料和吸风装置；22—进料管

吸式比重去石机工作时处于负压状态，灰尘不外逸，避免了空气污染，但必须注意密闭。存料斗内应积存一定物料，起保持连续供料和闭风作用；出料口、出石口和容易漏风的部位都应密封良好。

比重去石机的工艺要求：小麦经过去石机清理后，并肩石去除率应大于95%；每公斤石子下脚料中含饱满麦粒不超过每公斤100粒。稻谷经过去石机清理后，每公斤净谷含并肩石不超过一粒；每公斤石子下脚料含稻谷不超过50粒。

1.3.4.2　重力分级机

重力分级机（gravity separator）是一种广泛用于集中杂质和去石功能的设备。在粮食加工厂多用于去石、分级或提胚；在种子加工厂则用于精选种子。如图1-39所示，它由进料装置、筛体、弹性支承、吸风装置和振动电机等组成。进料口和吸风管连成一体，由支架支撑，通过人造革圆筒与筛体上的风罩相连接。机身前端并列几台规格相同的振动电机，转动方向相反，驱使筛体作往复直线运动。筛体由两组呈人字形的螺旋弹簧和一个长度可调的撑杆共同支撑。目前，该设备还常用于小麦、玉米等加工中提取胚，效果很好。

1.3.5　磁选设备

原粮和油料不仅在进厂时会混有一些磁性杂质，在加工过程中也会因机器磨损而使一些铁屑或掉下来的螺钉、垫圈等混进来。这些磁性杂质虽然为数不多，但危害很大，因此必须引起重视，为了安全生产，凡在高速运转的机器之前应安装磁选设备（magnetic cleaning equipment）。

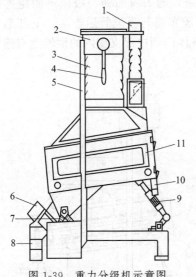

图1-39　重力分级机示意图

1—进料口；2—吸风管；3—人造革筒；
4—风量调节手柄；5—支架；6—振动电机；
7—弹簧；8—物料出口；9—可调撑杆；
10—石子出口；11—筛体

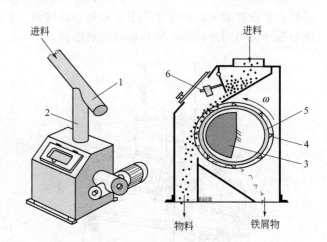

图1-40　永磁滚筒的结构示意图

1—缓冲接头；2—垂直段；3—永磁体；
4—拨齿；5—合金滚筒；6—压力门

如图1-40所示，磁选设备的主要元件是永磁体3，不同的设计方式，其样式各不相同，但原理一样。磁体有永久磁体和暂时磁体之分。暂时磁体通常称为电磁铁，按需要设计能产生很强的磁力，适合分离弱磁性杂质。永久磁体种类很多，随着科技的发展，其性能在不断改进和提高。目前常用的有永磁合金和永磁铁氧体。

永久磁体可单独或成组的分散安装在输位置；也可以组装成永磁箱或永磁滚筒。

1.3.6 色选设备

色选是利用光电原理，从大量散颗粒中将异色颗粒或外来夹杂物识别并加以分离的过程。当不合格颗粒与合格颗粒的大小、密度十分接近时，色选是最佳选择的分拣方式。目前，我国色选机可以把大米、大豆、花生、瓜子、干果等杂粮，以及茶叶等农产品中的霉变、黄变和杂质等对人体有害的异色粒、杂质等有效剔除，不仅提高了农产品的质量，而且确保了农产品食用安全性，因此，色选在农产品分拣与精选领域应用十分广泛。如图 1-41 所示，物料从料斗 1 经喂料机构 2 将物料有序分流至物料跑道 7 中，如果物料中有色泽不同的物质，通过背景板 4 的选择，由光电探测器 3 将信息传递到电气控制阀 6，将喷气阀 5 打开，喷气，将有色物质弹到杂质出口处排出机外。

1.3.7 表面清理设备

原料经过风筛、去石、精选和磁选后，虽然清除了绝大部分杂质，但颗粒表面还黏附有尘埃、微生物等，另外还残留有并肩泥、病霉粒等，这些杂质的形状、密度与粮油等农副产品类似，难于用筛理分级清理，只有通过"打、擦、筛、风选、水洗"等各自结合的表面处理，才能有效去除黏附在表面灰尘及其中的霉变颗粒等，如小麦、大麦腹股沟中的泥灰等杂质。下面介绍一些常用的表面处理设备，以供农副产品在加工中对其原理的运用。

1.3.7.1 打麦机

打麦（scouring）是利用机械的打击和摩擦作用进行清理的。其工作构件是高速旋转的打板和静止的工作圆筒。按工作圆筒的特征可分为金刚砂打麦机、花铁筛打麦机、铸铁板打麦机（擦麦机）和撞击机等。这些机器最初用于小麦的表面处理，现在也常用于大麦、燕麦等杂粮的表面处理。

（1）擦麦机

擦麦机（wheat brusher）主要由打板、工作圆筒、吸风装置和驱动装置等部分组成（图 1-42）。打板为桨叶式，截面积较小，并扭成一定角度。工作圆筒内壁固定有白口铸铁衬板。衬板有齿板和光板两种，视工艺要求适当配备。在工作圆筒的料端装有冲孔筛网和吸风机系统。工作时由电动机驱动打板主轴转动。小麦、大麦等受打击和推动，并与圆筒表面及麦粒相互之间产生碰撞、摩擦而得到清理。打落的灰尘、麦毛、麦壳和打碎的霉变粒、并肩泥等碎屑经筛网被吸入风机。物料在出料口又经过一次吸风后排出机外，进入风机的含尘空气送至集尘器净化。擦麦机的打击作用较弱，摩擦作用较强，主要用于小麦水分调节前轻打。

（2）卧式打麦机

卧式打麦机（horizontal scourer machine）主要由打板、筛筒、传动机构和机架等部分组成，其结构如图 1-43 所示。打板安装在主轴 2 上，打板 3 的一端与轴的垂直面扭转一定的角度，并错开排列构成螺旋状，一方面打击小麦，另外可以将物料向出料口 5 输送。筛筒由钢丝编织筛网组成，内表面凹凸不平，利于增加对小麦的摩擦，加强清理效果。传动机构由电动机和皮带轮组成，通过调整皮带轮大小可以调节打板线速度，从而控制打麦效果。

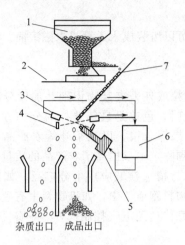

图 1-41 色选机的结构示意图
1—料斗；2—喂料机构；3—光电探测器；
4—背景板；5—喷气阀；
6—电气控制阀；7—物料跑道

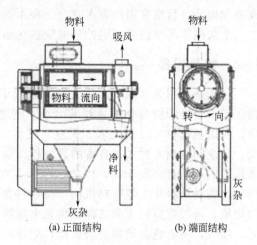

图 1-42 FDMWA 卧室摩擦打
麦机工作原理图

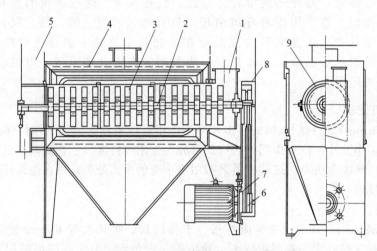

图 1-43 卧式打麦机结构示意图
1—进料口；2—主轴；3—打板；4—机架；5—出料口；6—电动机带轮；7—电动机；8—皮带；9—筛筒

工作时，小麦、大麦等物料从进料口 1 切向进入机内，物料受高速转动的转子、打板叶片的打击，及与筛筒间、物料颗粒间的摩擦作用，使物料表面得到清理，同时，叶片将物料不断从进料口推向出料口，打掉的杂质经筛筒外部吸风和重力的作用下穿过筛孔从杂质出口排出。卧室打麦机处理小麦后的工艺指标为：并肩泥块去除率不低于 70%，小麦灰分降低 0.02%～0.03%；碎麦增加率不超过 0.5%，下脚料含正常完整麦粒不超过 1%。

（3）撞击机

撞击机（strike machine）分为撞击和吸风两部分，其结构如图 1-44 所示，主要由安装在主轴上的甩盘 12、甩盘边缘的销柱 11、撞击圈 10、传动机构和吸风装置等组成。工作时，物料（小麦）由进料口 1 落入均匀转动的甩盘上，在甩盘离心力的作用下，向甩盘边缘运动。随着物料颗粒位置的变化，惯性离心力逐渐增加，其运动速度也逐渐加快，当运动至甩盘边缘时，与销柱高速碰撞，碰撞后有的物料颗粒被弹到其他销柱上继续碰撞，有的被甩到撞击圈上。物料颗粒与销柱、颗粒间、颗粒与撞击圈间，经过多次碰撞、相互摩擦等作用，强度小于物料颗粒的并肩杂质被击碎，而麦粒或其他物料表面的泥灰、毛、壳等轻杂质被擦离下来。撞击后的物料（麦粒等）通过锥形筒8和扩散器7之间的缝隙均匀散开下落，经风选流出机外。

对于小麦来说，如果是硬质小麦或水分含量低的小麦，脆性较大，生产中产生的碎麦较多；如果是软麦或是水分含量高的小麦，麦粒的韧性较大，抗击强度较大，打麦过程中产生的碎麦少。

1.3.7.2 刷麦机

刷麦机（wheat brushing machine）主要工作构件是刷帚，利用刷帚刷去谷类颗粒表面，特别是腹沟、胚部皱褶处的污物。目前，主要用于小麦和豆类的表面清理，也用于擦除白米表面的糠粉。刷麦机按刷帚的形式分立式圆盘刷麦机、卧式板条刷麦机、螺旋刷麦机和辊式刷麦机等。这些设备的原理相同，这里只介绍后者，如图1-45所示。SM型刷麦机主要由进料口1、出料口6、机壳2、弧形定刷3、动刷4、定刷调节螺旋5及检查门7组成。工作时，小麦、大米、豆类等物料由进料口进入，由转动刷把物料带入定刷与动刷之间的间隙，高速刷理后由出口排出。调节杆可调节定刷和动刷间距以满足刷理不同的物料。刷麦机的工艺要求是：刷后小麦灰分降低大于0.02%，下脚料中含正常完整麦粒不超过1%。

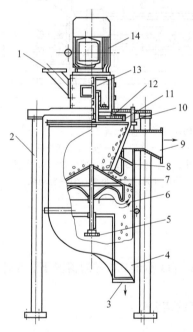

图1-44　撞击机结构示意图

1—进料口；2—机架；3—出料口；4—下料斗；
5—调节手轮；6—吸风道；7—扩散器；
8—锥形筒；9—吸风口；10—撞击圈；
11—销柱；12—甩盘；13—主轴；14—电动机

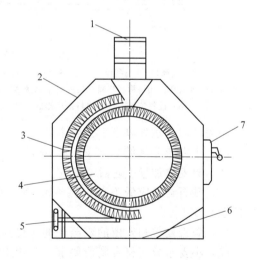

图1-45　SM型刷麦机结构示意图

1—进料口；2—机壳；3—弧形定刷；
4—动刷；5—定刷调节螺旋；
6—出料口；7—检查门

1.3.7.3 表面清洗

表面清洗也称湿法清理，主要用于小麦、油料的清理，常用清洗设备主要有卧式去石洗麦机。去石洗麦机具有清洗颗粒状农产品表面的杂质、去石和着水等多种功能，是典型的一机多用型设备，且具有很好的清理效果。其缺点是用水量大、污水需要净化处理。

典型表面清洗设备是去石洗麦机（图1-46），主要由进料装置16、洗槽15、甩干机7、供水系统和驱动机构等部分组成。洗槽内有两对绞龙（小型洗麦机只有一对），上部为小麦绞龙，叶片直径较大，转速较快，起搅拌和输送小麦的作用；下部为石子绞龙，叶片直径较小，转速较低，用于输送石子。甩干机由机座、筛筒、甩板叶轮、顶盖、挡水板等构成，其作用是甩干麦粒表面的附着水。筛筒是由鱼鳞状冲孔筛面构成，固定不动；甩板中叶轮作旋转运动。工作时，洗槽内由供水系统加水至小麦绞龙转轴的上表面，并不断补充净水和排出污水。

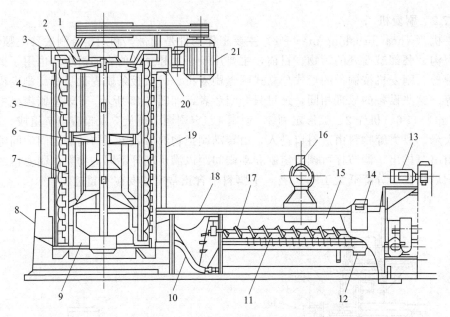

图 1-46　去石洗麦机结构示意图

1—进风口；2—刮板；3—排气孔；4—筛面圆筒；5—风片；6—支架；7—甩干机；8—机座；
9—进风孔；10—物料喷嘴；11—石子输送螺旋；12—集砂斗；13—电动机；14—盛砂盒；15—洗槽；
16—进料装置；17—物料输送螺旋；18—浮运箱；19—挡水外壳；20—顶盖；21—电动机

小麦洗后应达到以下工艺要求。

（1）小麦灰分降低0.02%～0.04%。

（2）碎麦增加量不超过0.5%。

（3）砂石含量应低于0.02%～0.03%（入机小麦含砂不于0.3%的情况下，生产优质粉应低于0.02%）。

（4）病霉麦粒和残留的熏蒸药剂应得到最大限度的清除。

（5）小麦水分应符合制粉要求，气味正常。

1.3.7.4　油料水洗机

油料水洗机（oilseeds washing machine）洗槽、滤干和驱动装置等部分组成，如图1-47所示。洗槽系一长方形水箱，内装油料绞龙5和石子绞龙7；滤干部分为一倾斜15°～20°的滤水筛筒，内装输送绞龙。工作时由电动机通过变速箱驱动所有绞龙和筛筒动转，水由洗槽一端注入，水槽水位以刚好淹没油料绞龙的转轴为宜。油料也从水槽右端加入，被油料绞龙向左输送至滤水筛筒中，同时，洗去油料表面上的灰尘，并使其中的并肩石下沉，由石子绞龙送至洗槽右端的集砂盒中。该设备结构简单、实用，适用于所有的油料，如菜籽、芝麻、大豆等表面灰尘的洗涤，但浪费水源，易导致环境污染。

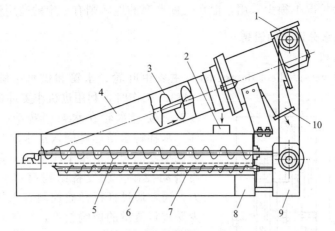

图 1-47　油料水洗机示意图

1—变速箱；2—进料口；3—绞龙；4—滤水筛筒；5—油料绞龙；6—水箱；
7—石子绞龙；8—集砂盒；9—变速箱；10—出料口

1.4　原粮水热处理

原粮经过清理后，在碾磨加工前，利用水热作用进行预处理的过程，称为水热处理。其目的是为了改变原粮籽粒结构的加工性能，提高产品质量和食用价值，预期获得良好的工艺指标和经济效益。

1.4.1　小麦的水热处理

小麦水热处理有室温水分调节和加热水分调节两种。前者是在室温条件下，将小麦着水后送入润麦仓存放一定时间，使水分向胚乳部均匀渗透的工序；后者是将小麦先着水，再送至水分调节器，经预热、加热干燥冷却处理，然后再着水，在润麦仓存放一定时间的过程。

1.4.1.1　小麦水分调节的作用

（1）增加皮层韧性，使小麦在逐道研磨过程中麸皮不过碎，以便于从麸片上刮净胚乳，有利于保证面粉色泽和提高出粉率。

（2）小麦皮层和胚乳因先后吸水膨胀不同而产生位移，使皮层和胚乳结合力减弱而容易分离。

（3）胚乳中的淀粉和蛋白质因吸水能力和速度不同，使胚乳微观结构发生变化，破碎应力降低，容易磨细成粉，而且有利于降低能源消耗。

（4）可使入磨水分适合制粉工艺要求，生产操作稳定，并保证面粉水分符合国家规定的标准。

小麦加热水分调节除具有上述作用外，由于热的因素，使水分向胚乳渗透的速度加快，因而可缩短润麦时间，节省仓容；因有烘干作用，能使高水分小麦达到制粉的工艺要求。软麦通过热处理，对面粉的烘焙品质有所改善；硬麦进行热处理，因着水量可比室温水分调节高些，使胚乳组织更加松弛，能进一步降低研磨电耗。

小麦加热水分调节设备投资大，生产维持费用高，不能从制粉工艺获得经济效益上的补偿。因此，在一般情况下很少采用，但在气候严寒的地区则有一定的适用性。

1.4.1.2 小麦水分调节的设备

（1）水杯着水机

水杯着水机（water wheel dampener）主要由叶轮、水箱和供水系统等部分组成（图1-48）。工作时，利用进机小麦冲击叶轮旋转，通过齿轮驱动着水轮在水箱同转动。着水轮上装有水杯，水杯将水舀起后倒入接水槽，再流入绞龙内与进机小麦混合。水箱中应保持一定水位，水位由浮筒自动控制。该设备结构简单、实用，不需要动力，通常通过杆秤秤砣控制着水量，但着水量的多少受进料流量的影响较大，易导致着水不均，目前小麦制粉公司均不采用此类设备。

（2）着水混合机

着水混合机（tempering mixer）是一种连续式的高效着水设备，如图1-49所示，主要由进料装置，搅拌机、供水系统和驱动机构等部分组成。进料装置设有传感板和喷水管，由电磁阀控制进料时供水、无料时停水。着水时能把一定量的水正确地加入到小麦中，并通过螺旋输送机送混合器中充分搅拌，使水分均匀地分布在每一粒小麦上。

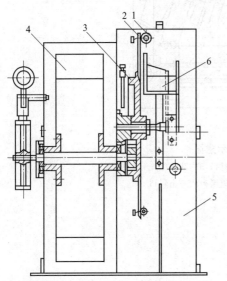

图1-48 水杯着水机结构示意图

1—水杯；2—着水轮；3—齿轮；

4—叶轮；5—水箱；6—接水槽

工作时，小麦经过进料装置，触动传感板，接通电磁阀，开始供水。小麦着水后在绞龙槽内一面搅拌混合，一面向出料端输送。由于槽身倾斜，小麦在输送过程中会发生回流现象，因而会再次受到搅拌混合作用，使麦粒表面着水均匀，一次着水量可达4%～5%。

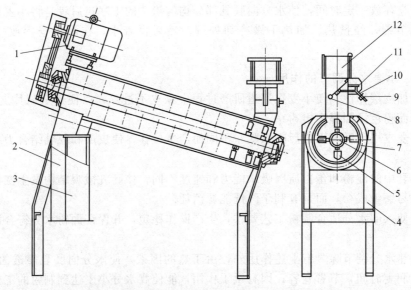

图1-49 着水混合机结构示意图

1—电动机；2—出料管；3—水分测量管；4—机架；5—扇形桨叶；6—主轴；7—工作筒体；
8—着水喷管；9—重锤；10—均流调节板；11—感应开关；12—进料管

着水混合机主轴转速低，作用缓和，如与测水仪、微型计算机等配套使用，可实现着水系统全自动或半自动控制。

（3）自控强力着水机（高速着水机）

强力着水机（intensive dampener）是干法清理（不设洗麦工艺）工艺中常用的设备。由于该机器应用先进的电子技术，能实现对小麦加水的自动控制，具有着水量大且均匀、着水效果稳定的特点，对小麦的品质有明显改善作用。如图1-50所示，自控强力着水机主要由打板圆筒、着水自控系统和驱动装置组成。其作用是根据原粮水分和流量的变化，自动调节着水量，保持出机小麦水分稳定一致。一次着水量大于4.5％。

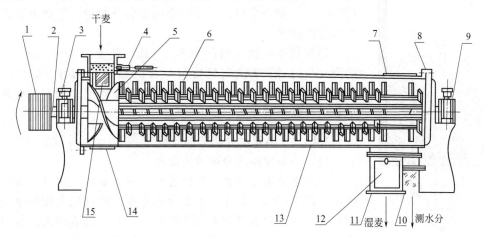

图1-50　强力着水机结构示意图

1—传动轮；2—主轴；3—进料端轴承盖；4—进水管；5—螺旋推进器；6—打板；7—活络门；8—出口端盖；
9—出口轴承座；10—水分检测管；11—出料口；12,15—观察窗；13—筒体；14—卸料门

（4）喷雾着水机

喷雾着水机（atomiser）是用于小麦入磨前微量着水（0.3％左右）的设备。其作用是使小麦表面湿润，皮层变韧，以有利于胚乳和麸皮的分离。SJM型喷雾着水机主要由雾化头、搅拌输送机、水气控制装置和驱动机构等部分组成，如图1-51所示。小麦进入料筒后，

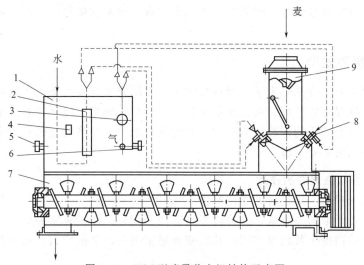

图1-51　SJM型喷雾着水机结构示意图

1—水气控制装置；2—流量计；3—气压表；4—水气指示灯；5—水量控制阀；
6—气压调节阀；7—搅拌输送机；8—雾化头；9—挡板

推动挡板向下转动，启动水气电磁阀的微动开关，使雾化头开始喷水，使麦粒得到水雾均匀喷洒。桨叶式输送机兼有对小麦进行搅拌、提高着水均匀度和将小麦送入磨前麦仓的作用。

（5）润麦仓

润麦仓（conditioning bin，tempering bin）的作用是使着水混合后的小麦有一定的存放时间和空间，给予水分向胚乳渗透的机会，达到水分调节的目的。由于小麦经水分湿润后表面凹凸处、绒毛、皮孔等含有水分，进入润麦仓后经小麦自重的挤压，易产生一定的黏着力，导致出料时结拱、断料等现象，因此，润麦仓出口可采用多出口（图1-52）、偏心出口，以及在仓内安装分料器、仓壁安装振动装置等方法破拱。

通常软麦的润麦时间为16～18h，硬麦为18～24h，目前有的面粉公司对软麦适当延长2h，硬麦延长2～10h，以便小麦表皮韧性增加、胚乳结构充分疏松，有利于碾磨、剥刮，提高出粉率和保持麸皮的完整。

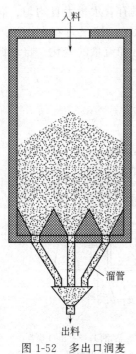

图1-52 多出口润麦仓结构示意图

1.4.1.3 小麦水分调节的流程

（1）小麦室温水分调节的流程

小麦室温水分调节一般经过着水和润麦两个阶段，如图1-53所示。图1-53（a）采用着水混合机着水，通过绞龙按顺序分配到润麦仓，出仓时通过配麦器和绞龙送到下一道清理或直接去一皮磨粉机磨粉。该工艺常用在小型面粉公司，或软麦加工工艺。

图1-53（b）是利用去石机洗麦在完成去石、洗涤的同时，又完成着水的任务，为了适应原粮水分的变化，在流程中还设有着水机（强力着水机或喷雾着水机）。当原粮水分较高，不宜洗麦时，可通过分流器（拨斗）直接到着水机着水（图中实线流程），再经绞龙混合进入润麦仓；如果原粮水分较低，经洗麦机还达不到要求时，则可二次着水再到润麦仓（图中稀线流程）。

（2）小麦加热水分调节的流程（图1-54）

加热水分调节要经过着水、加热和润麦三个阶段。通常在极寒冷地区使用，一般不采用此工艺。

1.4.2 稻谷的水热处理

为了提高出米率，降低碎米率，及保持大米营养的完整性和改善大米的品质，将稻谷先采用水热进行一定程度的处理，再经蒸烘干燥后进行稻谷碾米。此处理对组织疏松、质地较脆、出米率低、粒形细长的稻谷较为有利，是提高大米加工经济效益的有效方式，同时，是未来全营养米加工的必要手段。

1.4.2.1 稻谷水热处理的作用

稻谷经水热处理后，最显著的作用有以下几点。

（1）稻谷颖壳纤维韧性降低，容易破裂，有利于砻谷，使脱壳率提高。

（2）淀粉的结构糊化及胶凝作用，胚乳变得坚实细密，强度增大，碾磨时碎米少，出米率高。

（3）维生素和矿物盐等水溶性物质渗入胚乳内部，使胚乳内部这些物质的含量增加，相对减少了在碾磨或淘洗时的损失，因而提高了营养价值。

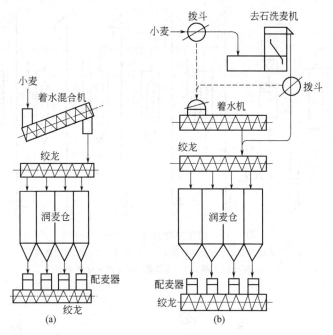

图 1-53　小麦室温水分调节的流程

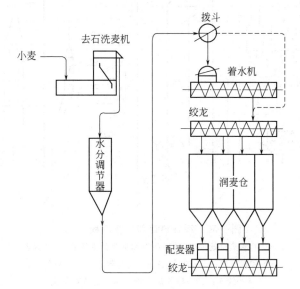

图 1-54　小麦加热水分调节的流程

（4）谷粒中的酶部分或全部钝化，各种生化作用受到了抑制，有利于贮藏。

1.4.2.2　稻谷水热处理过程

稻谷水热处理一般要经过浸泡、蒸汽处理和干燥三个阶段，如图 1-55 和图 1-56 所示。

（1）浸泡

浸泡是为了使稻谷吸收足够的水分，便于淀粉糊化。谷粒在吸收水分过程中，会使皮层水溶物均匀进入内部；谷粒膨胀，谷壳表面受热容易传到胚乳的核心。谷粒的吸水量要适当，水分过多，谷粒膨胀过大，颖壳会破裂，颖果直接暴露于水中，水溶性物质就会溶解到水中去，导致稻米营养成分的流失；水分过少，稻粒膨胀达不到颖壳破裂的程度，不利于加

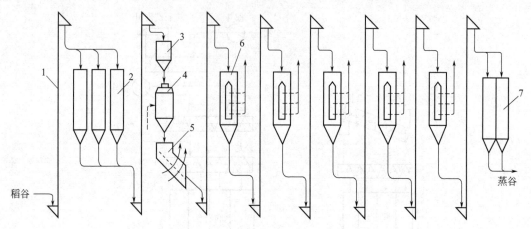

图 1-55　稻谷热处理工艺流程（一）

1—斗式提升机；2—浸泡容器；3—存料斗；4—蒸汽加热器；

5—振动烘干槽；6—立式烘干机；7—存料仓

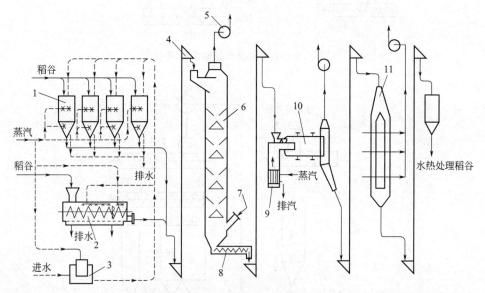

图 1-56　稻谷热处理工艺流程（二）

1—浸泡和蒸汽处理罐；2—浸泡和蒸汽处理锅；3—加热器；

4—斗式提升机；5—通风机；6—冷却器；7，9—空气入口；

8—绞龙；10—滚筒烘干机；11—立式烘干机

工。浸泡可使用冷水（20～25℃）或热水（40～90℃），前者时间长，胚乳中的酶活动会增加，谷粒本身及其中的有机杂质容易发酵，污染水质，影响气味；后者会加速水分的吸收，但皮层中的色素溶解渗入胚乳，米粒颜色会随浸泡时间的增加和水温的提高而变深，可采用真空或静水压等方式缩短浸泡时间。

（2）蒸汽处理

要使胚乳表层糊化，需要热处理，而蒸汽具有渗透性强，加热均匀的特点，是最好的选择。蒸汽处理常用以下两种方法：一种是利用开放式容器，在常压条件下通入蒸汽加热；另一种是利用密闭容器加压处理。一般处理的时间取决于容器的大小和蒸汽的压力，如蒸汽的压力为 1～5kg/cm²，容器为 6～8t，开放式容器为 30～60min，而密闭式容器为

20～30min。

（3）干燥

稻谷在浸泡和蒸汽处理后，水分含量高，为了便于加工与贮存，必须把水分降低到14%～16%，而且不应使颖果发生裂纹（爆腰）现象，以免加工增加碎米率。

干燥速度是影响颖果裂纹的主要因素。干燥过快，水分急剧下降，表面和内部水分梯度大，产生应力，造成裂纹。干燥方法有自然干燥和机械干燥，自然干燥简单、费用低，但需要场地大，时间长，受天气的影响大，难于控制，往往会滋生霉菌，影响气味；机械干燥投资大，但便于管理、控制产品的质量，且时间可按设计要求进行，产量大。机械干燥设备有立式烘干机、滚筒烘干机、振动烘干机和真空干燥机等。立式烘干机使用于40～60℃温度下长时间干燥，滚筒烘干机适合在80～100℃下进行短时间干燥，真空干燥机通常就在蒸汽处理稻谷的耐压容器里进行，可节省燃料和搬运费用。

1.5　原料清理流程

原料清理流程是将各种清理设备组合起来对原料进行连续处理的生产程序，以满足加工产品质量和技术的要求。

1.5.1　制定清理流程的依据和要求

1.5.1.1　制定清理流程的依据

（1）原料情况

农产品原料品种繁多，不仅颗粒形态、表面性质等工艺性质差别较大，而且水分高低和含杂情况也不相同。因此，在制定清理流程时必须考虑原料特性、含杂等情况，以便于安排工序、选择设备、确定技术指标，使工艺既合理又能因地制宜，符合实际。

（2）成品要求

按原料品质特性，生产符合一定国际、国内质量标准的多种产品是充分利用原料资源的重要原则。我国每隔一段时间制定新的符合国内外市场的粮油成品质量标准，是指导粮油加工厂组合工艺流程，进行生产操作的主要依据。随着我国人民生活水平的提高，食品工业的快速发展，对粮油成品提出新的要求，如生产全营养米和面粉、专用面粉、营养粮油成品、杂粮成品，及副产品的综合利用、深加工产品等。因此在制定流程时，应考虑这些因素，加强清理工艺，为生产高质量成品创造有利条件，以便满足品质安全和人民生活的需要，以及为食品工业提供对路产品。

（3）生产规模

规模的大小不仅要考虑原料的情况，而且设备的选型、组合，产品加工的级别，以及深加工产品的要求，日后规模的扩大，均要预先在设计时考虑。一般大中型厂，生产量较大，设备较多，清理流程相对来说较完善，清理质量容易得到保证。小型厂因条件限制，清理流程较简单。为保证质量，在制定流程时，除应具备基本的清理工序和必要的清理次数外，可适当降低设备的单位流量指标，以提高清理效率。

1.5.1.2　制定清理流程的要求

（1）要有利于保证产品质量，保证产量和提高出品率。

（2）清理工艺的顺序应按先易后难的原则，先清理和原料差别较大容易分离的杂质，后清理和原料差别较小难于分离的杂质，对于有害的杂质要加强清理。

（3）在组织流程时，要重视副产品和下脚料的处理。

（4）如条件允许应将原料按大小粒或轻重粒分级，以便于分级加工，合理利用原料，提高设备效能。

（5）清理流程应具有一定的灵活性，以适应原料的变化，保证工艺效果。

（6）要尽可能选用标准化、系列化、通用化、低能耗、高效率和符合环保要求的设备。

（7）要采用先进技术和合理的生产技术指标，以提高设备利用率，减少动力消耗、降低成本。

（8）尽可能采用自动化程度高、可控程度高的设备，减少人力成本，提高自动化生产水平。

1.5.2　小麦的清理流程

小麦清理流程一般包括初清、毛麦清理、水分调节和净麦处理四个阶段。毛麦入仓前，其任务是初步清除小麦中的大杂质和部分轻而小的杂质，以免大杂质堵塞设备的进出口或输送管道。毛麦清理在水分调节前进行，其任务是分离小麦中的大小杂质、并肩石、异种粮和表面清理。清理顺序一般为：筛选→磁选→打麦（轻打）→筛选→去石→精选→水分调节。这个流程通常是采用干法去石的顺序。如果采用湿法去石（去石洗麦机时），精选工序则应安排在水分调节之后，重打之前进行。

净麦处理是为了确保入磨净麦的质量，提高产品纯度，进一步对小麦清理的过程。净麦处理设在水分调节后进行，其顺序一般为：水分调节→磁选→打麦（重打）→筛选→刷麦→净麦仓→磁选→皮。

在全部清理流程中，还应考虑小麦搭配问题。因此在毛麦仓或润麦仓出口位置应安装配麦器，以便按比例完成搭配任务。

毛麦（dirty wheat）经初清后，其净麦处理常用的工艺为"三筛二打二去石"，加上洗麦程序，可以说，小麦中杂质的含量可以达到制粉的要求。图 1-57 是一种典型的小麦清理工艺，采用三道筛选、两道打麦、一道去石洗麦和一道干法去石，而表面在水分调节前采用擦麦机轻打，水分调节后重打。去石洗麦机兼有去石和表面清理、湿润的作用。在清麦处理阶段，进行了二次去石，加强了石子的清理，同时，在每道具有打击、高速运转的设备之前，均采用了磁选，防止设备事故的发生和去除原料中的金属杂质，确保产品的质量。图 1-58 是一个比较完整的小麦从毛麦处理到净麦处理过程的流程图，毛麦除初清外，小麦经过了四道筛选，其中两道在擦麦和重打麦之后，一道在初清之后，一道在净麦入磨之前。该工艺加强了磁选和去石的处理，除在自流管安装四道磁选外，还设置了一道永磁滚筒专门处理金属杂质；对于石子，除洗麦去石外，在中路和后路（即小麦入磨前）均有去石设备。小麦经洗麦湿润后，在润麦仓前增加了一道着水润麦工艺，此工艺适合硬麦和大型制粉公司使用。

在 20 世纪 70～80 年代的制粉厂，小麦清理流程中常设置精选工序，现在的制粉工艺很少采用，可能与小麦种子较纯、异种粮处理较好有关。由于现在副产品深加工的技术日益成熟，几乎所有的面粉公司均注重小麦的表面清理工作。当然，大麦的清理流程与小麦清理流程类似，但筛子等设备的工作面参数可根据需要选用。

1.5.3　稻谷的清理流程

米厂的清理任务主要是分离稻谷中的大小杂质、稗子和砂石。流程顺序一般是：筛选→

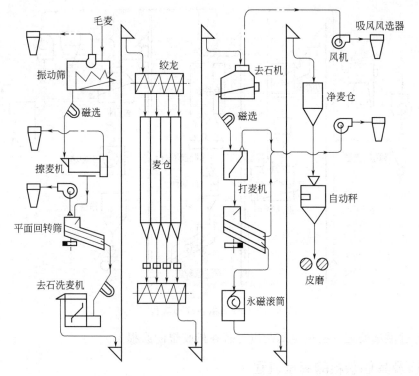

图 1-57 小麦清理流程（一）

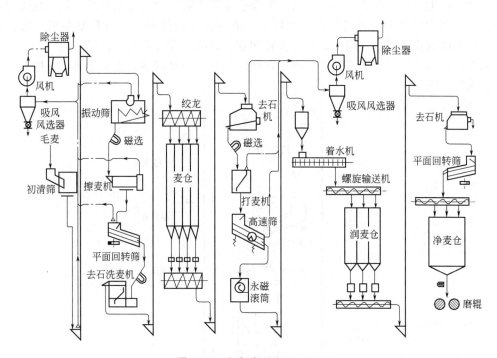

图 1-58 小麦清理流程（二）

除稗→去石→磁选→净谷仓。如图 1-59 所示，稻谷进厂时先通过圆筒初清筛、振动筛进行初步清理，再存入毛谷仓准备加工。稻谷清理是用振动筛（或平面回转筛）清除大、小、轻杂质，用高速筛分离稗子，经去石、磁选后去净谷仓准备砻谷。但是，稻谷在进入砻谷机之

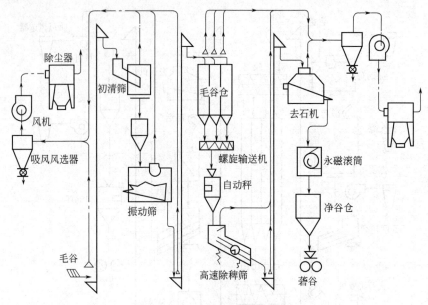

图 1-59 稻谷清理流程

前，必需经过磁选处理，避免金属杂质对砻谷机胶辊的磨损。

1.5.4 油料及其他杂粮的清理流程

油料因种类和含杂特性不同，其清理流程也显著不同。油料等原料的一般清理流程如图1-60所示。花生仁和大豆等杂粮含杂比较少，清理流程较简单，一般只要利用一道振动筛清理就可以达到除杂要求，而油菜籽、棉籽和亚麻籽的清理过程就比较复杂。

油料，如油菜籽、芝麻等，颗粒小，含杂特点是并肩泥较多且难于分离，一般有干法清理和湿法清理两种。

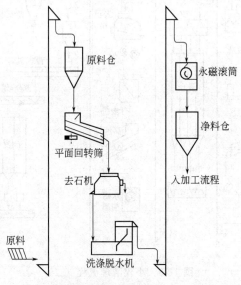

图 1-60 油料等原料的一般清理流程

干法清理的过程是：油菜籽→筛选→磁选→并肩泥清理，并肩泥一般是利用立式圆筒打筛（离心式打泥机）清理的。它是一种打击和筛选相结合的设备，油菜籽中并肩泥被打碎后通过筛筒分离出去。

湿法清理的过程是：油料→筛选→水洗→软化去水。其中泥块、轻杂质经水洗后，即可除去，油料中多余的水分可经甩水设备除去。如油菜籽水分一般为 8%～9%，经过水洗，水分增加 2%～3%，然后经软化去水，使水分达 9% 左右。湿法清理成本较高，但效果较好，目前该方法在芝麻、菜籽加工中常用。

杂粮清理，如玉米、荞麦、大麦、粟米等，主要是清理石子、灰尘，及一些叶片、壳等轻杂质，经过筛选、去石、风选、磁选等工序，基本可以达到加工原粮的要求，但设备的工艺参数要求根据原料籽粒的特性选择。特殊情况下，可以在工艺中增加一些必要的设备，满足要求。

思考题

1. 什么是杂质？杂质是根据什么分类的？
2. 原粮为什么要清理？
3. 原粮清理的原理和方法有哪些？
4. 筛孔有哪些种类？各种筛孔制定的依据什么？
5. 筛面有哪些种类？各有什么优缺点？
6. 筛选的基本条件是什么？什么是有效筛理面积？
7. 小麦为什么要经过润麦阶段？润麦有哪些方法？有什么优缺点？
8. 稻谷进行水热处理有哪些优缺点？
9. 小麦、稻谷在润湿过程中分别会发生哪些微观结构的变化？
10. 清理流程制定的依据是什么？
11. 为什么要打麦？其他的原粮可否进行打击作用？
12. 设计杂粮清理的流程，并说明其原理。
13. 为什么要进行原料的清理？
14. 湿法清理是否有环境污染？如何处理？

第2章 稻谷碾米

本章学习的目的和重点： 了解稻谷籽粒的结构特点和化学组成，及稻谷脱壳、碾米的原理和方法；重点掌握谷糙分离的原理、糙米去皮的方法，及成品米和副产品的整理；通过学习，掌握稻谷碾米的基本原理和工艺流程。

我国稻谷（paddy，rough rice）产量居世界首位，其中粳稻主要产于东北、黄淮流域稻区（宁夏、河南、陕西、山东等），而籼稻主要产于长江流域稻区（四川、湖南、湖北、安徽、江西、浙江、江苏等）、华南稻区（广西、广东）等。全国约 2/3 的人口以大米为主食。稻谷除含有大量淀粉外，还含有脂肪、蛋白质、纤维素、钙、磷等无机物及各种维生素等成分。稻谷直接碾米，不仅能耗高、产量低、碎米多、出米率低，而且成品色泽差、纯度和质量低、混杂度高。此外，副产品利用率也低，不利于稻谷资源的合理利用。目前，稻谷制米主要包括清理、砻谷及砻下物分离、碾米及成品整理 4 个阶段。

本章通过认识稻谷籽粒的形态、构造、化学成分、物理特性和结构力学等工艺性质，掌握稻谷脱壳、碾米、成品和副产品处理，生产符合人们日常需求的产品，确保稻谷资源充分利用。

2.1 稻谷的分类和籽粒的结构特点

稻谷籽粒本身所具有的形态结构和物理特性直接影响稻谷碾米，因为不同品种、等级的稻谷具有不同的工艺性质，不同的加工方法和加工精度，特别是设备的选型、组合及工艺参数的确定，直接影响出米率的高低和成品大米的质量。因此，了解稻谷的工艺性质，对于合理地利用稻谷、设计工艺流程、开发新产品、提高稻谷种植和加工的经济效益等至关重要。

2.1.1 稻谷的分类

我国稻谷品种繁多，已超 6 万多种。稻谷分类的方式很多，按生长方式分为水稻和旱稻；按季节可分为早稻（90～120d）、中稻（120～150d）、晚稻（150～170d）；GB 1350—2009 国家标准规定，稻谷可按粒形和粒质分为以下 5 种类型。

（1）早籼稻谷（early long-grain nonglutinous rice）：生长期较短、收获期较早的籼稻谷，一般米粒腹白较大，角质部分较少。

（2）晚籼稻谷（late long-grain nonglutinous rice）：生长期较长、收获期较晚的籼稻谷，一般米粒腹白较小或无腹白，角质部分较多。

（3）粳稻谷（medium to short-grain nonglutinous rice）：粳型非糯性稻的果实，籽粒一般呈椭圆形，米质黏性较大、胀性较小。

（4）籼糯稻谷（long-grain glutinous rice）：籼型糯性稻的果实，糙米一般呈长椭圆形或细长形，米粒呈乳白色，不透明或半透明状（俗称阴糯），黏性大。

（5）粳糯稻谷（round-grain glutinous rice）：粳型糯性稻的果实，糙米一般呈椭圆形，米粒呈乳白色，不透明或半透明状（俗称阴糯），黏性大。

2.1.2 稻谷籽粒的形态结构

稻谷籽粒由颖（稻壳）和颖果（糙米）两部分组成，呈椭圆或长椭圆形，如图 2-1 所示。

2.1.2.1 稻谷的颖

稻谷的颖包括内颖（inner glume）、外颖（outer glume）、护颖（small glumes）和颖尖（awn，arista，beard）（伸长即为芒）四部分，占稻粒重量的 18%～20%。内、外颖各一瓣，呈船底形，外颖较内颖略长而大。内、外颖沿边缘卷起成钩状，外颖朝里，内颖朝外，二者互相钩合包住颖果。内、外颖的钩合结构能够防止虫霉侵蚀和机械损伤，对颖果起着一定的保护作用。稻谷经砻谷机脱壳后，内、外颖即脱落，脱下来的颖即为稻壳。

内、外颖表面粗糙，除表面有许多麻点和长短不同的针状茸毛，还带有纵向脉纹，外颖有 5 条，内颖有 2 条。这些粗糙的表面增加稻谷脱壳时的摩擦力，有利于稻谷脱壳。

2.1.2.2 颖果

稻谷脱去内、外颖后便是颖果，即糙米。颖果由皮、胚乳和胚三部分组成，胚乳占颖果重量的 89%～92%。胚位于颖果腹部下端，与胚乳的连接不很紧密，在碾米时容易脱落，占稻谷重的 2%～3.6%。颖果的皮层（bran）包括果皮（pericarp）、种皮（seed coat）、珠心层（nucellus layer）（又称外胚乳）和糊粉层（aleuron layer，proteinaceous layer），这四部分总称为糠层。果皮和种皮称为外糠层，占稻谷重的 1.2%～1.5%；珠心层和糊粉层称为内糠层，占稻谷重的 4%～6%。在碾米时，被碾下的糠层和胚称为米糠，去皮的颖果则称为大米。

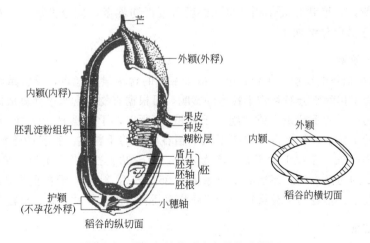

图 2-1　稻谷籽粒的形态和结构示意图

颖果籽粒在未碾去皮层时，表面光滑，具有蜡状光泽，并有纵向沟纹 5 条，背上的一条叫背沟（又称种脊），两侧面上各有两条纵沟，其中较明显的一条是内外颖钩合部位形成的痕迹，另一条与外颖上最明显的一条脉纹相对应。纵沟的深浅随稻谷品种的不同而异，它对出米率有一定的影响。碾米主要是碾去颖果的皮层，而纵沟内的皮层往往很难全部碾去，若要全部碾去，必然对胚乳造成很大的损伤。因此，在其他条件相同的情况下，如要达到同一精度，则纵沟越浅，皮层越易碾去，胚乳损失小，出米率就高；反之，出米率则低。

2.1.3 稻谷籽粒的物理特性

稻谷籽粒的物理特性与稻谷的加工过程有着十分密切的关系，它直接影响到稻谷加工的产量、出率以及产品品质。稻谷籽粒的物理特性包括：稻谷的色泽、气味与表面状态，稻谷的粒形与大小，稻谷的千粒重、密度、容重、米粒强度、谷壳率、爆腰率、出糙率、散落性和自动分级等性质。

2.1.3.1 稻谷的色泽、气味与表面状态

新鲜正常的稻谷，其色泽应是鲜黄或金黄色，糙米的色泽多为蜡白色或灰白色，红色糙米呈紫红色，未成熟的稻谷和糙米一般呈淡绿色。无论是稻谷或糙米，表面均富有光泽。凡是不新鲜的稻谷，其米质较差，加工时易产生碎米，出米率低。

稻谷具有特有的香味，无不良气味。一般陈稻的色泽、气味都不如新稻，色泽较暗淡。

稻谷的表面状态是指稻谷表面粗糙或光滑的程度，它对稻谷加工的工艺效果有直接的影响。表面毛糙的稻谷，脱壳和谷糙分离都比较容易。粳稻谷表面茸毛密而长，较粗糙，摩擦系数大；籼稻谷表面茸毛稀而短，较平整，摩擦系数小。所以，粳稻谷的谷糙分离要比籼稻谷的谷糙分离容易一些。

2.1.3.2 稻谷的粒形与大小

稻谷籽粒的大小，是指稻谷的长度、宽度和厚度，一般称为粒度。稻谷的粒形还可以根据长宽比例不同分为三类：长宽比大于 3 为细长粒，小于 3 而大于 2 为长粒形，小于 2 为短粒形。一般籼稻谷均属前两类，粳稻谷大部分属于后一类。

稻谷籽粒形状和大小因稻谷的类型和品种不同而差异很大，即使是同品种的稻谷，其籽粒大小也有差异。在加工过程中，籽粒的形状和大小是合理选用筛孔和调节设备操作的重要依据。如果形状和大小不同的稻谷混杂在一起，就必然会给清理、砻谷和碾米带来困难，影响生产效果。所以，形状和大小相差悬殊的稻谷要严防混杂，应分批加工。对于混杂比较严重的稻谷，最好采用分级加工。

2.1.3.3 千粒重

是指 1000 粒稻谷的质量（单位：g）。由于稻谷的含水量不稳定，千粒重经常受外界条件影响而改变，为了排除水分对谷物千粒重的影响，可根据谷物的含水量换算成以干物质为基础的千粒重，称为"干物千粒重"或"绝对千粒重"。所以，千粒重是 1000 粒干种子的绝对质量。通常所讲的千粒重，是指自然状态下风干稻谷籽粒的千粒重。稻谷的千粒重一般为 15～43g，大多为 22～30g。千粒重大于 28g 者为大粒，24～28g 之间者为中粒，20～24g 之间的为小粒，小于 20g 的为极小粒。粳稻的千粒重多为 25～27g，籼稻的千粒重为 23～25g。在其他条件相同的情况下，稻谷的千粒重越大，其籽粒中胚乳所占比例就越高，出糙率也越高。

2.1.3.4 密度

是指稻谷籽粒单位体积的质量（单位：g/cm^3 或 g/L）。不同类型的谷粒其密度不同。即便是同一类型的谷粒，其密度也不完全相同，根据品种和生长情况会有一定范围的变化。我国稻谷的密度一般为 1.17～1.22g/cm^3。

2.1.3.5 容重

是指单位容积内稻谷的质量（单位：g/L 或 kg/m^3）。容重与稻谷籽粒的形状、大小、

表面状况、整齐度、饱满度、含水量、内部结构、化学成分以及所含杂质的种类和数量等因素有关。一般的情况是，凡籽粒细小、参差不齐、外形饱满圆滑、结构致密、含水量低、含淀粉和蛋白质较多，混有较重的杂质，且堆积比较紧密者，其容重较大。反之，籽粒长宽比大，籽粒细长，颗粒整齐，表面粗糙皱瘪，含水量高，脂肪含量较多，混有较轻的杂质，且堆积起来谷粒之间的孔隙较大，则容重较小。稻谷的容重一般为 $450\sim600g/L$。根据容重可以进行谷堆质量与体积的换算，这对于谷物运输工作中计算装载量和仓储及工厂设计工作中计算仓容量都有着现实意义。

千粒重、密度和容重与谷粒的粒形、大小和饱满度呈正相关关系，即与胚乳所占质量比例呈正相关关系，但它们又各有特点。粒形、表面性状对容重影响较大，而对千粒重、密度的影响较小；颖壳结构对密度和容重影响较大，而对千粒重的影响较小。化学组成及谷物籽粒各部分的比例也影响千粒重、密度和容重。

2.1.3.6　米粒强度

米粒受到压缩、拉伸、弯曲、剪切等力的作用时，便会引起变形，同时内部产生相应的抵抗力。当外力增加到使抵抗力达到强度极限时，籽粒即破碎。这种抵抗变形和破碎的能力称为米粒的强度，其大小以每粒米粒所能承受的千克数表示。

米粒的强度大，在加工时就不易压碎和折断，产生碎米较少，出米率就高。米粒的强度也因品种、米粒饱满程度、胚乳结构紧密程度、水分含量和温度等因素不同而有差异。通常蛋白质含量高，腹白小，胚乳结构紧密而坚硬，透明度大的米粒（称为硬质粒或玻璃质粒），其强度要比蛋白质含量少、腹白大、胚乳组织松散、不透明的籽粒（称粉质粒）大。粳稻米粒强度比籼稻大，晚稻米粒强度比早稻大，水分低的米粒强度比水分高的大，冬季米粒强度比夏季大。据测定，米粒在5℃时强度最大，随着温度的上升其强度逐渐降低。掌握了以上规律，在生产中就可根据米粒强度的大小，采用适宜的加工工艺和操作措施，以便达到减少碎米，提高出米率的目的。

2.1.3.7　腹白度和爆腰率

糙米籽粒的胚乳有角质（vitreous）结构和粉质（opaque）结构之分，即胚乳中蛋白质含量高，淀粉颗粒间填充的蛋白质较多，将淀粉挤得很紧密，则糙米断面胚乳结构坚硬、透明、平滑，呈蜡质状，称角质胚乳。反之，如胚乳中蛋白质少，淀粉间有空隙，胚乳疏松，透光性差，断面呈粉状，粗糙不平，色粉白，称粉质胚乳。粉质部分在糙米腹部形成腹白，在中心部分形成心白。腹白（white belly）和心白（white core）的大小称腹白度。腹白度大的米粒，其角质含量少，强度低，加工时易碎，出米率低。一般晚稻米粒的腹白较小，胚乳组织紧密坚硬，籽粒几乎全为透明体；早籼稻米粒几乎全为不透明的白粉质体。

糙米的腰部有横向裂纹，称为爆腰（crossbreaking）。糙米中的爆腰粒数占糙米总数的百分比称为爆腰率。爆腰的糙米籽粒强度降低，加工易出碎米，使出米率降低。爆腰率高的稻谷不宜加工高精度大米。

2.1.3.8　谷壳率

是指稻壳占净稻谷质量的百分率。一般粳稻谷壳率小于籼稻，同类型稻谷中则是早稻谷的谷壳率小于晚稻谷。

2.1.3.9　出糙率

是指一定数量稻谷全部脱壳后获得全部糙米质量（其中不完善粒折半计算）占稻谷质量的百分率。出糙率是评价商品稻谷质量等级的重要指标。谷壳率高的稻谷一般加工脱壳困难，出糙率低；谷壳率低的稻谷加工脱壳容易，出糙率高。

2.1.3.10 稻谷的散落性

是指谷物颗粒具有类似于流体且有很大局限性的流动性能。谷物群体中谷粒间的内聚力很弱，容易像流体一样产生流动，但自然下落至平面时只能形成一圆锥体，而不像液体形成一个平面。

谷物散落性的大小，是以谷堆圆锥体的斜面与底部直径所成的角度作为量度的指标，这个角度称为静止角 α。它可以用度数或 $\tan\alpha$ 表示。静止角越大，散落性越小。

表示谷物散落性的另一指标是自流角。将谷物放在某一物体的平面上，将平面的一边慢慢提升使成为一斜面，当谷粒开始滚落时的角度（斜面与水平面的夹角）就是谷物的自流角，也称为谷物的外摩擦角。自流角越大，散落性越小。

影响谷物散落性的因素很多。表面光滑、圆形颗粒的谷物散落性较大。表面粗糙甚至有毛刺的、非圆形的谷物，散落性较小。谷物的含水量越大，则谷粒间的摩擦力加大，散落性相应降低。谷物中的夹杂物一般会降低粮食的散落性，特别是各种轻浮的夹杂物如麦秸、稻谷壳等会大大降低谷物的散落性。

稻谷的静止角一般为 $33°\sim40°$，白米为 $23°\sim33°$，糙米为 $27°\sim28°$。谷物散落性的大小与静止角的大小成反比。谷物散落性的大小是确定谷物加工中的筛理、输送及各种自流设备倾斜角度设计的依据。在设计仓斗时，应根据所存谷物的散落性，考虑仓斗壁所受的侧压力的大小，散落性越大的谷物对仓斗壁的侧压力越大。散落性差的谷物，其流动性差，除了需要较大的自流管或筛面角度外，仓斗不易装满，并容易造成机器和输送管道堵塞等。

2.1.3.11 自动分级

谷粒群体在流动或受到振动时，由于谷粒之间在形状、大小、表面状态、密度和绝对质量等方面存在差异，性质相同的谷粒向某一特定区域集聚，造成谷粒群体的重新分布即自然分层，这一现象称之为自动分级（self-classification）。

自动分级与谷物的多方面因素有关。谷物运动的距离大，散落的速度快，特别是谷物的干净度和整齐度越低，自动分级的现象就越明显。

谷物产生自动分级后，谷堆的上层为密度小、颗粒大、表面粗糙的物料，下层为密度大、颗粒小、表面光滑的物料。在谷物加工中为了使谷物处于均匀性，所以常采取一定的措施防止谷堆的自动分级。但在谷物加工中有时也要利用谷堆的自动分级。例如谷物在筛理时，自动分级是有利的因素，可以借助自动分级使不同类型的杂质与谷物分开或者将不同粒度的谷物或谷物粉分开。但是谷物在仓斗内自动分级，造成仓内不同部位谷物品质不同，影响加工成品品质，同时对谷物原粮储藏十分不利，杂质特别是轻杂质集聚多的部位通气性较差，容易造成微生物大量繁殖，使谷物霉变，所以在谷物原粮入仓前应先清除杂质。

2.2 稻谷籽粒的化学成分

2.2.1 稻谷籽粒各部分的化学成分

稻谷籽粒中含有的化学成分主要有淀粉、蛋白质、脂肪、纤维素、水、矿物质等，此外还有一定量的维生素。稻谷籽粒各组成部分的主要化学成分含量见表2-1。

表 2-1　稻谷籽粒各组成部分的质量比例

种类	水分/%	蛋白质/%	脂肪/%	碳水化合物/%	纤维素/%	灰分/%
稻谷	11.7	8.1	1.8	64.5	8.9	5.0
糙米	12.2	9.1	2.0	74.5	1.1	1.1
胚乳	12.4	7.6	0.3	78.8	0.4	0.5
胚	12.4	21.6	20.7	29.1	7.5	8.7
皮层	13.5	14.8	18.2	35.1	9.0	9.4
稻壳	8.5	3.6	0.3	29.4	39.0	18.6

注：胚乳中的碳水化合物主要是淀粉，胚和皮层中一般不含淀粉，稻壳中的碳水化合物主要是多聚戊糖。

从表 2-1 中可以看出，稻谷籽粒各组成部分所含有的化学成分的分布和含量是很不均衡的，各有其特点。

稻谷籽粒中所含有的化学成分的特点是淀粉含量高，纤维素和灰分的含量也较多，而糙米中淀粉含量较多，纤维素和灰分的含量则较少，这是因为纤维素和灰分主要存在于稻壳内。由于稻谷籽粒各组成部分所含化学成分不同，营养价值各异。据此，可以用来确定加工时的取舍和加工方法，控制生产过程，并对副产品进行综合利用。

稻壳为稻谷籽粒的最外层，是糙米的保护组织，含有大量的粗纤维和灰分。灰分中90%以上是二氧化硅，使稻壳质地粗糙而坚硬。稻壳中完全不含淀粉，因而不能食用，加工时要全部除去。

皮层是胚乳和胚的保护组织，含纤维素较多，脂肪、蛋白质和矿物质含量也较多。因含皮层的糙米吸水性差，出饭率低，蒸饭时间长，饭的口感粗糙，食味不佳，所以加工时要把全部或大部分皮层碾去。

胚乳作为储藏养分的组织，含淀粉最多，其次是蛋白质，而脂肪、灰分和纤维素的含量都极少。因此，胚乳是米粒中主要营养成分所在，是稻谷籽粒供人们食用的最有价值的部分，加工时要尽量保留。

胚作为谷粒的初生组织和分生组织，是谷粒生理活性最强的部分。胚中富含蛋白质、脂肪、可溶性糖和维生素等，其营养价值很高。因此，如大米不长期储藏，应尽量将胚保留下来。但因胚中的脂肪易酸败变质，使大米不耐储藏。当加工高等级大米时，应尽量碾去胚，以保证大米的精度，同时也可提高大米的耐藏性。当加工留胚米时，则应尽量保存大米的胚芽。为了保证产品有良好的储藏性，应辅之以特殊的包装形式。

稻谷蛋白中清蛋白含量为 4.2%～15.9%，平均为 12%；球蛋白为 9.4%～17.8%，平均为 13.2%；谷蛋白为 64.7%～84.7%，平均为 71.7%；醇溶蛋白很少，小于 5%。以上几种蛋白在糙米籽粒中的分布是不均匀的，清蛋白和球蛋白主要集中于糊粉层和胚中，在糙米胚乳外层含量最高，越向中心其含量越低；谷蛋白的分布规律则是中心部分含量很高，越向外层含量越低。稻谷中蛋白质含量的高低，影响了稻谷籽粒强度的大小。稻谷籽粒中蛋白质含量越高，籽粒强度就越大，耐压性能越强，加工时产生的碎米越少。

脂肪的主要成分是脂肪酸，糙米的主要脂肪酸是油酸、亚油酸和棕榈酸。类脂物质主要是蜡和磷脂，蜡主要存在于皮层脂肪（米糠油）中，其含量为 3%～9%。磷脂占全部类脂物的 3%～12%，其中卵磷脂与胚乳的直链淀粉相结合，是非糯性胚乳的天然成分；而糯性胚乳不含卵磷脂。大米中的脂肪易氧化酸败，因此长期存放的大米，往往有异味。

稻谷淀粉含量平均为 62.7%，不同品种稻谷其淀粉含量也不相同，其中籼型稻谷的淀粉含量平均为 62.1%；粳型稻谷的淀粉含量平均为 64.5%；糯型稻谷淀粉含量平均为

62.4%。淀粉大部分存在于胚乳中,它是人体所需热量的主要来源之一,加工时应尽量多地保留,以提高成品大米的出率。

稻谷的矿物质有铝、钙、氯、铁、镁、锰、磷、钾、硅、钠、锌等。稻谷的矿物质主要存在于稻壳、胚及皮层中,胚乳中含量极少。因此,大米的精度越高,灰分的含量越低。

稻谷中含有多种维生素,主要有维生素 B_1、维生素 B_2、维生素 B_3、维生素 B_5、维生素 B_6 等 B 族维生素,其次还有少量的维生素 A 及维生素 E。

由表 2-1 还可看出,稻谷籽粒及其各组成部分的水分含量各不相同。皮层含水量较高,故韧性较大,易于碾剥。胚乳含水量较低,籽粒强度大,不易碾碎。稻壳含水量最低,脆性大,易于脱壳。这种水分分布的不均一性对稻谷加工是极为有利的。

稻谷含水量的高低对稻谷加工的影响很大。水分过高,会造成筛理困难,影响清理效果,且稻壳韧性增加,造成脱壳困难;同时,籽粒强度降低,加工过程中易产生碎米,降低出米率,且米糠黏度大,易糊住碾米机米筛筛孔,造成排糠不畅,导致碾米机负荷加大,动耗增加。但水分含量过低,会使稻谷籽粒变脆,也容易产生碎米,降低出米率,且米粒皮层与胚乳结合紧密,不易碾除。稻谷适宜加工的水分含量为 14%～14.5%。

2.2.2 稻谷在加工过程中化学成分的变化

随着稻壳的除去,皮层的不断剥离,碾米精度越高,成品大米的化学成分越接近于纯胚乳,即大米中淀粉的含量随精度的提高而增加,其他各种成分则都相对地减少,见表 2-2。

从理论上讲大米应当只是纯胚乳,但实际上,由于胚、皮层与胚乳有一定的结合力,以及米粒表面具有纵沟等原因,在碾米时,不可能将它们全部分开。若将胚和皮层全部碾除,则造成胚乳的损失过高。

从食用与营养的观点来看,大米精度越高,淀粉的相对含量越高,纤维素越少,消化率也越高,但某些营养成分,如脂肪、矿物质和维生素等的损失也越多。

为了减少胚乳的损失,提高出米率,同时保留上述这些营养成分,大米加工精度不宜过高。因此我国大米国家标准中规定:加工的各种等级大米中都或多或少地保留一部分皮层。

稻谷出米率的高低主要取决于稻谷籽粒中胚乳所占有质量的分数,因此,研究稻谷籽粒各组成部分所占质量比例及其化学成分分布情况,不仅可以评定稻谷品质的好坏,而且还可为理论出糙率和理论出米率的计算提供依据。这对于稻谷加工有极其重要的意义。

2.3 砻谷及谷糙分离

2.3.1 砻谷、砻下物分离的目的与要求

稻谷经清理后碾米前脱去颖壳的工艺过程称为脱壳,俗称砻谷(husking, dehullng)。脱去稻谷颖壳的机械称为砻谷机。现有的各种砻谷机,均不可能使进机稻谷一次全部脱壳。因此,砻谷后产物(砻下物)是包括已脱壳的糙米、稻壳和尚未脱壳的稻谷等组成的混合物。砻下物进行分离之后,糙米送往碾米机碾白,未脱壳的稻谷返回到砻谷机再次脱壳,而谷壳则作为副产品加以利用。

砻谷及砻下物分离是稻谷加工过程中的一个极为重要的环节,其工艺效果的好坏,不仅影响其后续的工艺效果,而且还影响成品大米质量、出品率、产量和成本。因此,稻谷砻谷时,在确保一定脱壳率的前提下,要求应尽量保持糙米籽粒的完整、减少籽粒损伤,如爆

腰、碎糙等，以提高大米出率和谷糙分离的工艺效果，具体要求是：砻下物经稻壳分离后，每 100kg 稻壳中含饱满粮粒不应超过 30 粒；谷糙混合物中含稻壳量不应超过 1.0％（胶砻为 0.8％）；糙米中含稻壳量不应超过 0.1％；糙米含稻谷量不超过 40 粒/kg，回砻谷含糙量不超过 10％。常用工艺如下：

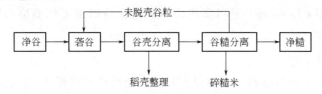

表 2-2　稻谷籽粒各组成部分的质量比例

化学成分 /％	水分 /％	蛋白质 /％	脂肪 /％	碳水化合物 /％	纤维素 /％	灰分 /％	钙 /(mg/100g)	磷 /(mg/100g)	维生素 B_1 /(mg/100g)	维生素 B_2 /(mg/100g)	维生素 B_5 /(mg/100g)
粳糙米	14	7.1	2.4	74.5	0.8	1.2	13	252	0.35	0.08	2.3
特等粳米	14	6.7	0.9	77.6	0.2	0.6	7	136	0.16	0.05	1.0
标一粳米	14	6.8	1.3	76.8	0.3	0.8		164	0.22	0.05	1.5
标二粳米	14	6.9	1.7	76	0.4	1.0	10	200	0.24	0.05	1.5
籼糙米	13	8.3	2.5	74.2	0.7	1.3	14	285	0.34	0.07	2.5
特等籼米	13	7.8	1.2	76.9	0.3	0.6	8	172	0.15	0.05	1.4
标一籼米	13	7.8	1.3	76.6	0.4	0.6	9	203	0.19	0.06	1.6
标二籼米	13	8.2	1.8	75.5	0.5	1.0	10	221	0.22	0.06	1.8

2.3.2　砻谷

2.3.2.1　砻谷的基本原理

砻谷是根据稻谷结构的特点，由砻谷机对其施加一定的机械力破坏稻壳而使稻壳脱离，分离出糙米。根据脱壳时的受力状况和脱壳方式，稻谷脱壳的方法通常可分为挤压搓撕脱壳、端压搓撕脱壳和撞击脱壳 3 种，如图 2-2 所示。

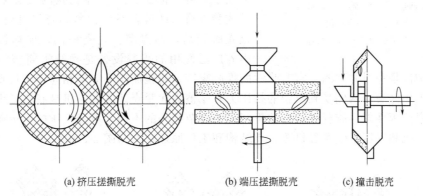

(a) 挤压搓撕脱壳　　　　(b) 端压搓撕脱壳　　　(c) 撞击脱壳

图 2-2　稻谷脱壳的方式

（1）挤压搓撕脱壳

挤压搓撕脱壳（extrude rubbing husking）是指粮粒两侧受两个不等速运动的工作面的挤压、搓撕而脱去颖壳的方法。属于这种方法的脱壳砻谷机有胶辊砻谷机［图 2-2(a)］、辊带式砻谷机。

（2）端压搓撕脱壳

端压搓撕脱壳（end pressure rubbing husking）是指粮粒长度方向的两端受两个不等速运动的工作面的挤压、搓撕而脱去颖壳的方法，如沙盘砻谷机［图2-2(b)］。

（3）撞击脱壳

撞击脱壳（strike husking）是指高速运动的粮粒与固定工作面撞击而脱壳的方法，如离心砻谷机［图2-2(c)］。

2.3.2.2 砻谷的过程

如图2-3所示，稻谷自进料斗1通过闸门2，经喂料短淌板3、长淌板4均匀而准确地进入两胶辊间脱壳。脱壳后的砻下混合物经鱼鳞淌板8，由外吸风风管11使稻壳和谷糙依重力产生的悬浮速度的差别，使稻壳上浮借吸风装置吸出，而谷糙在重力和来料推力的作用下进入出料斗。当谷粒由喂料装置进入胶辊间时，谷粒受到自身的重力、胶辊对谷粒的正压力和摩擦力的作用。由于两胶辊间隙（轧区）小于稻谷（大多数稻谷），在两辊不等速的运动下，谷粒随快辊向下运动，而慢辊相当于向上托住稻谷，对谷粒两侧实际是产生方向相反的摩擦力，即搓撕力。随着谷粒依自身重力和胶辊的运转继续前进，轧区越来越小，胶辊对谷粒的挤压力和摩擦力不断增加，当谷壳薄弱部分的结合力小于压力搓撕力时，谷壳将被压裂和撕破，接触快辊一侧的稻壳首先开始脱离糙米，其脱壳分解如图2-4所示。

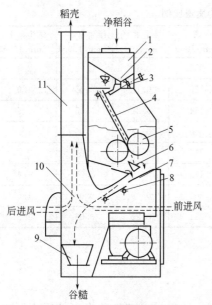

图2-3　LT型胶辊砻谷机脱
壳过程示意图

1—进料斗；2—闸门；3—短淌板；
4—长淌板；5—胶辊；6—匀料斗；
7—匀料板；8—鱼鳞淌板；
10—谷壳分离室；11—风管

2.3.2.3 砻谷机

从理论上来说，凡是能够使稻谷脱壳的工具均可用于砻谷。但是，从稻谷脱壳的实际效果看，辊带式砻谷机、沙盘砻谷机、离心砻谷机由于产量低，稻壳脱壳后，糙碎多、脱壳率低，现均被淘汰。国内外广泛使用的砻谷设备是橡胶辊筒砻谷机，它的主要工作构件是一对并列的、富有弹性的橡胶辊筒。两辊筒作不等速相向旋转运动。谷粒进入两辊筒工作区后，两侧受到胶辊的挤压力和摩擦力而脱壳。该砻谷机具有产量大、脱壳率高、糙碎率低等性能。胶辊砻谷机按辊间压力调节结构的不同，可分为压砣紧辊砻谷机、液压紧辊砻谷机和气压紧辊砻谷机等，其结构和工作原理基本与图2-3相似。

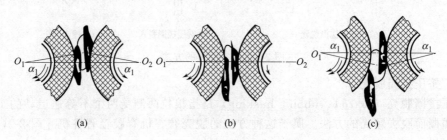

图2-4　稻谷脱壳过程

2.3.3 谷壳分离

谷壳分离主要利用稻壳的容重、密度和悬浮速度等物理性质与稻谷、糙米上的差异使之相互分离。如图 2-5 所示，稻壳与谷糙进入谷壳分离装置后，由于悬浮速度上存在较大的差异，谷糙首先沉降，为了减少谷糙中稻壳的含量，利用分流淌板 2 增加谷壳与谷糙的分离时间。在沉降室 7 内，稻壳与瘪谷、糙碎间，由于比重存在差异，稻壳随气流从吸风口 6 分出，而瘪谷、糙碎沉降后被收集。

2.3.4 谷糙分离

由于砻谷机不可能一次全部脱去稻谷颖壳，砻谷后的糙米中仍有一小部分稻谷未脱壳。为保证净糙入机碾米，故需进行谷糙分离。谷糙分离是对分离稻壳后的砻下物进行分选，使糙米与未脱壳稻谷分开。目前，常用的谷糙分离（husked rice separation）方法主要有筛选法、重力分选法和弹性分离法 3 种，现常用重力分选法分离谷糙，如图 2-6 所示。

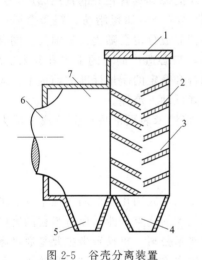

图 2-5　谷壳分离装置

1—进料口；2—分流淌板；3—气流区；4—谷糙出口；
5—瘪谷糙碎出口；6—吸风口；7—沉降室

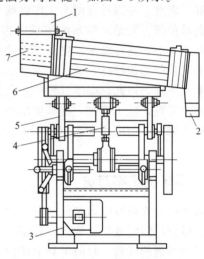

图 2-6　谷糙分离机示意图

1—进料机构；2—出料机构；3—机架；4—偏心传动机构；
5—支承机构；6—分离箱体；7—分料机构

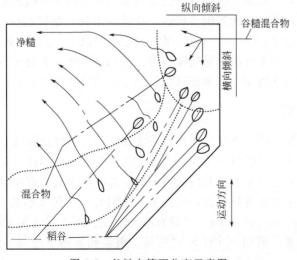

图 2-7　谷糙在筛面分离示意图

比重分离法是利用稻谷和糙米比重的不同及其自动分级特性，在作往复振动的粗糙工作面板上进行谷糙分离的方法，谷糙在筛面上的运动分离如图 2-7 所示。重力谷糙分离机的最大特点是对品种混杂严重、粒度均匀性差的稻谷原料的加工有较强的适应性，谷糙分离效率高，操作管理简单等。

2.4 碾米

2.4.1 碾米的目的与要求

碾米（rice milling；rice polishing）的目的主要是碾除糙米皮层。糙米皮层含有大量的纤维素，直接食用糙米不利人体的正常消化。同时，糙米的吸水性和膨胀性都比较差，食用品质不佳，如用糙米煮饭，不仅所需要的蒸煮时间长，出饭率低，而且颜色深，黏性差，口感不好。因此，必须通过碾米工序将糙米皮层去除，才能使其具有较好的食用品质，且能提高其商品价值。但是，糙米的皮层中也含有较多的营养成分，如粗脂肪、粗蛋白质、矿物质、维生素等，在将糙米皮层全部去除的同时，这些营养成分也会随之大量损失。同时，根据糙米籽粒的结构特点，要将背沟处的皮层全部碾除，势必造成淀粉的损失和碎米的增加，且出米率下降。因此，碾米过程中，在保证成品大米符合规定的质量标准的前提下，应尽量保持米粒完整，减少碎米，提高出米率和大米纯度，降低动力消耗。

糙米碾白是指应用物理（机械）或化学的方法，将糙米表面的皮层部分或全部去除的工序。

2.4.2 碾米的基本方法

碾米可分为机械碾米和化学碾米两种。由于化学碾米要先用化学溶剂对糙米皮层进行预处理，待皮层组织变得松软后，轻碾去皮。化学碾米最大的优点是能够保持米粒的完整，但可能导致溶剂的残留，目前世界上还没有正式的化学碾米公司。机械碾米主要是通过碾白室中的机械构件，利用压力和摩擦力等将糙米表面的糠层去除的过程。机械碾米的优点是没有二次污染，缺点是易导致碎米的产生。

早在 20 世纪 40 年代初期，研究者就已提出碾米压力和速度的基本理论，并以此来区分机械碾米的作用性质和碾米机的类别。目前，机械碾米分为摩擦擦离（frictional action）碾白（压力碾白）和碾削（griding action）碾白（速度碾白）。摩擦擦离碾白就是依靠强烈摩擦作用而使糙米去皮的碾米方法；碾削碾白即是借助金刚砂辊表面无数密集尖锐的砂刃，对米粒皮层进行不断的运动碾削，使米皮破裂、脱落，达到糙米去皮碾白的目的。

2.4.3 碾米机的类型

碾米机的种类多种多样，如果按碾白作用方式，可分为摩擦擦离型碾米机、碾削型碾米机和混合型碾米机；按碾辊的材质不同，又可分为铁辊碾米机和砂辊碾米机；而按碾辊主轴的安装形式，还可分为立式碾米机和横式碾米机；各种碾米机又有喷风和不喷风之分。无论是哪一种碾米机，都主要由进料装置、碾白室、出料装置、传动装置以及机架等部分组成。喷风碾米（pneumatic rice polishing）机带有喷风系统。碾白室是碾米机的心脏，是影响碾米工艺效果的关键因素。碾白室由螺旋输送器、碾辊和米筛等组成。组合碾米机还有擦米室、米糠分离机构等。下面介绍几种常见的米机。

2.4.3.1 摩擦擦离型碾米机

摩擦擦离型碾米机均为铁辊式碾米机，因具有较大的碾白压力又称为压力式碾米机。摩擦擦离型碾米机碾辊线速较低，一般在5m/s左右。碾制相同数量大米时，其碾白室容积比其他类型的碾米机要小，常用于高精度米加工，多采用多机组合，轻碾多道碾白。摩擦擦离型碾米机分为铁辊碾米机和铁辊喷风碾米机。

（1）铁辊碾米机　铁辊碾米机的结构如图2-8所示，主要由进料机构、碾白室、传动机构和机架等部分组成。工作时，糙米由进料装置进入碾白室，在转动的碾辊的作用下，依靠摩擦擦离作用去除糙米表面的皮层，碾制成一定精度的白米，碾白后的米粒由出料口排出机外，碾下的米糠经米筛排出。

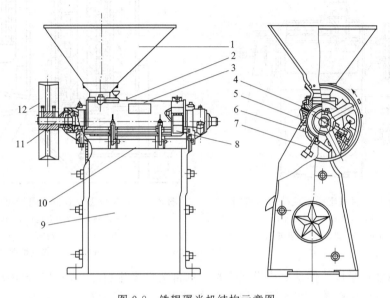

图 2-8　铁辊碾米机结构示意图

1—进料斗；2—进料插板；3—米机盖；4—铁棍；5—米筛；6—筛托；
7—螺钉；8—出料口；9—机座；10—方箱；11—米机轴；12—皮带轮

（2）铁辊喷风碾米机　虽然铁辊碾米机碾出的白米表面细腻光洁，色泽好，精度均匀。但由于碾白压力大，碾白过程中产生的碎米较多，出米率低。因此，现代碾米厂已很少采用，取而代之的是铁辊喷风碾米机。铁辊喷风碾米机由于有气流参与碾白，使碾白室内的米粒呈一种较松散的状态，碾白压力有所降低，同时，气流将碾米过程产生的湿热及时带出碾白室，米粒强度降低很少。因此，碾白过程中产生的碎米较少，是目前广泛使用的一种摩擦擦离型碾米机。

铁辊喷风碾米机有许多种型号规格，图2-9所示丰收1号铁辊碾米机是其中的一种。该碾米机主要由进料装置、碾白室、喷风装置、糠秕收集装置、传动装置及机架等部分组成。工作时，糙米经进料机构由螺旋输送器送入碾白室，在碾白室内，由于受碾辊和气流的共同作用，米粒呈流体状态边推进边碾白，直至出米口排出碾白室。喷风铁辊上的凸筋和喷风槽喷出的气流加剧了米粒的翻滚运动，米粒受碾机会增多，碾白均匀，出机白米光洁细腻。碾下的糠秕混合物由米筛筛孔排出后，落入集糠斗，然后吸入吸糠风机，并吹入集糠器中收集。

2.4.3.2 碾削型碾米机

碾削型碾米机均为砂辊碾米机，其碾辊线速较大，一般为15m/s左右，故又称为速度式碾米机。碾削型碾米机碾白压力较小，与生产能力相当的摩擦擦离型碾米机相比，机形较大。

瑞士布勒公司生产的 DSRD 型立式砂辊碾米机即为目前世界上使用较广的一种碾削型碾米机。DSRD 型立式砂辊碾米机的结构如图 2-10 所示，主要由圆柱形砂辊、米筛、橡胶米刀、排料装置、传动装置等部分组成。

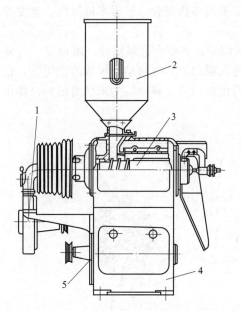

图 2-9　丰收 1 号铁辊碾米机结构示意图

1—喷风风机；2—进料斗；

3—碾白室；4—机座；5—吸糠风机

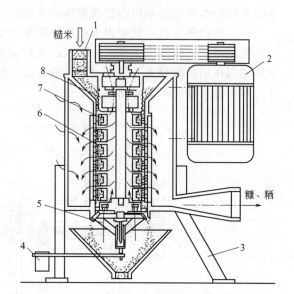

图 2-10　DSRD 型立式砂辊碾米机的结构示意图

1—进料口；2—电机；3—机架；

4—压砣；5—圆锥托盘；6—米筛；

7—砂辊；8—螺旋推进器

DSRD 型立式米机的传动机构设在上部，底部为白米排料斗。该机三台串联使用时，每小时加工量为 4～5t 糙米。在脱糠量约 10% 的情况下，头机出糠 4%～5%，二机出糠 3%，三机出糠 2.5%～3%。每组砂辊可加工糙米 12000～15000t。

2.4.3.3　混合型碾米机

混合型碾米机为砂辊或砂铁辊结合的碾米机，其碾白作用以碾削为主，擦离为辅，碾辊线速介于擦离型碾米机和研削型碾米机之间，一般为 10m/s 左右。混合型碾米机兼有摩擦擦离型碾米机和碾削型碾米机的优点，工艺效果较好，是我国使用较广泛的一种碾米机。碾白平均压力和米粒密度比碾削型碾米机稍大，机形适中。

我国碾米定型设备 NS 型螺旋槽砂辊碾米机的结构如图 2-11 所示，主要由进料装置、碾白室、擦米室、传动装置、机架等部分组成。工作时，糙米由进料斗经流量调节机构进入米机，被螺旋输送器送入碾白室，在砂辊的带动下作螺旋线运动。米粒前进过程中，受高速旋转砂辊的碾削作用得到碾白。拨料铁辊将米粒送至出口排出碾白室。从碾白室排出的白米，皮层虽已基本去除，但米面较粗糙，且表面黏附有糠粉，因而需送入擦米室进行擦米。米粒在擦米铁辊的缓和摩擦作用下，擦去表面黏附的糠粉，磨光米粒的表面，成为光亮洁净的白米。筛孔排出的糠秕混合物由接糠斗排出机外。

2.4.4　碾米工艺效果的评价

2.4.4.1　精度

大米精度（degree of milling rice）是评定碾米工艺效果的最基本的指标。评定大米的精

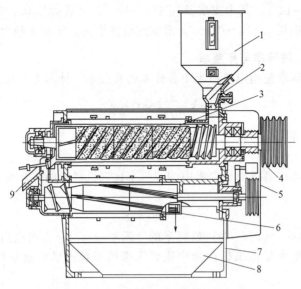

图 2-11　NS 型螺旋槽砂辊碾米机的结构示意图

1—进料斗；2—流量调节装置；3—碾白室；4—传动带轮；5—防护罩；6—擦米室；

7—机架；8—接糠斗；9—分路器

度，应以统一规定的精度标准或标准米样为准，用感观鉴定法观察碾米机碾出的米粒与标准米样在留皮、留胚、留角等方面是否相符。

（1）留皮　留皮是指大米表面残留的皮层。加工精度越高，留皮越少。评定时，应仔细观察米粒表面留皮是否符合标准要求。观察时，一般先看米粒腹面的留皮情况，然后再看背部和背沟的留皮情况。

（2）留胚　加工精度越高，米粒留胚越少。评定时，观察出机白米与标准米样的留胚情况是否一致。

（3）留角　米角是指米粒胚芽旁边的米尖。加工精度越高，米角越钝。评定时，观察刚出机白米与标准米样留角是否一致。

大米精度主要决定于米粒表面留皮程度。为了较准确地评定大米的精度，可用品红碳酸溶液等将标准米样和成品米染色后加以比较，观察留皮的程度是否相符。

2.4.4.2　色泽

加工精度越高，米粒颜色越白。评定时，首先将加工出来的米粒与标准米样比较，观察颜色是否一致。由于刚出机的米粒，色泽常常发黯，冷却后才能返白，因此在比较时，刚出机白米的颜色可能比冷的标准米样稍差，对此需要注意。

2.4.4.3　碾减率

糙米在碾白过程中，因皮层及胚的碾除，其体积、重量均有所减少，减少的百分率便称之为碾减率，计算方法如下。

$$H = \frac{m_1(1-x-\beta_1)-m_2(1-y-\beta_2)}{m_1(1-x-\beta_1)} \times 100\%$$

式中，H 为碾减率，%；m_1 为米机进米流量，kg/h；m_2 为米机出米流量，kg/h；x 为进机糙米中的含杂百分率（包括稻谷、稗子、石子以及通过直径 2mm 圆孔筛的糠屑、米糠等），%；y 为出机米中的含杂百分率，%；β_1 为进机物料中超指标的碎米率，%；β_2 为出机物料中超指标的碎米率，%。

一般碾减率 5%～12%，其中皮层及胚 4%～10%，胚乳碎片 0.3%～1.5%，机械损耗 0.5%～1.0%，水分损耗 0.4%～0.6%。米粒的精度越高，碾减率越大。

2.4.4.4 含碎率、增碎率与完整率

（1）含碎率 含碎率是指出机白米中含碎米的百分率，计算方法如下。

$$S=\frac{G_S}{G_B}\times100\%$$

式中，S 为含碎率，%；G_S 为出机白米试样中碎米的重量，g；G_B 为出机白米试样重，g。

（2）增碎率 增碎率是指出机白米中的碎米率比进机糙米的碎米率所增加的量，计算方法如下。

$$S_Z=S_2-S_1$$

式中，S_Z 为增碎率，%；S_1 为进机糙米的碎米率，%；S_2 为出机白米的碎米率，%。

（3）完整率 完整率是指出机白米中完整无损的米粒占试样重量的百分率，计算方法如下。

$$W=\frac{G_W}{G_B}\times100\%$$

式中，W 为完整率，%；G_W 为出机白米试样中完整米粒的重量，g。

2.4.4.5 糙出白率与糙出整米率

（1）糙出白率 糙出白率是指出机白米占进机（头道）糙米的重量百分率，计算方法如下。

$$C_B=\frac{m_2(1-y-\beta_2)}{m_1(1-x-\beta_1)}\times100\%=\frac{m_2(1-y-\beta_2)}{(m_2+m_3)(1-x-\beta_1)}\times100\%=(1-H)\times100\%$$

式中，C_B 为糙出白率，%；m_3 为糠秕混合物流量，kg/h。

加工精度越高，碾减率越大，糙出白率就越低。因此，要在精度一致的条件下评定糙出白率。

（2）糙出整米率 糙出整米率是指出机白米中，完整米粒占进机糙米的百分率。完整米粒越多，则碾米机的工艺性能越好，计算方法如下。

$$N=\frac{m_2(1-y)}{m_1(1-x)}W\times100\%=\frac{m_2(1-y)}{(m_2+m_3)(1-x)}W\times100\%$$

式中，N 为糙出整米率，%。

2.4.4.6 含糠率

含糠率是指在白米或成品米试样中，糠粉占试样的百分率，计算方法如下。

$$K=\frac{G_K}{G_B}\times100\%$$

式中，K 为含糠率，%；G_K 为白米或成品米试样中糠粉的重量，g；G_B 为白米或成品米试样的重量，g。

2.4.5 影响碾米工艺效果的因素

影响碾米工艺效果的因素很多，如糙米的工艺品质，碾米机碾白室的结构、机械性能和工作参数，碾白道数，脱糠比例以及操作管理等。这些因素有动态的，有静态的，它们相互联系、相互制约。只有根据糙米的工艺品质，合理选择碾米机类型、结构和参数，按照加工

成品的精度要求，合理确定碾白道数，并进行合理有效地操作管理，才能取得良好的工艺效果。

2.4.5.1 糙米的工艺品质

糙米的类型、品种、水分含量、爆腰率与皮层厚度是影响碾米工艺效果的主要因素。

（1）糙米的类型和品种

粳糙米籽粒结实，粒形椭圆，抗压强度和抗剪、抗折强度较大，在碾米过程中能承受较大的碾白压力。因此，碾米时产生的碎米少，出米率较高。籼糙米籽粒较疏松，粒形细长，抗压强度和抗剪、抗折强度较差，只能承受较小的碾白压力，在碾米过程中容易产生碎米。同时，粳糙米皮层较柔软，采用摩擦擦离型碾米机碾白时，得到的成品米色泽较好，碎米率也不高；而籼糙米皮层较干硬，故不适宜采用摩擦擦离型碾米机。粳糙米的皮层一般比籼糙米的皮层厚，因此，碾米时碾米机的负荷较重，电耗较大。

同一品种类型的稻谷，早稻糙米的腹白大于晚稻，早稻糙米的结构一般比较疏松，故早稻糙米碾米时产生的碎米比晚稻糙米多。

（2）水分

水分高的糙米皮层比较松软，皮层与胚乳的结合强度较小，去皮较容易。但米粒结构较疏松，碾白时容易产生碎米，且碾下的米糠容易和米粒粘在一起结成糠块，从而增加碾米机的负荷和动力消耗。水分低的糙米结构强度较大，碾米时产生的碎米较少。但糙米皮层与胚乳的结合强度也较大，碾米时需要较大的碾白作用力和较长的碾白时间。

水分过低的糙米（13%以下），其皮层过于干硬，去皮困难，碾米时需较大的碾白压力，且糙米籽粒结构变脆，因此碾米时也容易产生较多的碎米。糙米的适宜入机水分含量为14.5%～15.5%。

（3）爆腰率与皮层厚度

糙米爆腰率的高低，直接影响碾米过程中产生碎米的多少。一般来说，裂纹多而深、爆腰程度比较严重的糙米，碾米时容易破碎，因此不宜碾制成高精度的大米。

糙米的皮层厚度也与碾米工艺效果有直接关系。糙米皮层厚，去皮困难，碾米时需较高的碾白压力，碾米机耗用功率大，碎米率也较高。

除此以外，稻谷生长情况和收割早晚以及贮藏时间长短，对碾米工艺效果也有一定的影响。稻谷生长不良、收割过早或遇病虫害，都会增加糙米中的不完善粒，碾米时这些不完善粒容易被碾成碎粒和粉状物料。贮藏时间较长的陈稻糙米，其皮层厚而硬，碾白比较困难，动力消耗较大，也容易产生碎米。

2.4.5.2 碾米机的工作参数

碾米机的工作参数主要有碾白压力、碾辊转速、加速度系数、单位产量碾白运动面积等，它们是影响和控制碾米工艺效果的重要因素。

（1）碾白压力

碾米工艺效果与米粒在碾白室内的受压大小密切相关。不同的碾白形式，具有不同的碾白压力，而且碾白压力的形成方式也不尽相同。摩擦擦离碾白压力主要由米粒与米粒以及米粒与碾白室构件之间的互相挤压而形成，并随米粒流体在碾白室内密度大小和挤压松紧程度的不同而变化。碾削碾白压力主要由米粒与米粒以及米粒与碾白室构件之间的相互碰撞而形成，并随米粒流体在碾白室内密度大小和米粒运动速度的不同而变化，尤以米粒的运动速度影响最为显著。

碾白压力的大小决定了摩擦擦离作用的强弱和碾削作用的深浅，因此，碾白室内必须具有一定的碾白压力，才能达到米粒碾白的目的。而当碾白压力超过了米粒的抗压及抗剪、抗折强度时，米粒就会破碎，产生较多的碎米，反而使碾米工艺效果下降。无论碾白压力的形成方式如何，通常意义上的碾白压力是指碾白室内的平均压力，而实际上米粒在碾白室内各部位的受压大小是不均匀的。一般情况下，凡是碾辊表面筋或者槽中、螺旋槽螺距加大、碾白室截面积缩小等，均会导致米流密度增大，从而使局部碾白压力上升，米粒往往在这些部位破碎。在碾米过程中，随着米粒皮层的逐步剥落和米温的升高，米粒的结构强度也随之下降，所以，在碾白室的中、后段，即使碾白压力不上升，仍会有碎米产生。因此，应合理的配置碾白室构件，选择适当的工作参数，尽量保持碾白压力均匀变化，并在操作中防止碾白压力突然变化，同时注意适当减轻碾白室后段以及出口处的碾白压力，以减少碾米过程中碎米的产生。

（2）碾辊转速

碾辊转速的快慢，对米粒在碾白室内的运动速度和受压大小有密切的关系。在其他条件不变的情况下，加快转速，则米粒运动速度增加，通过碾白室的时间缩短，碾米机流量提高。对于摩擦擦离型碾米机而言，由于米粒运动速度增加，碾白室内的米粒流体密度减小，使碾白压力下降，摩擦擦离作用减弱，碾白效果变差。对于碾削型碾米机，适当加快碾辊转速，可以充分发挥碾辊的碾削作用，并能增强米粒的翻滚和推进，提高碾米机的产量，碾白效果也比较好。但如果碾辊转速过快，会使米粒的冲击力加剧，造成碎米增加，碾米效果反而下降。若转速过低，米粒在碾白室内受到的轴向推进作用减弱，米粒运动速度减小，使碾米机产量下降，电耗增加。同时，米粒还会因翻滚性能不好而造成碾白不匀，精度下降。

碾米机类型不同，碾辊的转速控制范围也不同。摩擦擦离型碾米机的转速一般在1000r/min以下，碾削型碾米机的转速一般控制在1300～1500r/min。

（3）向心加速度

长期的理论研究和生产实践证明，碾米机碾辊具有一定的向心加速度，是米粒均匀碾白的重要条件。同类型碾米机碾制同品种同精度大米，在辊径不同、线速相差较大时，只有当其向心加速度相接近时，才能达到相同的碾白效果。

即
$$R\omega^2 = \frac{D}{2}\left(\frac{2\pi n}{60}\right)^2 = C$$

则
$$n = \frac{C}{\sqrt{D}}$$

式中，n 为碾辊转速，r/min；D 为碾辊直径，m；C 为加速度系数。

（4）单位产量碾白运动面积

是指碾制单位产量白米所用的碾白运动面积，即碾辊每秒钟对米粒产生碾白作用的面积，可用下式计算：

$$A = \frac{F}{Q} = \frac{60\pi NDL}{Q}$$

式中，A 为单位产量碾白运动面积，m^2/kg；F 为每小时米机碾辊运动的总面积，m^2/h；Q 为米机小时产量，kg/h；D 为碾辊直径，m；L 为碾辊长度，m；N 为碾辊转速，r/min。

单位产量碾白运动面积把碾米机产量同碾白面积联系起来，综合地体现碾辊的直径、长度和转速对碾米机效果的影响。生产实践证明，单位产量碾白运动面积较大的米机，机内压力一般较小，碾米时出碎少，米温低，碾白性能较好。这表明单位产量碾白运动面积较大的米机，其碾白作用是以碾削为主，擦离为辅。但单位产量碾白运动面积过大时，经济性能差，甚至产生过碾现象，使出米率降低。而单位产量碾白运功面积较小的米机，机内压力一般较大，其碾白作用以擦离作用为主，碾削为辅。不同的碾白方式的米机，单位产量碾白运动面积也不相同。

2.4.5.3 碾白道数和出糠比例

（1）碾白道数

碾白道数应视加工大米的精度和碾米机的性能而定。碾白道数多时，各道碾米机的碾白作用比较缓和，加工精度均匀，米粒温升低，米粒容易保持完整，碎米少，出米率较高，加工高精度大米时效果更加明显。

（2）出糠比例

采用多机碾白时，各道碾米机的出糠比例应合理分配，以保证各道碾米机碾白作用均衡，否则会使出碎率和能耗都增加。在采用二机或三机出白时，各道碾米机的出糠率可参照表 2-3 选择。

表 2-3 表明，二机出白加工标二精度大米时，头机和二机的出糠量分别为 50%。加工高精度大米时，头机的出糠量应高于二机，一般头机取 55% 左右出糠量较为理想。三机出白的各道出糠比例，不论加工精度高低，头机和二机的出糠量应占总出糠量的 70% 左右，这样可取得较好的碾米工艺效果。

表 2-3　各道碾米机出糠百分率　　　　　　　　　　　　单位：%

碾白方式	道数	特粳	标二粳	特籼	标二籼
二机	第一道	55~60	50	50~55	50
	第二道	40~45	50	45~50	50
三机	第一道	35	30	30	30
	第二道	35	40	40	40
	第三道	30	30	30	30

2.4.5.4　流量

在碾白室间隙和碾辊转速不变的条件下，适当加大物料流量，可增加碾白室内的米粒流体密度，从而提高碾白效果。但流量过大，不仅碎米会增加，而且还会使碾白不均，甚至造成碾米机堵塞。相反，如果流量过小，则米粒流体密度减小，碾白压力随之减小，不仅降低碾白效果，而且米粒在碾白室内的冲击作用加剧，也会导致碎米增加。适宜的流量应根据碾白室的间隙、糙米的工艺性质、碾辊转速和动力配备大小等因素决定。

2.5　成品整理及副产品处理

2.5.1　成品米、副产品及下脚料整理的目的与要求

成品整理是常规稻谷加工过程中不可忽视的重要环节，特别是在市场经济条件下，成品整理工艺越完善，技术管理越严格，即可通过整理确保成品大米的纯度和外观性能，能获得良好的经济效益和社会效益。

副产品整理是通过一定的设备和手段回收粮食，确保稻谷加工产品的出率和副产品的纯度，便于副产品的有效利用，提高其综合利用价值。

下脚料整理的目的是回收分离杂质中的饱满粮食，保证产品的出率和企业的经济效益；整理下脚料中的次粮，也应使之得到充分利用。

成品、副产品及下脚料整理的要求是：成品的纯度和外观性能应符合国家标准要求或目标市场的特殊要求；经过整理后副产品和下脚料中的含粮数量达到规定指标。

2.5.2　成品整理

经碾米机碾制成的白米，其中混有米糠和碎米，而且温度较高，这些都会影响成品的质量，同时也不利于大米的贮藏。因此，出机白米在包装前必须使含糠、含碎符合质量标准，使米温降到利于贮存的范围。此外，可将大米进行表面处理，使其晶莹光洁；也可将大米中所含异色米粒（主要是黄粒米，即胚乳呈黄色，与正常米粒色泽明显不同的米粒）通过色选去除，以提高其商品价值，改善其食用品质。以上即为成品处理，主要包括擦米、凉米、白米分级、抛光、色选等工序。

2.5.2.1　擦米

擦米的主要作用是擦除黏附在白米表面的糠粉，使白米表面光洁，提高成品的外观色泽，同时，有利于大米储藏及米糠回收利用。擦米与碾米不同，因为白米籽粒强度较低，故擦米作用不应强烈，以防止产生碎米过多。出机白米经擦米后，产生的碎米不应超过1%，含糠量不应超过0.1%。

国内外常用的擦米机均用棕毛、皮革或橡胶等柔软材料制成擦米辊。擦米辊四周有花铁筛或不锈钢金属筛布，米粒在两者之间运动而被擦刷。也有使用铁辊擦米机将碾米和擦米组合起来的。随着碾米技术日益进步、加工设备不断更新，现今绝大多数碾米厂已不单独配置擦米设备，往往是利用双辊碾米机下方辊筒进行擦米。

2.5.2.2　凉米

凉米的目的是降低米温，以利于储藏。尤其在加工高精度大米时，米温比室温高出15～20℃，如不经冷却立即打包进仓，易使成品发热霉变。凉米一般都在擦米之后进行，并把凉米与吸除糠粉有机地结合起来。凉米要求米温降低3～7℃，爆腰率不超过3%。降低米温的方法很多，如喷风碾米、米糠气力输送、成品输送过程的自然冷却等，工作原理都是利用室温空气作为工作介质，带走碾制米粒机械能转换的热能。目前，使用较多的凉米专用设备是流化床，它不但可以降低米温，而且还兼有去湿、吸除糠粉等作用。

2.5.2.3　白米分级

将白米分成不同含碎等级的工序称为白米分级，许多国家都把大米含碎量作为区分大米等级的重要指标。白米分级的目的主要是根据成品的质量要求，分离出超过标准的碎米。

我国大米质量国家标准 GB 1354—2009 中有关碎米的规定是：留存在直径1.0mm的圆孔筛上，长度小于同批试样米粒平均长度3/4的米粒为碎米；通过直径2.0mm圆孔筛，留存在直径1.0mm圆孔筛上的不完整米粒为小碎米。各种等级的普通大米和优质大米的含碎率分别见表2-4和表2-5。

表 2-4　不同级别普通大米的含碎率

品　　种		籼米				粳米				籼糯米			粳糯米		
	等级	一级	二级	三级	四级	一级	二级	三级	四级	一级	二级	三级	一级	二级	三级
碎米	总量/%，≤	15.0	20.0	25.0	30.0	7.5	10.0	12.5	15.0	15.0	20.0	25.0	7.5	10.0	12.5
	其中小碎米/%，≤	1.0	1.5	2.0	2.5	0.5	1.0	1.5	2.0	1.5	2.0	2.5	0.8	1.5	2.3

表 2-5　不同级别优质大米的含碎率

品　种		籼米			粳米			籼糯米			粳糯米		
等级		一级	二级	三级	一级	二级	三级	一级	二级	三级	一级	二级	三级
碎米	总量/%，≤	5.0	10.0	15.0	2.5	5.0	7.5	5.0	10.0	15.0	2.5	5.0	7.5
	其中小碎米/%，≤	0.2	0.5	1.0	0.1	0.3	0.5	0.5	1.0	1.5	0.2	0.5	0.8

世界各国把大米含碎率作为区分大米等级的重要指标。美国一等米含碎率为 4%，而六等米含碎率为 50%；日本成品大米的含碎率分为 5%、10% 和 15% 三个等级。

白米分级设备主要有白米分级平转筛和滚筒精选机等。

2.5.2.4　抛光

所谓抛光实质上是湿法擦米，它是将符合一定精度的白米，经着水、润湿以后，送入专用设备（白米抛光机）内，在一定温度下，米粒表面的淀粉胶质化，使得米粒晶莹光洁、不黏附糠粉、不脱落米粉，从而改善其贮存性能，提高其商品价值。

白米抛光机采用的着水方法多种多样，主要有以下几种。

（1）滴定管加水：通过调节每分钟水滴数量控制着水量，水滴直接进入抛光室。

（2）压缩空气喷雾：通过空气压缩机产生的高压（0.2～0.4MPa）气流，将水雾化，米粒通过雾化区得以着水、湿润。

（3）水泵喷雾：采用电动水泵，使水通过喷嘴形成雾状，米粒通过雾化区被着水、湿润。着水量通过喷头孔径大小、水压变化及流量计进行控制。

（4）喷风加水：由流量计控制的水通过喷风风机产生的高压气流形成雾化，与空气一同进入抛光室，对米粒表面进行湿润。着水量与主机电流呈正相关变化。

（5）超声波雾化：由超声波雾化器将水雾化，然后送至抛光机的进料斗内，借此将通过进料斗的米粒着水、湿润。

以上各种着水方法各有利弊，比较而言，以超声波雾化方法较好。这是因为超声波雾化使水滴雾化较细（雾滴直径 5μm），米粒表面着水均匀，控制简单，可随意调节着水量大小；且超声波雾化装置占地面积小，不产生噪音，操作维修方便。

目前国内生产的白米抛光机的型号、规格较多，但工艺效果相差无几，现以 MPGF 型白米抛光机为例介绍其工作原理。

MPGF 型白米抛光机总体结构如图 2-12 所示，主要由雾化装置、进料装置、抛光室、喷风系统等组成。

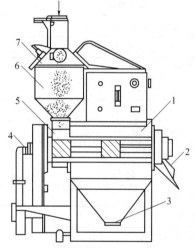

图 2-12　MPGF 型白米抛光机
总体结构示意图
1—机架；2—出料口；3—糠粉出口；
4—喷风系统；5—抛光室；
6—进料装置；7—雾化装置

MPGF 型白米抛光机工作过程如下：当白米通过进料装置进入雾化区时，加料装置发出信号给雾化控制箱，使雾化室进入工作状态，对来料进行喷雾着水。着水后的白米在料斗内短时停留润湿后，很快进入抛光室。在抛光室内由于抛光辊的旋转摩擦和抛光带的搅拌擦刷作用，使米粒不断翻滚受到均匀摩擦，擦除米粒表面糠粉，同时米粒表面产生有光泽的质地，米粒表面晶莹、光洁。喷风装置将糠粉和湿气排出抛光室，抛光后的米粒由出米口排出。

2.5.2.5　色选

色选是利用光电原理，从大量散装产品中将颜色不正常的或感受病虫害的个体（球、块或颗粒）以及外来夹杂物检出并分离的单元操作，色选所使用的设备即为色选机（见第一章）。在不合格产品与合格产品因粒度十分接近而无法用筛选设备分离，或比重基本相同无法用比重分选设备分离时，色选机却能进行有效地分离，其独特作用十分明显。

2.5.3　成品米的分类与质量

以稻谷或糙米为原料经常规加工所得成品大米称之为普通大米，其质量应符合国家标准。以稻谷、糙米或普通大米为原料，经特殊加工所得的成的大米称之为特制米，主要包括蒸谷米、留胚米、免淘洗米、营养强化米等。

如表 2-6 和表 2-7 所示，国家现行标准规定（GB 1350—2009），根据稻谷分类方法，大米分为籼米、粳米、籼糯米和粳糯米，其中籼米和粳米又分为一级、二级、三级、四级，籼糯米和粳糯米又分为一级、二级、三级。但目前市场上仍按 GB 1350—1986 的标准，将各类大米的加工精度分为特等米、标准一等米、标准二等米、标准三 4 个等级（表 2-8）。

表 2-6　大米质量指标（GB 1350—2009）

品　种		籼米				粳米				籼糯米			粳糯米		
等　级		一级	二级	三级	四级	一级	二级	三级	四级	一级	二级	三级	一级	二级	三级
加工精度		对照标准样品检验留皮程度													
碎米	总量/%,≤	15.0	20.0	25.0	30.0	7.5	10.0	12.5	15.0	15.0	20.0	25.0	7.5	10.0	12.5
	其中小碎米/%,≤	1.0	1.5	2.0	2.5	0.5	1.0	1.5	2.0	1.5	2.0	2.5	0.8	1.5	2.3
不完善粒/%,≤		3.0	4.0	6.0		3.0	4.0	6.0		3.0	4.0	6.0	3.0	4.0	6.0
杂质最大限量	总量/%,≤	0.25	0.3	0.4		0.25	0.3	0.4		0.25	0.3		0.25	0.3	
	糠粉/%,≤	0.15	0.2			0.15	0.2			0.15	0.2		0.15	0.2	
	矿物质/%,≤	0.02													
	带壳稗粒/(粒/kg),≤	3	5	7		3	5	7		3	5		3	5	
	稻谷粒/(粒/kg),≤	4	6	8		4	6	8		4	6		4	6	
水分/%,≤		14.5				15.5				14.5			15.5		
黄粒米/%,≤		1.0													
互混/%,≤		5.0													
色泽、气味		无异常色泽和气味													

表 2-7　优质大米质量指标（GB 1350—2009）

品　种		籼米			粳米			籼糯米			粳糯米		
等　级		一级	二级	三级	一级	二级	三级	一级	二级	三级	一级	二级	三级
加工精度		对照标准样品检验留皮程度											
碎米	总量/%,≤	5.0	10.0	15.0	2.5	5.0	7.5	5.0	10.0	15.0	2.5	5.0	7.5
	其中小碎米/%,≤	0.2	0.5	1.0	0.1	0.3	0.5	0.5	1.0	1.5	0.2	0.5	0.8
不完善粒/%,≤		3.0		4.0	3.0		4.0	3.0		4.0	3.0		4.0
垩白粒率/%		10.0	20.0	30.0	10.0	20.0	30.0	—	—	—	—	—	—

品　种	籼米			粳米			籼糯米			粳糯米		
等级	一级	二级	三级	一级	二级	三级	一级	二级	三级	一级	二级	三级
品尝评分值/分,≥	90	80	70	90	80	70	75					
直链淀粉含量(干基)/%	14.0~24.0			14.0~20.0			≤2.0					
杂质最大限量　总量/%,≤	0.25	0.3		0.25	0.3		0.25	0.3		0.25	0.3	
杂质最大限量　糠粉/%,≤	0.15	0.2		0.15	0.2		0.15	0.2		0.15	0.2	
杂质最大限量　矿物质/%,≤	0.02											
杂质最大限量　带壳稗粒/(粒/kg),≤	3	5		3	5		3	5		3	5	
杂质最大限量　稻谷粒/(粒/kg),≤	4	6		4	6		4	6		4	6	
水分/%,≤	14.5			15.5			14.5			15.5		
黄粒米/%,≤	1.0											
互混/%,≤	5.0											
色泽、气味	无异常色泽和气味											

表 2-8　大米的质量标准（GB 1350—1986）

等　级			特等	标准一等	标准二等	标准三等
加工精度			背沟有皮,粒面米皮基本去净的占85%以上	背沟有皮,粒面留皮不超过1/5的占80%以上	背沟有皮,粒面留皮不超过1/3的占75%以上	背沟有皮,粒面留皮不超过1/2的占70%以上
不完善粒/%			3.0	4.0	6.0	8.0
最大限度杂质	总量/%	早籼、晚籼、早粳、籼糯、粳糯	0.25	0.30	0.40	0.45
最大限度杂质	总量/%	晚粳	0.20	0.25	0.30	0.35
最大限度杂质	其中糠粉/%		0.15	0.20	0.20	0.25
最大限度杂质	矿物质/%		0.02	0.02	0.02	0.02
最大限度杂质	带壳稗粒/(粒/g)	早籼、晚籼、早粳、籼糯、粳糯	20	50	70	90
最大限度杂质	带壳稗粒/(粒/g)	晚粳	10	20	30	40
最大限度杂质	稻谷粒/(粒/g)	早籼、晚粳、籼糯	8	12	16	20
最大限度杂质	稻谷粒/(粒/g)	晚籼、早粳、粳糯	4	6	8	10
碎米/%	总量/%	早籼、籼糯	35			
碎米/%	总量/%	晚籼、粳糯、早粳	30			
碎米/%	总量/%	晚粳	15			
碎米/%	含小碎米/%	早籼、籼糯	2.5			
碎米/%	含小碎米/%	晚籼、早粳、粳糯	2.0			
碎米/%	含小碎米/%	晚粳	1.5			
水分/%		早籼、籼糯	14.0			
水分/%		早粳、粳糯	14.5			
水分/%		晚籼	14~14.5			
水分/%		晚粳	14.5~15.5			
色泽、气味			正常			

注：各类大米中的黄粒米限度为2.0%。

2.5.4 副产品处理

从碾米及成品处理过程中得到的副产品是糠秕混合物，里面不仅含有米糠、米秕（粒度小于小碎米的胚乳碎粒），而且由于米筛筛孔破裂或因操作不当等原因，往往也会含有一些完整米粒及碎米。米糠具有较高的经济价值，不仅可用其制取米糠油，而且还可从中提取谷维素、植酸钙等产品，也可用来做饲料。米秕的化学成分与整米基本相同，因此可作为制糖、酿酒的原料。整米需返回米机碾制，以保证较高的出米率。碎米可用于生产高蛋白米粉，制取饮料，酿酒，制作方便粥等。为此，需将米糠、米秕、整米和碎米逐一分出，做到物尽其用，此即为副产品整理，工艺上称作糠秕分离。

副产品整理的要求为：米糠中不得含有完整米粒和相似整米长度 1/3 以上的米粒，米秕含量不超过 0.5％；米秕内不得含有完整米粒和相似整米长度 1/3 以上的米粒。常用的糠秕分离器、糠秕分离小方筛、高速糠秕分离筛等。

思考题

1. 简述稻谷的籽粒结构特点。
2. 稻谷籽粒的化学组成有哪些？其分布有什么特点？
3. 为什么要砻谷？不经砻谷而直接碾米是否可行？
4. 砻谷时稻谷的受力方式有哪些？能否用铁辊砻谷？
5. 砻下物有哪些？为什么要对砻下物进行分离？
6. 糙米的营养价值优于精白米，为什么还要碾米？
7. 谷糙分离的原理什么？其工艺流程？
8. 碾米机的工作原理是什么？
9. 如何设计碾米工艺，才能确保米粒的完整性？或减少碎米的含量？
10. 碾米工艺效果如何评价？

第3章 | 小麦制粉

> **本章学习的目的和重点：** 掌握小麦籽粒的结构和化学成分及软硬麦的差别；重点掌握小麦制粉几大系统的作用、磨辊的技术特点、筛面的作用、高方筛筛理流程；通过学习，基本了解小麦制粉的过程和制粉的关键技术。

小麦（wheat）为禾本科植物，是世界上分布最广、种植历史最长的粮食作物之一。小麦在中国已有 5000 多年种植历史，主要产于东北、西北、江淮流域等省市自治区，长江以南种植极少，其种植面积为粮食播种面积的 20%～27%，约占粮食总产量的 13%。小麦按不同播种季节分为春小麦和冬小麦；按麦粒粒质可分为硬小麦和软小麦；按颜色可为白小麦、红小麦和花麦。

3.1 小麦籽粒的结构特点

3.1.1 小麦的外形特征

小麦籽粒的顶端长有茸毛，又称麦毛（beard，brush），下端为麦胚，胚的长度约为籽粒长度的 1/4～1/3。有胚的一面称为麦粒的背面，与之相对的一面称为腹面，如图 3-1 所示。麦粒的背部隆起呈半圆形，腹面凹陷，有一沟槽称为腹沟，其深度随小麦品种及生长条件的不同而异，腹沟往往留有灰尘或泥沙等杂质。腹沟的两侧部分称为颊，两颊不对称。小麦籽粒的形状大致可分为长圆形、椭圆形、卵圆形和圆形几种，但其腰部断面形状都呈心脏形。

3.1.2 小麦籽粒的结构

小麦籽粒在解剖学上分为麦皮、胚乳和胚，如图 3-1 所示，左为横切面，右为纵切面。按制粉工艺学需要，麦皮分为果皮和种子果皮，果皮包括表皮、外果皮和内果皮，而种子果皮包括种皮、珠心层和糊粉层，占整个小麦籽粒重的 15%。表皮的最外层为果皮，由几排与麦粒长轴平行分布的长方形细胞组成，细胞壁很厚，有孔纹，外表面角质化，染有稻秆似的黄色。麦粒顶端的表皮细胞为等径多角形，其中有一些突出为麦毛。外果皮由几层薄壁细胞组成，紧贴表皮的一层形状与表皮相似，另有 1～2 层细胞被压成不规则形。内果皮由一层横向排列整齐的长形厚壁细胞和一层纵向分散排列的管状薄壁细胞组成，麦粒发育初期细胞内含有叶绿素。成熟的麦粒果皮细胞厚度为 $40～50\mu m$。种皮由两层斜长形细胞组成，极薄，厚度为 $10～15\mu m$。外层细胞无色透明，称为透明层；内层由色素细胞组成，为色素层。如果内层无色，则麦粒呈白色或淡黄色，为白麦；如果含有红色素或褐色素，则麦粒呈红色或褐色，为红麦。珠心层由一层不甚明显的细胞组成，其细胞的内外壁挤贴在一起形成薄膜状，极薄，与种皮和糊粉层紧密结合不易分开，在 50℃ 以下不易透水。糊粉层由一层较大的方形厚壁细胞组成，胞腔内充满深黄色的糊粉粒，厚度为 40～70μm，细胞壁韧性大，易吸收水分，放入水中瞬间即涨大。糊粉层以内为淀粉细胞，近乎横向排列，内含淀粉粒，细胞体较大，壁薄，横切面呈多面体，因含有淀粉而呈白色或略黄的玻璃色彩。胚乳细胞中充满着大小和形状各异的淀粉颗粒，小粒近似球形，粒径 2～9μm，中等颗粒为 9～18μm；大粒为扁豆形，粒径 18～50μm；从糊粉层到胚乳中心，小粒淀粉的相对数量逐渐减少，而大粒淀粉的数量增加。胚乳占整个小麦籽粒重的 82.5%，根据内部组织结构不同分为两种。如果胚乳细胞内的淀粉颗粒之间被蛋白质所充实，则胚乳结构紧密，颜色较深，断面呈透明状，称为角质胚乳即硬质麦粒；如淀粉颗粒及其与细胞壁之间具有空隙，甚至细胞与细胞之间也有空隙，则形成结构疏松、断面呈白色而不透明，称为粉质胚乳，即软质麦粒。麦胚由胚芽、胚轴、胚根及盾片组成，占整个小麦籽粒重的 2.5%。胚芽外有胚芽鞘和外胚叶保护，胚根外有胚根鞘保护，延伸于胚芽之上的盾片被认为是子叶，其下部有腹鳞，谷物为单子叶植物，因此只有一片子叶。胚轴侧面与盾片相连接，其上端连接胚芽，下端连接胚根。胚是雏形的植物体，含有较多的营养成分，在适宜的条件下能萌芽生长出新的植株，一旦胚受到损伤，籽粒就不能发芽。

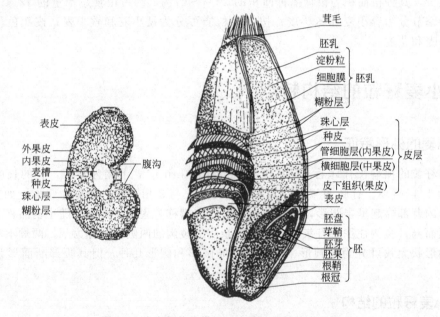

图 3-1　小麦籽粒的横切面和纵切面结构示意图

小麦品质最重要的特征之一，就是麦粒中胚乳所占比例的多少，借此可估算出粉率，也可用于鉴定小麦品质的好坏。一般皮层薄胚小，则胚乳所占比例大，出粉率就高。

3.1.3　麦粒的物理结构对加工工艺的影响

小麦通常用来制粉而不碾米，是由本身的结构决定的。

（1）小麦皮层厚，各层细胞纵横交错，使皮层结构紧密而坚韧。

（2）小麦有一条较深的占整个麦粒 1/4～1/3 的腹沟，其皮层难于分离。

（3）小麦胚乳中含有形成面筋的蛋白质，通过发酵可以制成松软可口的食品。

小麦物理结构对工艺的影响如下。

（1）腹沟影响小麦清理、制粉的出粉率和面粉质量。

（2）皮层含有大量的纤维、韧性大，不易破碎，吸水后容易剥去。

（3）胚芽的完整性直接影响水分调节，同时，制粉时由于胚芽含有较多脂肪，不易碾碎，而且混入面粉影响贮存性，所以应该尽量提取出来。

（4）由于小麦胚乳中含蛋白质和淀粉数量不同，其胚乳结构分为角质胚乳和粉质胚乳。角质胚乳的硬质小麦需要较大的破坏强度，制粉动耗高，而粉质胚乳的软质小麦制粉，则能耗低，两种面粉品质间有很大的差异。

除上述小麦物理结构特点外，小麦籽粒的表皮色泽、饱满度、均匀度，以及籽粒的容重、千粒重、散落性、自动分级性等物理特性对小麦制粉工艺和面粉品质也有直接的影响。

3.2 小麦籽粒的化学成分

小麦中化学成分的分布，是制粉的主要依据，包括水分、糖类、脂肪、蛋白质、维生素和矿物质等。因小麦品种和生长条件不同，其化学成分的含量有很大的差别，且在小麦籽粒各部分的分布也明显不同。从表 3-1 可以看出，随小麦籽粒饱满度的提高，碳水化合物的含量增加，而纤维素含量降低，即胚乳所占比例增加，皮层所占比例下降。

从表 3-2 可以看出，籽粒中所含淀粉完全集中在胚乳中，90%的纤维素存在于麦皮和糊粉层中，脂肪集中在糊粉层和胚芽中。

制粉的目的是利用机械的方法，除水分外，将小麦籽粒中的各成分分离出来，供食品工业不同目的之用，因此，要达到充分利用原料，要进一步了解其主要成分对工艺的影响。

表 3-1　不同饱满度冬小麦籽粒化学成分

类别	水分/%	蛋白质/%	糖分/%	脂肪/%	灰分/%	纤维素/%
饱满籽粒	15.0	10.0	70.0	1.7	1.7	1.6
中等籽粒	15.0	11.0	68.5	1.9	1.7	1.9
不饱满粒	15.5	13.5	64.0	2.2	2.6	2.7

表 3-2　小麦籽粒各部分中化学成分分布

名称	籽粒/%	胚乳/%	糊粉层/%	皮层/%	胚芽/%
淀粉	100	100	0	0	0
蛋白质	100	65	20	5	<10
脂肪	100	25	55	0	20
纤维素	100	<5	15	75	5
糖分	100	80	18.5		1.5

3.2.1 水分

小麦的自然水分为 $10\%\sim13.5\%$，新麦高些。水分在麦粒中呈自由水和结合水两种状态，结合水与蛋白质、淀粉、纤维素等亲水性的高分子物质结合，不易从麦粒中蒸发出来。小麦中水分的增减主要是游离水的变化，同时水分在麦粒各部分的分布也是不均匀的，胚部水分含量最高，皮层次之，胚乳水分最低。

小麦水分的高低对加工工艺影响很大，水分过高胚乳难于从麸皮上剥刮干净，物料筛理困难，水分蒸发强烈，在留管内难于流通；水分过低，胚乳坚硬不易磨碎，粒度粗，且麸皮脆而易碎，增加粉中含麸量，影响面粉的质量。小麦入磨水分一般在 14.5％～17％，软麦入磨水分比硬麦低。当然，小麦入磨水分还要视小麦的品种、加工时的气候条件、制粉方法及面粉水分要求而定。

3.2.2 碳水化合物

小麦中碳水化合物包括淀粉、戊聚糖、纤维素和少量可溶性糖，其中 70％是淀粉。小麦淀粉以淀粉粒形式存在，全部集中在胚乳的淀粉细胞里，在皮层和胚芽里完全不含淀粉。在制粉过程中，由于淀粉粒周围的细胞壁很薄，容易被破碎。小麦淀粉粒在制粉过程中受到剪切、挤压和摩擦后，会造成不同程度的机械损伤，甚至破坏淀粉分子间的连接，因而小麦淀粉更容易糊化。小麦籽粒被破碎后，如果研磨温度很高，机器内产生的水汽不能及时排出，淀粉则会糊化结块，粘住筛孔，影响筛理。小麦中所含的可溶性糖分以蔗糖最多，糖分大部分集中在胚和糊粉层中，小麦胚含 16.2％蔗糖。由于糖分具有吸湿性，小麦着水后，胚部快速吸收大量的水分，小麦磨粉时，将胚磨入面粉中，会因糖分吸水和微生物作用，影响面粉的贮藏性。纤维素是不溶于水的碳水化合物，化学性质非常稳定，小麦中含 2％左右的纤维素，主要分布在皮层中，胚乳中含量极少，也就是说，纯麸皮（包括糊粉层）约含纤维素 14％，纯胚乳只有 0.15％。小麦制粉时出粉率高，纤维素含量也高。纤维素和半纤维素是构成面粉中麸屑的主要成分，因此，面粉内混入麸屑越多，面粉的等级越低。表 3-3 是不同小麦出粉率时，面粉内纤维素的含量与消化率的关系，表中显示，面粉所含纤维素越多，消化率越低。然而，面粉的出粉率一方面要考虑小麦的利用率，另外也要考虑人们食物结构的变化，从而需要磨制不同档次的面粉。

表 3-3　不同出粉率面粉含纤维素与消化率的关系

出粉率/％（净麦）	纤维素/％（水分 15％）	纯麸皮/％	计算所得消化率/％
75	痕迹	1.00	97.0
85	0.56	3.90	93.9
90	1.00	7.10	91.5
95	1.50	10.70	88.7
100	1.95	13.90	86.3

3.2.3 蛋白质

3.2.3.1 小麦中蛋白质含量

小麦蛋白质的含量因小麦品种、气候条件的不同变化很大。我国小麦中的蛋白质含量为 9％～14％（表 3-4），就不同小麦品种而言，一般以春性红皮硬麦的蛋白质含量最高，冬性红皮硬麦次之，冬性白皮软麦为最低。

表 3-4　不同类型小麦所含化学成分表

粒质	水分/％	粗蛋白质/％	粗脂肪/％	粗纤维/％	灰分/％
硬质	13.50	11.98	1.84	2.65	1.83
半硬质	13.52	9.61	1.85	2.50	1.78
软质	13.57	8.75	1.95	2.53	1.74

小麦籽粒中的胚乳、胚、糊粉层各部分的蛋白质含量和蛋白质氨基酸组成是极不一致

的，因此含有不同数量的胚乳、胚和麸皮的面粉，其营养价值也不相同。糊粉层和胚中所含蛋白质占其本身的比重最大，麦胚的蛋白质含量高达36%，所含的各种氨基酸极为丰富，营养价值高。

3.2.3.2 面筋质

面粉中的蛋白质根据溶解性的不同可分为麦醇溶蛋白、麦谷蛋白、麦球蛋白、麦清蛋白等。其中最重要的是醇溶蛋白（gliadin）和麦谷蛋白（glutenin），二者约接近1:1的比例，吸水后相互络合，形成富有黏结性和弹性的软胶体，即面筋。在小麦籽粒中，胚乳中心部位面筋质含量较低，但品质较好；周围含量较多，但品质差。面粉中各类蛋白质的含量及特性见表3-5。

表 3-5　面粉中各类蛋白质的含量及特性

种类	溶解性	占总蛋白的比例/%	相对分子质量	功能	肽链组成
清蛋白	溶于水	9	12000～16000	参与代谢	未知
球蛋白	溶于稀盐液	5	20000～200000	参与代谢	未知
醇溶蛋白	溶于70%乙醇	40	65000～80000	决定面团延展性	一条多肽链
谷蛋白	溶于稀酸液	46	150000～3000000	决定面团弹性	17～20条多肽链

麦醇溶蛋白由一条多肽链构成，仅有分子内二硫键和较紧密的三维结构，呈球形，多由非极性氨基酸组成，故水合时具有良好的韧性和延伸性，但缺乏弹性。麦谷蛋白是由17～20条多肽链构成，呈纤维状，麦谷蛋白既具有分子内二硫键又具有分子间二硫键，富有弹性但缺乏延伸性（图3-2）。

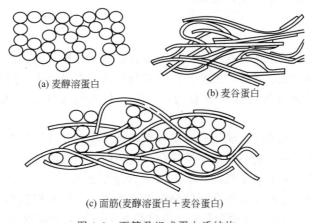

(a) 麦醇溶蛋白　　　　(b) 麦谷蛋白

(c) 面筋(麦醇溶蛋白＋麦谷蛋白)

图 3-2　面筋及组成蛋白质结构

3.2.4　脂类化合物（脂肪）

小麦中含脂肪量一般为1.9%～2.4%，其中胚乳中含脂肪很少，约0.6%，糊粉层和胚中含有大量脂肪，胚中最高，含量为14%左右，并且胚中含有活力最强的脂肪酶。由于脂肪在贮存期间容易发生自动氧化和在脂肪酶及脂肪氧化酶作用下而分解变质，产生不良的臭味和滋味，因此，含麸皮及胚多的低等级粉难以贮存。此外，麦胚磨入面粉中对面粉色泽和烘焙、蒸煮性质也有很大影响。

3.2.5　维生素

维生素对人体是极为重要的，一旦缺乏就会有损人体健康，小麦中所含维生素及分布情况见表3-6。

表 3-6　小麦籽粒及各部分维生素含量

籽粒部分	维生素 B$_1$ /(μg/g)	维生素 B$_2$ /(μg/g)	烟酸/(μg/g)	吡酸/(μg/g)	泛酸/(μg/g)	维生素 A /(μg/g)
全粒	3.75	1.80	59.30	4.30	7.80	9.10
麦皮	0.60	1.00	25.70	6.00	7.80	—
糊粉层	16.50	10.00	74.10	36.00	45.10	—
胚乳	0.13	0.70	8.50	0.30	3.90	0.30
胚	8.40	13.80	38.50	21.00	17.10	158.40
内子叶	1560	12.70	38.20	23.20	14.10	—

小麦中完全缺乏维生素 D，通常也缺乏维生素 C，维生素 A 含量也很少，小麦中含量较多的是维生素 B$_1$、维生素 B$_2$、烟酸（维生素 B$_5$）、吡酸（维生素 B$_6$）及维生素 E，在麦胚中维生素含量最为丰富。

面粉中含有麸皮和麦胚越少，则其中的维生素含量也越少，即出粉率低的高等级面粉极其缺乏维生素，而出粉率为 100％的全麦粉维生素含量最丰富。

小麦籽粒中含有少量类胡萝卜素（维生素 A 原）约 1.5μg/g，主要分布在麦胚中，胚乳中含量极少。胡萝卜素为淡黄色，遇光和氧会受到破坏，存放的面粉反而比刚生产出的面粉白，就是面粉中胡萝卜素氧化的结果。

3.2.6　灰分（矿物质）

麦粒中矿物质以盐的形式存在，盐的基本金属包括钾、钠、钙、铁、镁等，而盐的酸根包括非金属的硫、磷、氯、碘等，虽然人体对矿物质的需要量很少，但是矿物质对于构成骨骼、牙齿、肌肉和血液等都是非常重要的，而且矿物质对人体消化吸收食物也起着重要作用。

小麦由于品种、产地不同，矿物质含量差别很大。小麦及其加工产品经过充分燃烧，其中有机物质被燃烧挥发尽，而只有矿物质残存，成为白色的灰烬，称其为灰分。灰分含量的高低因小麦品种、产地差异各不相同。小麦灰分含量最低为 1.5％，最高为 2.1％，一般在 1.6％～1.9％。灰分含量在小麦各个部位分布极不均匀，一般皮层最高，糊粉层高达 10％，胚乳最低只有 0.4％。因此，在面粉厂中，通常借灰分指标来衡量面粉和制品的质量（含麸皮的多少），以对加工工艺过程加以控制。

3.3　小麦制粉的设备

3.3.1　辊式磨粉机

辊式磨粉机（roller mill）的工作原理是利用一对相向差速转动的等径圆柱形磨辊，对均匀地进入研磨区的小麦产生一定的挤压力和剪切力，由于两辊转速不同，所以小麦在经过研磨区时，受到挤压、剪切、搓撕等综合作用，使小麦破碎。

小麦进入研磨区后，在两辊的夹持下快速向下运动。由于两辊的速差较大，紧贴小麦侧的快辊速度较高，使小麦加速，而紧贴小麦另一侧的慢辊则对小麦的加速起阻滞作用，这样在小麦和两个辊之间都产生了相对运动和摩擦力，从而使麦皮和胚乳受剥刮分开。

3.3.1.1　磨粉机的分类

磨粉机的发展经历了从单式到复式，从手动控制到液动控制、气动控制、电动控制，从小型到大型的发展历程。目前使用的磨粉机种类较多，按不同的分类方法有以下几种类型。

（1）按磨辊长度不同分为大、中、小型三种。磨辊长度为 1500mm、1250mm、1000mm、800mm 的为大型磨粉机；磨辊长度为 600mm、500mm、400mm，磨辊直径为 220～250mm 的为中型磨粉机；磨辊长度为 200mm、300mm、350mm，直径为 180～220mm 的为小型磨粉机。

（2）按磨辊的对数分为单式和复式两种，单式磨粉机只有一对磨辊，复式磨粉机有两对以上的磨辊。目前大中型磨粉机均为复式，有四辊磨和八辊磨两种。

（3）按磨辊的放置方式分为平置磨辊和斜置磨辊两种。平置磨辊磨粉机的两辊轴线在同一水平面上，而斜置磨辊磨粉机的两辊轴线在一倾斜面上，斜面的倾角一般为 20°～45°。

（4）按控制方式可分为手动控制、液压控制、气压控制和电动控制四种。目前，手动控制和液压控制的磨粉机已被淘汰，大多数面粉厂使用的是气压磨粉机。

3.3.1.2　磨粉机的主要构件

磨粉机主要由机架、磨辊、喂料机构、传动机构、轧距调节机构、磨辊清理机构等构成，图 3-3 为气压磨粉机的结构示意图。

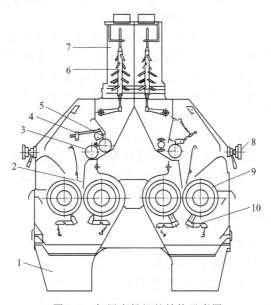

图 3-3　气压磨粉机的结构示意图

1—机座；2—导料板；3—喂料辊；4—喂料门传感器；5—喂料活门；6—存料传感器；

7—存料筒；8—磨辊轧距调节轮；9—磨辊；10—刷子或刮刀

（1）磨辊

磨辊（roll chill，roll）是磨粉机的主要工作部件，磨辊的转速较高，承受的工作压力较大，为使磨辊能满足工艺上的要求，制造磨辊的材料要求具有一定的强度、韧性、耐磨性。磨辊的表面要有足够的强度和硬度，且有良好的导热性能以使研磨时产生的热量散出，使磨辊的温度不致过高。

磨辊分"齿辊"和"光辊"两种。齿辊（fluted roll）是在圆柱面上用拉丝刀切削成磨齿，用于破碎小麦，剥刮麸片上的胚乳。光辊（smooth roll）是经磨光后再经喷砂处理，得到绒状的微粗糙表面，常用于磨制高等级面粉时的心磨、渣磨和尾磨系统，将胚乳粒磨细成粉和处理细小的连粉麸屑。

（2）喂料机构

喂料机构是磨粉机的重要组成部分，其主要作用如下。

a. 控制入机流量，在一定范围内可灵活调节入机流量，保持生产的连续性。

b. 使物料均匀地分布在磨辊长度上，充分发挥磨辊的作用，提高研磨效果。

c. 将物料准确地喂入研磨区以提高产量和保证研磨效果。

d. 与磨辊的离合闸动作联锁，有料时喂料合闸，无料时离闸，以减少磨辊磨损，提高使用寿命。

（3）轧距调节机构

轧距调节机构是调节物料粉碎程度的工作构件，其主要作用如下。

a. 能够灵活地调节两磨辊任何一端的轧距。

b. 按工艺要求可调节两磨辊整个长度间的轧距。

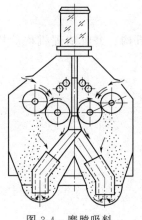

图 3-4　磨膛吸料
装置示意图

c. 两磨辊正常工作时，如落入硬物或流量突然增加，能使其通过后恢复正常的工作。

d. 当物料中断时，两磨辊应能迅速松开，以免两磨辊碰击使磨齿损坏。

（4）磨膛卸料装置

磨粉机（roller mill）的出料有两种方式，一种是从出料斗出来后，进入溜管流入提料管，另一种出料方式是在磨粉机内部设置磨膛吸料装置（图 3-4）。磨膛底部设有锅形的接料器，锅底中央有一个向上的突锥，它伸向吸料管中心，对物料起导流作用，并使吸料管底部和料斗底之间的吸料管的风速大致相等。突锥的上方是吸料管，吸料管外面装有套管，构成一个环形进风道，可使物料均匀地进入吸料管。两对磨辊的两根吸料管，分别从进料筒的两侧穿过磨顶，接通气力输送网络。采用磨膛吸料后，磨粉机可安装在底楼，从而可减少制粉车间的楼层数，节约投资，但气力输送的阻力要大一些，动力消耗较高。为了方便排除故障及清理，底层地面可开地槽并把磨粉机适当架高。

3.3.1.3　辊式磨粉机的操作

为了保证磨粉机的正常工作，必须注意以下事项。

（1）保证磨粉机机构和部件的技术状态正确。

a. 弹簧应有足够的抗压力；磨辊必须平行；轴承与轴的配合正确；传动带保持有正常的拉力；清理磨辊的刷子不能过紧或过松，刷毛不倒伏。

b. 磨辊符合工艺要求，保证磨辊拉丝和喷砂质量，磨辊要及时更换。

c. 保证电气元件的灵敏性。

d. 保证轧距吸风通道畅通，保证磨辊散热良好、降温降湿、粉尘不外逸。

（2）研磨效果的好坏，喂料是关键，操作时要保证喂料正确。

a. 喂料系统具有较高的灵敏度，保证有料时喂料合闸，无料时停料离闸。

b. 调整喂料活门使整个磨辊长度上的流量均匀、厚薄一致。避免走单边或中间一段喂料。

c. 调整喂料活门使物料在进料筒内保持一定高度，既不堵上去，又不磨空，避免频繁离合闸。

d. 调整喂料活门放大流量时需结合提料管和电机荷载能力。

（3）认真进行轧距调节

a. 根据工艺要求（剥刮率和取粉率）调整各道磨粉机研磨效果，调整时需考虑小麦品质、小麦水分、成品结构和质量、出粉率指标等因素，避免教条式操作。

b. 调节轧距时，需保持整个粉路流量的平衡，根据各研磨系统中的流量及研磨效率而调整。

c. 轧距调节时，避免磨辊两端轧距不一现象，先将紧的一端略为放松，然后一同校紧。

d. 避免轧距过紧而出现物料过分压片或切丝、磨下物温度过高现象。

e. 轧距调节时，结合电机荷载能力。

（4）注重磨辊清理作用，及时调节磨辊清理机构，防止物料黏附在磨辊上形成粉圈。

3.3.2 辅助研磨设备

3.3.2.1 松粉机

松粉机（detacher）在制粉过程中主要有三种作用：辅助研磨、松开由于光辊挤压而形成的粉片和杀死部分虫卵。松粉机可分为两类，撞击松粉机和打板松粉机。其中撞击松粉机根据转速、盘直径、撞击柱形状可以分为普通撞击松粉机、强力撞击松粉机、变速撞击松粉机三种。

3.3.2.2 撞击磨

撞击磨（impact miller）的工作原理与强力撞击松粉机基本类似，只是旋转盘直径加大，撞击柱销数量增加，转速提高，其转速可达 3700～4500r/min，因此具有较大的产量和更强烈的撞击作用，为避免物料升温，撞击磨还配有空调冷却装置。

3.3.3 高方平筛

3.3.3.1 高方平筛的结构

（1）筛箱

高方筛（square plansifter）的筛箱被分隔成若干个独立的工作单元，每个单元称为 1 仓（section），故有 1 仓式、6 仓式和 8 仓式平筛，个别也有 7 仓式（1 个筛箱 3 仓，另 1 个分为 4 仓窄筛格）及 10 仓式等。

高方平筛筛格呈正方形，每仓平筛中可叠加 20～30 层（有的 16 层），筛格四周外侧面与筛箱内壁或筛门形成有 4 个可供物料下落的狭长外通道，筛格本身有 1～3 个供本格筛上物或筛下物流动的内通道（图 3-5）。每仓筛顶部都有一个或两个进料口，物料经顶格散落于筛格的筛面上，连续筛理分级后物料经内、外通道落入底格出口流出。

a. 筛格　筛格（sieve frame）在高方筛筛箱内的安装方式有叠加式和抽屉式，我国大多采用叠加式。筛格多用木材、多合板或竹板制作。筛格由筛框和筛面格组成。筛面格嵌在筛框上部，可以取出更换（图 3-6）。筛面格一般由木板或贴塑木板制成，根据尺寸大小可做成 4 分格、6 分格或 9 分格，底面固定有承托筛面清理块的钢丝筛网（一般用直径 1.0～1.6mm 钢丝网），每一小格内安放一个清理块或几个清理球；上面固定筛理筛网。筛格中部（位于筛面格下方）固定一筛下物收集底板，底板上方一侧或两侧的边框上开有窄长孔，用作筛下物出

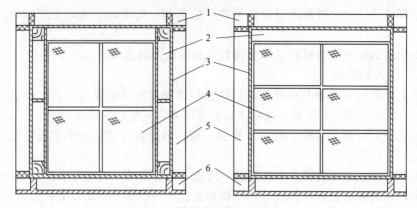

图 3-5　筛箱内的筛格示意图

1—筛箱立柱；2—内通道；3—筛体外框；4—筛面格；5—外通道；6—筛门

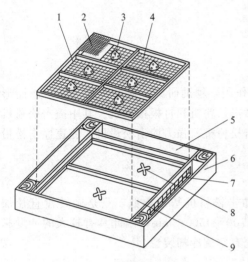

图 3-6　筛格结构示意图

1—筛面格；2—筛理筛网；3—清理块；
4—钢丝筛网；5—内通道；6—筛框；
7—钢丝栅栏；8—推料块；9—收集底板

口，底板上放置推料块，筛理时推动筛下物流出底板。为防止推料块随物料一起流出，出口处设有钢丝栅栏。

b. 标准型筛格　习惯上将具有三个通道的筛格称为标准型筛格（也可直接称之为三通道筛格），其中一个通道为筛上物通道，两侧为本格筛下物通道，或作为其上方筛格分级后某种物料的通道。

标准型筛格分为八种基本形式（图 3-7），图中实线表示筛上物流向，虚线表示筛下物流向。每种筛格结构特征见表 3-7。

A 型筛格筛上物经通道落在下层筛面上连续筛理，筛下物向左或向右直落。A 型筛格用在每组筛面最后一层以上的各层，一般以左右两种形式相互叠加，实现筛上物连续筛理。

B 型筛格筛上物进外通道（内通道封死，对应筛框上开一长槽），筛下物向左或向右直落，另一侧的筛框下部开一长槽使外通道物料进入下层筛面筛理，该筛格用在双路筛理时第一组筛的最后一格。

C 型、D 型、E 型、F 型筛格均为筛下物落在下层筛面上连续筛理，不同之处在于：C 型和 E 型筛格筛上物进外通道，D 型和 F 型筛格筛上物直落；E 型和 F 型筛格没有底板，本格筛下物直接落在下层筛面上，C 型和 D 型筛格筛下物需经左右通道落在下层筛面上。通常用 E 型筛格代替 C 型，F 型代替 D 型。

G 型、H 型筛上物和筛下物流向与 A 型筛格相同，不同点为：G 型筛格的一侧通道封死，并在筛框上开一长槽，使落入该通道的物料进入外通道；H 型筛格筛上物通道一侧的筛框上开一长槽，使外通道的物料能进入下格筛理。

根据筛下物的下落方向不同，A 型、B 型、C 型、D 型、G 型、H 型筛格又分为左、右两种形式。判断方法以筛上物流动方向为基准，顺着筛上物方向，筛下物向左流动的为左格 [图 3-7(a) SG-A 左]；筛下物向右流动为右格 [图 3-7(b) SG-A 右]。实际应用中，一些筛格筛下物还可左右两边同时下落。

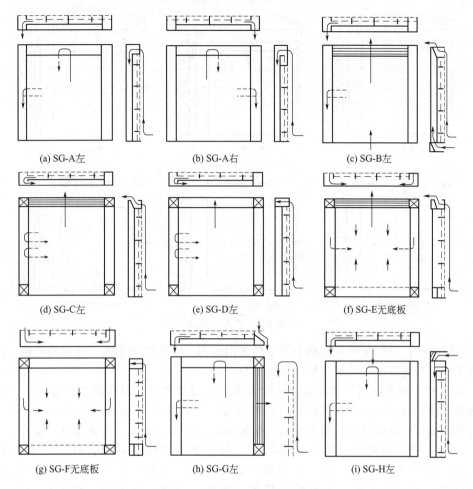

(a) SG-A左	(b) SG-A右	(c) SG-B左
(d) SG-C左	(e) SG-D左	(f) SG-E无底板
(g) SG-F无底板	(h) SG-G左	(i) SG-H左

图 3-7　标准型筛格示意图

表 3-7　八种型号筛格的结构特征

筛格型号	筛上物去向	筛下物去向	备　　注
A	引至下格再筛	向左或向右直落	下层进料
B	进外通道	向左或向右直落	
C	进外通道	引至下格再筛	
D	直落	引至下格再筛	
E	进外通道	落至下格再筛	无底板
F	直落	落至下格再筛	无底板
G	引至下格再筛	向左或向右直落	上层料进外通道
H	引至下格再筛	向左或向右直落	下层进料

　　c. 扩大型筛格　扩大型筛格是将标准型筛格的三个通道改为一个通道（也可直接称之为单通道筛格），如图 3-8 所示。规格相同的筛格，扩大型筛格筛理面积增大，筛格质量减轻，在不增加平筛总负荷的情况下，可有效地增加物料的处理量。扩大型筛格也具有相应的几种形式，为与标准型筛格相一致，本节将扩大型筛格仍按标准筛型筛格的序号排序，只在筛格形式前加 K 以示区别，如"KA"左。

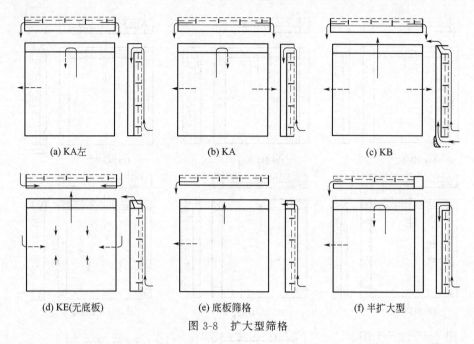

(a) KA左　　　　　　　(b) KA　　　　　　　(c) KB

(d) KE(无底板)　　　　(e) 底板筛格　　　　(f) 半扩大型

图 3-8　扩大型筛格

　　组合筛路时，为尽量减少筛格中通道的占用面积，有时也采用两个通道的筛格，习惯上称之为半扩大型筛格或双通道筛格 [图 3-8(f)]。

　　d. 填充格　填充格用于增加筛上物的可流动空间高度以及调整筛格的总高度，其使用高度随筛上物的流量大小和筛格的总高度来确定，常用规格有 10mm、20mm 和 30mm 等。填充格形式根据筛格的种类和筛理物料流向来确定，也分单通道、双通道和三通道。

　　e. 顶格　平筛顶格位于每仓筛的顶部，其上方与平筛进料筒连接，下部在工作时紧压在第一层筛格上。其作用一是将物料散落在第一层筛面上或导入后侧外通道；二是配合压紧装置对本仓筛格进行垂直压紧。顶格通过滑块在斜滑槽中的相对滑动而上下移动。

　　图 3-9 为常用顶格（top sieve frame）形式。图 3-9(a) 为一种物料单进口，物料经分料盘缓冲后散落在筛面上，用于"单进单路"筛路。图 3-9(b) 为一种物料单进双分进口，分

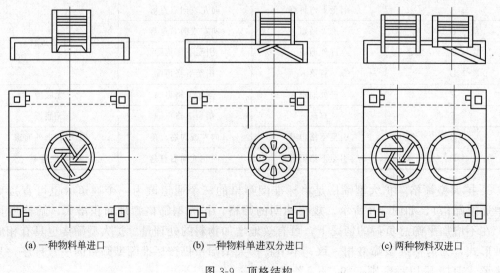

(a) 一种物料单进口　　　(b) 一种物料单进双分进口　　　(c) 两种物料双进口

图 3-9　顶格结构

料盘下方固定一横向分割板，将散落在筛面上的物料一分为二，一部分向筛门方向运行，另一部分流入该仓后部外通道（顶格里侧筛框下部开一长槽），用于"单进双路"筛路。图3-9(c) 均为两种物料双进口，其中一个料口物料散落于第一层筛面，另一料口的物料则经导料板进入筛箱后侧外通道，该顶格用于"双进双路"筛路。由于增加了导料板上方的空间，双进料口的顶格高度较高，为170mm。单进料口的顶格高度为134mm。为使物料能流入筛箱后侧外通道，图3-9中（b）和（c）顶格里侧均开一横长孔（槽）。顶格形式还需与第一层筛格形式相匹配。

f. 底格 底格（bottom sieve frame）位于筛仓底层筛格的下方，其作用是将内外通道的筛分物料收集并送入底板上的出料口（图3-10）。目前生产的高方平筛底格上均不设置筛面，故底层筛格需与之配套，该层筛格高度仅包括筛面格和筛下物流动的高度。底格高度一般为150mm。检修时底格高度可以抽出以便清扫仓底积粉。

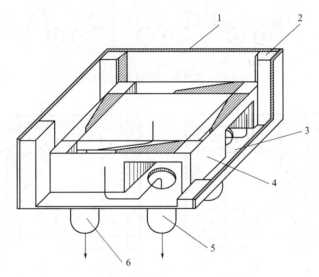

图 3-10 筛仓中的底格示意图

1—筛箱隔板；2—立柱；3—筛箱底板；4—底格；5—外通道出料孔；6—内通道出料孔

每仓底格上有八个出料口供选用（图3-11）。筛箱的4个侧面各对应两个出料口，一个用作外通道物料出口，另一个用作物料内通道出口。物料流量大时可同时用作外通道出口，如图3-12(c) 和图3-12(d) 中的④、⑤孔常用作皮磨筛路的麸片出口。图3-12(a) 中②、④、⑦和⑧为外通道物料出口，其余为内通道物料出口。

底格出口序号按顺时针排列的仓称为右仓，如图3-12中（a）和（c）所示；逆时针排列的称为左仓。习惯上将位于右侧的筛仓设置为右仓，左侧的筛仓设置为左仓，中间仓根据需要设定，没有特殊要求时一般设为右仓，高方平筛出口排列如图3-12所示。设计筛路时，在满足筛理要求的前提下，尽量选用靠外侧的出料口，便于生产中取料观察。尤其是流量较大、散落性较差或需经常检查的物料出口，应首选外侧出料口。

FSFG（B）型平筛底格见图3-13。如图3-13(a) 所示，八个出料口排成两排，其中①、⑤和④、⑧［图3-13（b）中④、⑦］分别为左右两侧内外通道的出料口，中间为前后两侧的出料口。底格有两种形式，皮磨筛路采用第二种，麸片流入⑥出口。底格根据需要可以旋转180°。

此外，在筛理过程中，筛面下往往添加聚氨酯清理块或带毛刷清理块、表面凸起清理块、帆布块，或者用橡皮球清理筛面，防止筛孔堵塞。筛格压紧，包括顶格两边侧面压紧、

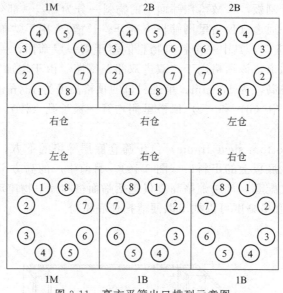

图 3-11 高方平筛出口排列示意图

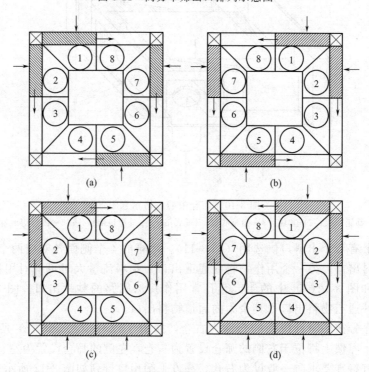

图 3-12 底格出口示意图

顶格上方两边垂直压紧，而筛仓顶部中央一点压紧，利用一套蜗轮蜗杆或伞齿轮装置进行垂直压紧。筛格的水平压紧有两种形式：一是利用筛仓门直接压紧筛格；另一种是在筛格外侧用条形木楔先压紧，再压紧筛门。

（2）筛体悬挂装置

高方平筛通过两侧大梁上固定的吊杆悬挂在上方的槽钢或梁下，常用吊杆有藤条、玻璃钢和钢丝绳。FSFG 型高方筛采用玻璃钢与钢丝绳组合使用，钢丝绳只起保险作用，不承受质量。藤条具有较大的强度和较好的弹性，是理想的吊装材料，但资源少价格昂贵。

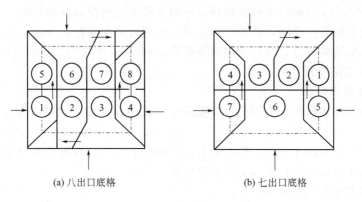

(a) 八出口底格　　　　　　　　　(b) 七出口底格

图 3-13　FSFG（B）型平筛底格示意图

（3）传动装置

高方平筛的传动装置安装在两筛箱中间的传动钢架上。电动机通过皮带传动带动主轴旋转，主轴上固定有可调节的偏重块，偏重块旋转所产生的离心惯性力使筛体回转。目前使用的高方平筛传动装置中偏重块主要有两种形式，有双偏重块和单偏重块。

3.3.3.2　高方平筛筛路

物料在平筛中筛理分级时流动的路线称为筛路（sifting flow）。筛路由多种形式的筛格组合而成。筛路组合的原则：充分利用筛理空间，增大有效筛理面积，保证各种分级物料的筛净率，提高平筛的处理量。

筛路组合时，首先要根据制粉工艺的要求，确定各筛路分级物料的种类。一般情况下，面粉精度要求越高，分级越细，分级种类就越多。然后本着先易后难的原则确定分级次序，将数量多容易筛分的物料先筛分出去，这样可有效地减少后续分级物料的料层厚度。其次，根据筛分物料的粒度、筛理性质，筛孔大小、含应筛出物数量的多少，以及穿过筛孔的难易程度等因素确定合适的筛理长度。最后，参考筛分物料的出料口位置，确定各层筛格的形式和排列方向，并依据筛箱内部的总高度、各层筛格物料的流量（筛上物和筛下物量）确定各层筛格的高度。

（1）各系统筛路

a. 前路皮磨及重筛筛路

通常将制粉流程中的 1 皮、2 皮称为前路皮磨。前路皮磨研磨后物料中麸片、粗粒、粗粉及面粉的粒度差异悬殊，物理特性差别大，在筛理过程中容易分离。物料中麸片粒度最大，皮磨剥刮率越小麸片越大、数量也越多，筛理时一般先用粗筛将其分离出去，筛理长度为 1.5～2.5m（3～5 层），数量多流量大时延长至 3m（6～7 层）。然后用分级筛依次分出大、中、小粗粒，筛理长度为 2.5～3m（5～6 层），最后筛净面粉。由于分离了相当数量的麸片和粗粒，使进入粉筛的流量减少，筛面上料层减薄，提高粉筛的筛理效果，减小对筛面的磨损。

物料流量较大时，需相应增加筛格的高度（尤其粗筛的筛格高度），也可选用单进双路筛路筛理，每路粗筛筛理长度为 1.5～2m（3～4 层）。

根据流量和分级数量，可选用不同的皮磨筛路。由于分级种类较多，而每仓平筛筛理长度有限，可设置重筛进行连续筛理。前路皮磨系统常采用图 3-14 中的 1 号、2 号、3 号、4 号、5 号、21 号、23 号筛路，其中 3 号和 5 号筛路为单进双路筛路，物料流量大时采用，但可能分料不均，现常用 2 号、4 号、21 号、23 号替代，需相应增加筛格高度和粗筛长度。

1号筛路分级较多，23号筛路未设置粉筛，可到重筛进行连续分级和筛粉。

重筛的作用是将面粉筛净，并进一步分级。筛理时可先筛粉后分级，也可采用筛粉—分级—再筛粉，可采用单进口，也可采用双进筛路，图3-14中8号、9号、11号、12号、26号、27号筛路为重筛常用筛路。

b. 中后路皮磨筛路

中后路皮磨筛理物料含麦皮较多，容重较小，流动性变差，粒度差异也不如前路显著，分级种类相对减少。图3-14中2号、4号、7号、16号、21号，25号为后路皮磨筛路，其中2号、4号、21号筛路5分级，粉筛较少，粉筛筛上物需另设重筛继续筛粉分级。25号、7号、16号筛路4分级，粉筛较多，可不设重筛。

c. 渣磨、麸粉和吸风粉筛路

渣磨研磨物料为前路皮磨分出的麦渣或清粉机分出的连皮胚乳粒、胚乳粒和少量麦皮，研磨后物料中含有少量细麸、面粉以及较多的麦心和粗粉。筛路设计时，应先将细麸筛分出去。图3-14中的6号、15号、17号为渣磨系统常用筛路。15号、17号筛路分级较多，用于渣磨提胚或分级较细的粉路中。

打麸粉和刷麸粉为从麸片上打（刷）下的细小粉粒，混有少量麸屑，黏性较大。筛理时需设置较长的粉筛，可采用筛粉—分级（分出麸屑）—再筛粉—再分级，如图3-14中的10号筛路。也可采用先筛粉再分级形式，如图3-14中的11号、27号筛路。

吸风粉黏性大，物料性质有时不稳定（某系统卸料关风器堵塞时）。筛路设计时应考虑分出麸片能力。图3-14中的6号、26号为常用的吸风粉筛路。

d. 前路心磨筛路

无论采用何种制粉方法，前路心磨都是主要的出粉部位，筛理物料中的面粉含量达50％以上，因此筛路中需配置较长的粉筛。由于研磨物料中或多或少混有少量麸屑，为减少下道心磨的麸屑含量，需设置分级筛将其筛分出去。

前路心磨筛路可采用单进单路或单进双路。双路筛理可有效降低筛面上料层的厚度，增加面粉穿孔的几率，如图3-14中11号筛路，物料各经过5层粉筛筛理后，第5层和第10层的筛上物合并送入第11层筛面筛理，再连续筛理10层，筛下物粉为上交粉和下交粉。存在分料不均匀和筛门挡料板密封问题。现多采用单进单路筛路，如图3-14中的6号、26号、27号、28号筛路。6号、26号筛路两次分级，多用于粗心磨筛路。27号筛路为先筛粉后分级，28号筛路为充分级后筛粉，这两种筛路各有特点，若筛理物料含麸屑少，可采用先筛粉后分级的筛路。若含麸屑较多，且流量较小时，应采用先分级后筛粉，以免筛面料层较薄时，影响面粉质量。

e. 后路心磨筛路

后路心磨筛理物料含粉量减少，麦心质量变差，一般不再分级，见图3-14中的13号和14号筛路。13号筛路筛理路线长，流量大时采用。14号筛路为双进双路，可筛理两种物料，流量小时采用。

f. 尾磨筛路

尾磨筛理物料中含有麸屑、少量麦胚、质量稍差的麦心以及粗粉和面粉。若单独提取麦胚，因麦胚多被压成片状；一般先用16～18W将其筛出，再筛出麸屑。若不提麦胚，直接用分级筛筛出麸屑（麦胚混在麸屑中）。图3-14等级粉筛路中的15号和17号筛路分别为提胚筛路，6号为不提胚的尾磨筛路。

g. 组合筛路

筛理物料流量较小时，多将两个系统组合在一仓中筛理，根据筛分物料的种类不同，组

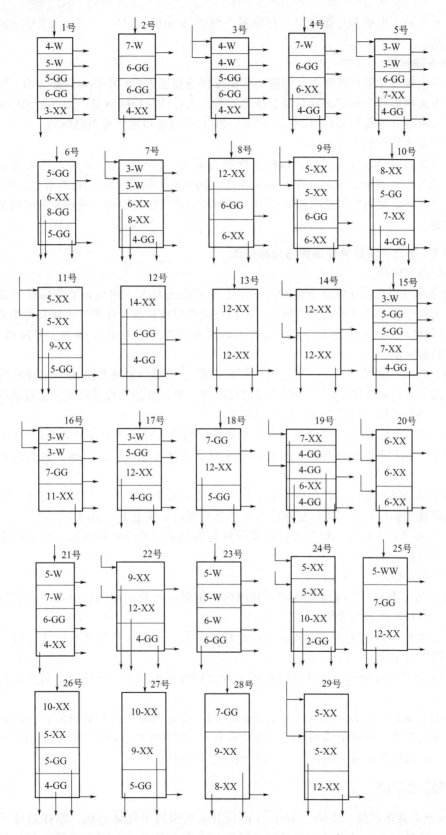

图 3-14　常用筛格

合的形式有多种，但最多只能分出 7 种物料。图 3-14 中的 14 号、19 号、22 号筛路是常用的组合筛路。

h. 检查筛筛路

面粉检查筛的作用是将筛理时因筛网破损或窜仓而混入面粉中的物料筛分出，因此筛路设计时应考虑将面粉全部筛出，只留少量筛上物。为适应较高的流量，图 3-14 中 20 号筛路设置了三路筛理（筛孔较稀），14 号，24 号、29 号筛路也可用作检查筛筛路。

（2）筛路中筛格的组合

高方平筛筛路是通过不同形式筛格变换组合而成。因筛格为正方形，可在筛箱内旋转90°、180°或 270°，具有较强的通用性和互换性。同规格的筛格通用，同类型筛格在不同仓、不同位置可互换，相同规格的筛面格通用，因而高方筛筛路的组合、变换及筛网的调整比较灵活、方便。

3.3.3.3 高方平筛的操作维护与故障排除

（1）操作与维护

a. 设备须在完全静止状态下启动。如果不是在静止状态下启动，平筛回转不规则，且旋转半径远大于正常旋转半径，进料口、出料口绒布要被拉脱，还可能出现其他事故。

b. 如果测量到运转轨迹不符合要求，可以增加或减少偏重块来调节。增减偏重块时，应该上下同时增减。

c. 根据制粉工艺的要求，选用适当的筛路和配用相应的筛格并选用一定规格的金属丝或筛绢。筛绢装订或胶粘，都必须绷紧以提高筛理效果，要经常检查筛绢的清理情况，严禁敲打筛绢，如发现刷子磨损失效，要及时更换。

d. 轴承盖上均装有压注式油嘴，要定期加注润滑油，轴承内的存油需要每年更换一次。

e. 筛箱、筛门及筛格内各种密封材料应完好，装卸筛格时要注意保护密封材料，防止物料窜漏。

f. 为安装和维护方便，在偏重块上平面和钢架平板上，均开有吊装工艺孔，安装和维护时把偏重块稍稍吊起，就可以把轴承装入上下平板内或从上下平板内取出。

g. 新设备经过空转后，检查所有的紧固件是否松动。凡停机检查时，均应该全面检查紧固件松动情况，并紧固。

（2）常见故障及排除方法

a. 运动轨迹不是平面内圆周运动　其原因可能是：吊装钢丝绳受力不均；平筛吊装不水平；进、出口布筒装夹太紧。

排除方法有：检查四角吊装钢丝绳，使其受力均匀；检查布筒装夹应该适宜，不要太紧；使平筛保持水平。

b. 轴承发热或有杂音　可能是密封圈失效或润滑脂不清洁，应更换密封圈，选择清洁的润滑脂。

c. 窜料、漏料　高方筛窜漏主要有外通道间、筛格内部、内外通道间、底格各出料口间等多种窜漏形式，可能由筛网破损、压紧不到位、筛格变形、挡板漏料、底板不平等多种原因造成。出现问题后应认真排查，找出问题，及时解决。

3.3.4　双筛体平筛

FSFS 型双筛体平筛（double section plansifter）由两个筛体组成，筛体通过吊杆悬挂在金属结构的吊架上，吊架固定于地面，见图 3-15。两筛体中间设有电机和偏重块，增减偏重块的质量可调节筛体的回转半径，每个筛体可叠加 6～10 层筛格，筛格直接叠置在筛底板上，没有筛箱，靠四角的四个压紧螺栓及手柄将其压紧。

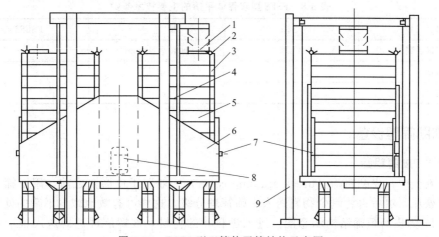

图 3-15　FSFS 型双筛体平筛结构示意图

1—进料筒；2—压紧手柄；3—压紧螺栓；4—玻璃钢吊杆；5—筛格；6—筛体；
7—水平压紧装置；8—传动机构；9—吊挂钢架

FSFS 型双筛体平筛筛格有四种形式（图 3-16）。因双筛体平筛没有筛箱，筛分后的物料均需从筛格内的通道下落，故筛格设有四个通道，筛格尺寸为 830mm×830mm 或 1000mm×1000mm，筛格较大，为使筛下物迅速排出，筛下物可从两边同时下落，且收集

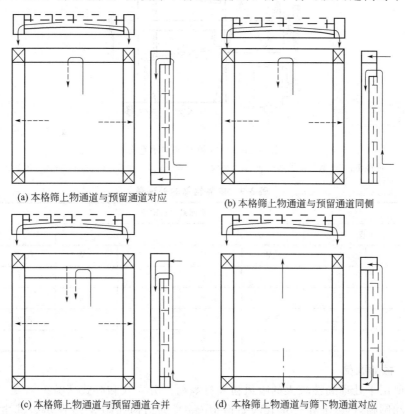

(a) 本格筛上物通道与预留通道对应　　　　(b) 本格筛上物通道与预留通道同侧

(c) 本格筛上物通道与预留通道合并　　　　(d) 本格筛上物通道与筛下物通道对应

图 3-16　FSFS 型双筛体平筛筛格

底板从中部向两侧稍微倾斜。双筛体平筛筛格层数少，筛路简单，体积较小，安装方便，多用于面粉检查筛和小型粉厂的筛理分级，其主要技术参数见表3-8。

表3-8　FSFS型双筛体平筛的主要技术参数

型　　号	FSFS2×10	型　　号	FSFS2×10
筛格层数	10	回转半径/mm	22.5～27.5
筛理面积/m²	7.4	功率/kW	1.5
转速/(r/min)	240～255		

3.3.5　辅助筛理设备

3.3.5.1　皮磨粗筛

制粉流程中，皮磨粗筛（break scalping cover）一般置于皮磨筛之前，用于筛出研磨后物料中的麸片，然后再将剩余物料送入平筛筛理分级，这样可有效地减少平筛的处理量。

图3-17为皮磨粗筛结构示意图。进入进料斗的物料，被螺旋推进器送入锥形筛筒，受到转子上刷子的作用，较小的颗粒穿过筛孔成为筛下物，筛筒内的物料由一端出料口排出。锥形筛筒利于筛筒内粗物料的流出。皮磨粗筛的处理量见表3-9。

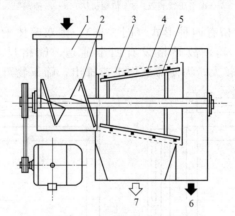

图3-17　皮磨粗筛结构示意图
1—进料斗；2—螺旋推进器；3—锥形筛筒；4—刷子；5—叶轮；6—筛上物；7—筛下物

表3-9　皮磨粗筛的处理量

系统	处理量/(t/h)							
	1皮		2皮		3皮		4皮	
筛网	10W	8W	12W	10W	14W	12W	16W	14W
FSFP30	3.8	5.2	2.5	3.8	1.5	2.1	1.1	1.5
FSFP35	6.0	8.2	4.2	6.0	2.5	3.4	1.9	2.5
FSFP40	9.5	13.0	6.6	9.5	4.1	5.5	3.2	4.1
FSFP45	15.0	20.3	10.4	15.0	6.6	8.7	5.1	6.6

3.3.5.2　振动圆筛

圆筛主要用于处理黏性较大的吸风粉和打麸粉，分立式和卧式两类。

立式振动圆筛（vertical vibratory centrifugal）的结构如图3-18所示，其主要构件为吊挂在机架上的筛体。筛体中部是一打板转子，外部为圆形筛筒。转子主轴的一侧装有偏重块，使筛体产生小振幅的高频振动。打板转子圆周均布 4 块条形打板，打板向后倾斜一定角度，打板上安装有许多向上倾斜的叶片，叶片间隔排列呈螺旋状。物料自下方进料口进入筛筒内，在打板的作用下甩向筛筒内表面，细小颗粒穿过筛孔，从下方出口排出，筒内物料被逐渐推至上方出料口。筛筒一般采用锦纶筛网。

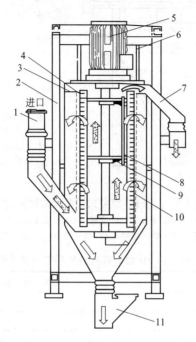

图 3-18　立式振动圆筛结构图
1—进料口；2—机架；3—筛体；4—打板；5—电动机；6—吊杆；7—筛上物；
8—偏重块；9—调节螺栓；10—筛筒；11—筛下物出口

除上述结构形式外，立式振动圆筛有的采用上方进料、下方出料形式；有的是将筛体安装在减震器上，减震器固定在地板上，电机带动主轴旋转，主轴上的偏重块所产生的惯性力使筛体振动。

3.3.5.3　打麸机

（1）卧式打麸机的工作过程与总体结构

卧式打麸机（horizontal bran finisher）主要由打板转子、筒体、机壳、可调挡板和传动机构等组成，FFPD 型卧式打麸机结构如图 3-19 所示，打板转子上装有 4 块打板，打板上有调节工作间隙用的长圆扎，打板的外沿制成锯齿形，每齿扭转 12°～15°，其作用是推进物料。筛面为八边形，采用 0.5～0.8mm 厚的不锈钢制成，筛孔直径有 0.8mm、1.0mm 和 1.2mm 三种规格可供选用。多边形的筛面可阻滞麸片随打板转子的运动，保持打击强度；筛面被物料撞击后将产生振动，有利筛孔畅通。

麸片沿切线方向进入机内，在打板作用下，麸片向后墙板、缓冲板和筛板撞击，实现麸片与粉料的分离。

（2）主要技术参数

FFPD 型卧式打麸机的主要技术参数见表 3-10。

（3）影响打麸机工艺效果的因素

a. 物料性质　麸片的大小、水分高低、粉麸结合的紧密程度都会影响打麸的效果。一般麸片大、水分低、粉麸结合松散时，打麸效果好。

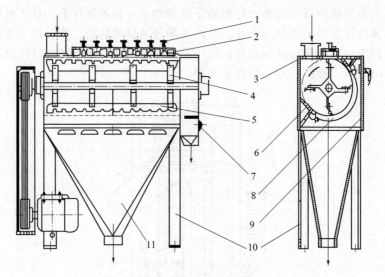

图 3-19　FFPD 型卧式打麸机结构示意图

1—挡板固定手；2—可调挡板；3—后墙板；4—打板支架；5—锯齿形可调打板；
6—缓冲板；7—取样门；8—半圆多棱筛面；9—检查门；10—机架；11—打麸粉出口

表 3-10　FFPD 型卧式打麸机的主要技术参数

项　　目	技　术　参　数			
筛筒直径/mm	300	450		
筛筒长度/mm	800	1100		
打板轴转速/(r/min)	1300～1600	1000～1100		
吸风量/(m³/h)	300	420		
产量/(t/h)	0.9	0.9～1.1	1.3～1.5	2.0～2.5
配用动力/kW	2.2	4	5.5	7.5

b. 流量　物料流量过大时，打麸效率下降。流量过小时，打击作用强烈，打麸粉的品质较次。

c. 打板与筛筒的工作参数　打板的线速度越高，打麸的作用越强烈，产量也越高，但动力消耗大，打麸粉品质差，打板的线速一般为 22～25m/s。工作间隙小，打击作用强烈，动力消耗高，打麸效果好；间距大，打击作用缓和，打麸效果差，但打麸粉品质好，动力消耗低。工作间隙一般为 7.5～9mm。

d. 筛面状况　筛面的质量、筛面是否平整、筛孔是否合适、筛面清理效果的好坏都直接影响打麸效果。打麸机筛孔配置：前中路为 $\phi(1.0～1.2)$ mm，后路为 $\phi(0.7～0.8)$ mm。

e. 吸风方式　吸风的主要作用是及时除去机内的湿热空气及粉尘，保持筛孔畅通，促进粉粒穿过筛孔。卧式打麸机有上下两种吸风形式，下吸风效果较好。

3.3.6　面粉后处理设备

面粉后处理的设备主要有：杀虫机、振动卸料器、面粉混合机、微量元素添加机等。

3.3.6.1　杀虫机

小麦经过研磨和筛理后，制成的面粉中存在有一定数量的虫卵，这些虫卵在环境条件适

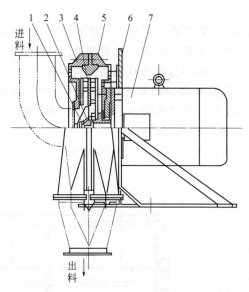

图 3-20 FSJZG-51 撞击杀虫机结构示意图

1—拨料器；2—转子轴座；3—上壳体；4—转子；5—下壳体；6—支座；7—电动机

宜时就会孵化成幼虫，幼虫长成成虫，给面粉的贮存造成一定的困难，因此必须将这些虫卵杀死。

面粉厂的杀虫一般是通过杀虫机来实现，杀虫机的工作原理类似于撞击松粉机，它能够利用对面粉的撞击撞碎昆虫和虫卵，同时还能起到撞击机的作用。

常用的杀虫机有 FSJZG-51 型撞击杀虫机（entoleter），其主要结构见图 3-20。这种杀虫机有两种机型。一种是电机在机体内部，电机轴与主轴直接相连。另一种是电机在机体外部，电机轴与主轴采用传动带相连。主要由物料进口、甩盘、撞击圈和传动装置组成。

3.3.6.2 振动卸料器

振动卸料器（vibratory discharger）是一种物料给料装置，它应用于面粉仓的底部，通过振动，使面粉均匀流出。TDZX 型振动式卸料器是一种新型的卸料器，它采用振动电机产生振动力，使振动器及内部的球面活化器随之振动，并将振动力通过活化器呈放射状传向物料，从而破坏仓内物料产生的起拱现象，使物料均匀、连续、不断地排出。电机停振，排料中断。它的特点是：结构简单、性能可靠、破拱性能强；能使面粉稳定、均匀、连续准确地排出；运行平衡、噪声低、节能、寿命长，给料量可调。

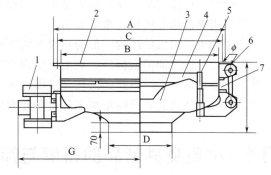

图 3-21 TDZX 型振动卸料器结构示意图

1—电动机；2—联结法兰；3—卸料器；4—卸料盘；
5—定距管；6—吊杆；7—橡胶密封圈

TDZX 型振动卸料器的结构如图 3-21所示。卸料器由电动机、联结法兰、卸料斗、卸料盘、定距管、吊杆、橡胶密封圈等组成，物料从仓底落下，流至下面的卸料斗里，振动电机驱动卸料斗作高频振动，物料受振动后，经过卸料盘中间及四周均匀缓慢地流下来，从而改善了物料的流动性，使物料稳定均匀，同时仓内物料不易结拱。

3.3.6.3 面粉混合机

面粉混合机（flour mixer）的主要作用是将两种或两种以上不同质量的面粉以及添加的微量元素混合成为均匀的面粉。面粉厂的混合机大都采用卧式混合机。因其混合效率高，卸料迅速。常用的混合机有卧式环带混合机和双轴桨叶混合机。

SLHY型卧式环带混合机具有新颖的转子结构，混合均匀度优良，转子与机壳的间隙可以调整，底部为全长开门出料，物料残留小。此外，机体两端为双层设计，杜绝了两端漏料现象；出料门采用气动，动作更加准确可靠。

SLHY型卧式环带混合机结构见图 3-22，主要由转子、机体、出料门、出料控制机构和液体添加管路等组成。

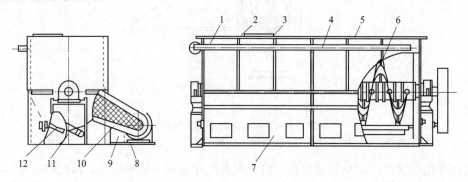

图 3-22 SLHY 型卧式环带混合机结构示意图

1—上机体；2—添加剂进口盖板；3—观察门；4—液体添加剂管道；5—主料进口盖板；
6—转子；7—下机体；8—摆线针轮减速机；9—滑轨；10—链罩；11—气缸；12—出料门

3.3.6.4 微量元素添加机

为了提高面粉的质量，满足人们对面粉种类、品质的需求，大多数面粉厂开始使用面粉添加剂，特别是在专用粉的生产中。面粉添加剂的添加有静态添加和定量添加两种方式，静态添加是将面粉和添加剂按比例分别称重后，投入混合机中进行搅拌，达到混合添加的目的，静态添加的优点是添加比例准确，缺点是需要的设备多，周期长。定量添加是将添加机安装在面粉螺旋输送机的上面，根据面粉的流量设定添加机的添加速度。定量添加的优点是具有连续性，操作简单方便；缺点是由于面粉流量的不稳定会造成添加的不准确。大多数面粉厂都采用定量添加微量元素的方法。

微量元素添加机的结构一般为在料斗的下面设一条或几条大小不一的变频调速的螺旋喂料输送机，其速度能够根据需要调节以实现喂料量的调节，喂料的精度与螺旋输送机的大小和转速的稳定性有关，最新的微量元素添加机可实现喂料量自动调节，并大大提高了喂料的精度，有些添加机具有同时添加多种微量元素的功能。

3.4 小麦及其制品的研磨与筛理

3.4.1 研磨

3.4.1.1 研磨的基本方法

研磨（grinding）的任务是通过磨齿的互相作用将麦粒剥开，从麸片上刮下胚乳，并将胚乳磨成具有一定细度的面粉，同时还应尽量保持皮层的完整，以保证面粉的质量。研磨的基本方法如下。

（1）挤压

挤压（compressing，crushing，extruding）是通过两个相对的工作面同时对小麦籽粒施加压力，使其破碎的研磨方法。挤压力通过外部的麦皮一直传到位于中心的胚乳，麦皮与胚乳的受力是相等的，但由于小麦籽粒的各个组成部分的结构强度有很大的差别，所以在受到挤压力以后，胚乳立即破碎而麦皮韧性大仍可保持相对完整。水分不同的小麦籽粒，麦皮的破碎程度以及挤压所需要的力有所不同。一般小麦籽粒被破坏的挤压力比剪切力要大得多，所以挤压研磨的动耗比较大。

（2）剪切

剪切（shearing，cutting）是通过两个相向运动的磨齿对小麦籽粒施加剪切力，使其断裂的研磨方法。剪切比挤压更容易使小麦籽粒破碎，所以剪切研磨所消耗的能量较少。小麦籽粒最先受到剪切作用的是麦皮，随着麦皮的破裂，胚乳也逐渐暴露出来并受到剪切作用。因此，剪切作用能够同时将麦皮和胚乳破碎，从而使面粉中混入麸星，降低了面粉的加工精度。

（3）剥刮

在挤压和剪切力的综合作用下产生的摩擦力，也称研磨力。通过带有特殊形状磨齿并在一定速比下，对小麦籽粒产生擦撕，此即为剥刮（scratching，scraping）。剥刮的作用是在最大限度地保持麦皮完整的情况下，尽可能多地刮下胚乳粒，提高出粉率。

（4）打击与撞击

通过高速旋转的部件对物料的打击，使物料与工作部件之间、物料之间反复碰撞、摩擦，使物料破碎或使胚乳与麦皮分离。

3.4.1.2 研磨的基本原理

研磨的基本原理是通过对小麦的挤压、剪切、撞击和剥刮作用，从皮层上将胚乳逐步剥离并研磨成一定细度的面粉。常用的研磨设备为辊式磨粉机和撞击机。

3.4.1.3 研磨过程中各系统的作用

在制粉过程中，按照各研磨系统处理物料的种类将制粉系统分成皮磨系统（B：break system）、渣磨系统（S：scratch system）、清粉系统（P：purification system）、心磨系统（M：reduction system）和尾磨系统（T：tailing system），它们分别处理不同的物料，并完成各自不同的功能。

皮磨系统的作用是将麦粒剥开，从麸片上刮下麦渣、麦心和粗粉，并保持麸片不过分破碎，以便使胚乳和麦皮最大限度地分离，并提出少量的小麦粉。

渣磨系统是处理皮磨及其他系统分离出的带有麦皮的胚乳颗粒，它提供了第二次使麦皮与胚乳分离的机会。麦渣分离出麦皮后生成质量较好的麦心和粗粉，送入心磨系统磨制成粉。

清粉系统的作用是利用清粉机的筛选和风选联合作用，将在皮磨和其他系统获得的麦渣、麦心、粗粉及连麸粉粒和麸屑的混合物相互分开，再送往相应的研磨系统处理。

心磨系统是将皮磨、渣磨、清粉系统取得的麦心和粗粉研磨成具有一定细度的面粉。

尾磨系统位于心磨系统的中后段，专门处理含有麸屑质量较次的麦心，并从中提取少量面粉。

3.4.1.4 影响研磨工艺效果的因素

（1）小麦的工艺品质

a. 硬度

由于小麦硬度不同，小麦在破碎过程中便呈现出不同的特性（脆性和韧性）。图 3-23 为不同硬度的麦粒在研磨时的变形情况，其中图（a）小麦的玻璃质为 94%，图（b）小麦玻璃质为 46%。由图 3-23 可见，玻璃质高的小麦，在磨齿钝对钝排列时，在最初的一瞬间，立即被破碎成数块。玻璃质含量低的小麦，具有一定的韧性，即使采用锋对锋排列时，破碎的一瞬间是先产生塑性变形，然后才被破碎的，而加工硬麦时，其研磨过程和操作情况与加工软麦不同。加工硬麦时粗粒粗粉多、面粉少、麦皮易轧碎，同时动力消耗较高，设备的生产率较低。

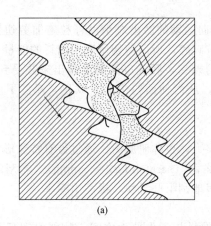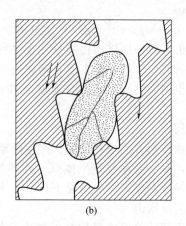

图 3-23　不同硬度的麦粒在研磨时的变形情况

b. 水分

不同品种和类型的小麦，必须经过合适的水分调节，以改变小麦的结构力学特性，使小麦适于制粉工艺的要求。前苏联科技工作者曾对小麦水分（W）、润麦时间（t）对小麦结构力学特性和制粉效果的影响进行了研究。其方法是将同一品种小麦（红皮冬麦）经室温调节，加入不同的水分和经不同的润麦时间，然后在实验磨粉机上磨制 70% 面粉，测得在皮磨系统产生一等品质粗粒的数量 K 和灰分 Z，以及研磨时单位产品的能耗 N（W·h·kg^{-1}）和面粉灰分 Z，试验结果见图 3-24。

图 3-24（a）表明，当小麦水分在 16% 时，小麦的结构力学特性最适于制粉要求。皮磨系统生产的粗粒和粗粉数量最多（K 为 76%），质量最好（灰分 Z 为 0.84%）。磨制的面粉灰分最低（Z 为 0.52%），而研磨时单位动力消耗最省（N 为 6.8W·h·kg^{-1}）。图 3-24（b）表明，当润麦时间 $t=16$h 时，获得的研磨效果最佳。一方面，小麦在磨粉时应有适宜的水分和润麦时间，这样，在研磨过程中由于表皮韧性增加，麦皮与胚乳间的结合力减弱，使得胚乳与麦皮容易分开，麸片保持完整，以提高面粉质量和出粉率。另一方面，由于胚乳强度的降低，在研磨时容易成粉，可以减少心磨道数，从而也降低了动力消耗。如研磨小麦的水分过大，则麸片上的胚乳不易刮净，导致出粉率降低，产量下降，动力消耗增加。水分过小则形成麦渣多，面粉少，麸皮碎而面粉质量变次。

（2）磨辊的表面技术特性

a. 光辊

磨制高质量的面粉时，心磨系统采用光辊，先将磨辊表面磨光，再经喷砂处理，可得绒状微粗糙表面，使胚乳在研磨时容易磨细成粉，以提高研磨效果。使用光辊时，有以下要求。

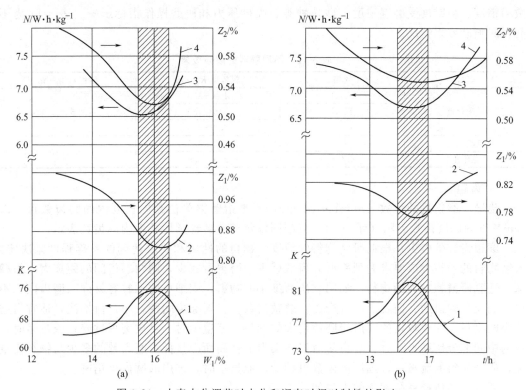

图 3-24　小麦水分调节时水分和润麦时间对制粉的影响

1——等品质的粗粒 K；2—粗粒的灰分 Z_1；3—研磨时单位产品的能耗 N；4—面粉灰分 Z_2

硬度　硬度较齿辊软，易于喷砂，并保证在使用过程中不易有砂粒脱落，形成微粗糙度。如硬度太高，则不易喷砂，造成磨辊表面粗糙度不够，且磨辊易磨光。

磨辊中凸度、锥度　光辊工作时研磨压力较大，磨辊会轻微弯曲，磨辊发热也比较严重，发热会导致磨辊的膨胀，尤其是在靠近轴承的地方，发热最厉害，膨胀也最大。轻微弯曲和发热膨胀会导致磨辊出现两头粗中间细的现象，为了避免这种情况，光辊一般加工成带有一定锥度或中凸度的形状，如图 3-25 所示。当磨辊长度为 1m 时，中凸度的直径差为 $15\sim38\mu m$。如两端加工成锥度，则直径差可取 $20\sim50\mu m$。磨辊材料、磨辊长度和研磨指标不同，所取的直径差也不同，前路心磨系统锥度或中凸度较大，后路心磨稍小。通常前路系统一般 $25\sim35\mu m$，中后路系统一般 $15\sim25\mu m$。

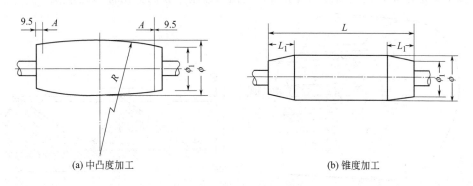

(a) 中凸度加工　　　　　　　　　　　　　(b) 锥度加工

图 3-25　光辊中凸度和锥度

磨辊粗糙度　为了保证光辊的研磨效果，需在光辊表面进行喷砂处理，使磨辊表面形成微粗糙度。粗糙度受磨辊硬度、砂粒种类、喷砂压力和研磨操作指标影响。表 3-11 为不同磨料时喷砂效果情况。

表 3-11 不同磨料的喷砂效果

名称	规格	粗糙度 $R_a/\mu m$	砂耗/$(kg \cdot m^{-2})$
绿碳化硅	TL24	4.0～5.0	2.54～2.88
	TL30	2.5～4.0	
	TL36	2.0～3.0	
黑碳化硅	TL36	1.3～3.0	3.10
棕刚玉	GZ24	2.6～2.9	

b. 齿辊

齿数 磨粉机的齿数（number of flutes）是指磨辊单位圆周长度内的磨齿数目。以每 1cm 长度内的磨齿数表示（牙/cm）。英制则以每英寸磨辊圆周长度内的齿数表示。

磨辊齿数的多少是根据研磨物料的粒度、物料的性质和要求达到的粉碎程度来决定的。入磨物料的颗粒大或要求剥刮率低，齿数就少。磨辊齿数少，则两磨齿间的距离大，齿槽较深，适宜研磨颗粒大的物料，如用它研磨细小的物料，则细小的颗粒容易嵌入磨齿内，不但得不到应有的研磨，而且会影响产量。磨辊齿数多，则磨齿间距就小，齿槽浅，适宜研磨颗粒小的物料。如用较密的磨齿研磨颗粒大的物料，流量少时，麦皮磨得过碎；流量多时，物料的中间部分研磨不充分，磨齿易磨损，动力消耗高而产量低；磨齿数的多少与物料流量有关，研磨物料的流量大，选用的齿数可稍少；流量小时，选用的磨齿可稍密。

通常，各研磨系统配备的齿数如下。

皮磨 3.2～4 牙/cm；

皮磨及以后各道皮磨较前道加密 1～1.6 牙/cm 左右；

末道皮磨 9～10 牙/cm；

渣磨 8～10 牙/cm；

心磨采用齿辊时 10～12 牙/cm。

对于同一研磨系统，后道磨粉机比前道增加 1～1.6 牙/cm，如粉路长、道数多，则逐道增加的齿数少；粉路短、道数少，则逐道增加的齿数多。

齿角 利用拉丝刀在磨辊表面拉成一定的齿槽称为磨齿（roll flutes）。齿角（flute angle）是指在磨齿的横断面上，两个侧面所形成的夹角，如图 3-26 所示，图中 a、b、c、d 是磨齿的锋面（窄面），a、b、g、f 是磨齿的钝面（宽面），两个侧面形成的夹角称为齿角 γ。锋面与磨辊半径的夹角称为锋角 α；钝面与磨辊半径的夹角称为钝角 β。

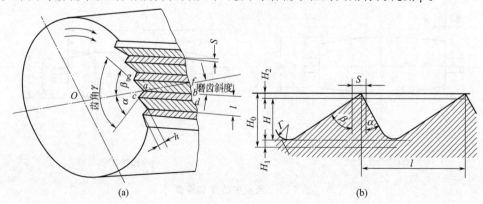

(a) (b)

图 3-26 磨齿的齿角

拉丝时在磨齿的顶端留有很小的平面，称为齿顶平面，它可使磨辊的研磨作用缓和，减少切碎麦皮的机会，并使磨齿经久耐用。齿数为 6 牙/cm 以下时，齿顶宽度为 0.2～0.3mm；齿数为 6～9 牙/cm 时，齿顶宽度为 0.15～0.25mm；齿数为 7～12 牙/cm 时，齿顶宽度为 0.1～0.2mm。

齿数相同时，齿角越小，齿高越高，齿沟越深，磨辊破碎能力强，适宜处理大流量物料。由于磨辊表面磨齿的角度难以准确地测定，因此在日常生产中，一般均以拉丝刀的角度来代表。

齿角对研磨效果的影响。因不同的制粉方法，磨制不同的面粉时，需采用不同的齿角，而且在整个工艺过程中各道研磨系统也使用不同的齿角，这是由于齿角对各种物料有不同的研磨作用的缘故。前苏联谷物科学研究所，曾用不同齿角进行研磨试验，所用齿角为 65°、75°、90°、110°，磨制等级粉的 1 道、2 道、3 道皮磨试验结果见表 3-12、表 3-13、表 3-14。

在表 3-12、表 3-13、表 3-14 中所列数值，分子表示在制品的数量（占 1 皮流量百分数），分母为该物料的质量（灰分），面粉色泽以比色计单位低的为好。供本试验的小麦水分为 15.1%，灰分为 1.73%。试验 1 皮磨流量为 1300kg·(cm·24h)$^{-1}$，轧距为 1mm。

表 3-12　研磨玻璃质 50% 小麦时齿角 γ 对剥刮率与质量的影响（1 皮）

研磨工作的指标 \ 齿角 γ/(°)	65	75	90	110
总剥刮率/%	25.4/1.2	25.4/1.15	26.3/1.12	26.3/1.00
麦渣(大粗粒)/%	17.9/1.34	17.2/1.29	17.7/1.28	15.1/1.25
麦心(中小粗粒)/%	2.7/0.97	2.9/0.88	3.1/0.84	3.6/0.57
粗粉/%	2.9/0.77	2.9/0.81	3.1/0.73	4.1/0.56
面粉/%	2.1/0.93	2.4/0.89	2.4/0.83	2.5/0.71
面粉色泽(比色计单位)	80	76	75.5	67.5
单位新生成表面积的耗电量/(W·s·cm^{-2})	0.33	0.34	0.35	0.38

表 3-13　研磨玻璃质 63% 小麦时齿角 γ 对剥刮率与质量的影响（2 皮）

研磨工作的指标 \ 齿角 γ/(°)	65	75	90	110
总剥刮率/%	30.05/1.24	38.1/1.26	43.8/1.25	45.1/1.09
麦渣(大粗粒)/%	29.6/1.28	34.6/1.27	39.7/1.29	40.6/1.11
麦心(中小粗粒)/%	0.2/1.0	0.2/0.97	0.2/0.98	0.3/0.93
粗粉/%	1.0/0.92	1.1/0.89	1.1/0.9	1.2/0.86
面粉/%	2.25/0.92	3.2/0.92	2.8/0.92	3.0/0.9
面粉色泽(比色计单位)	66	66	71	61.5
单位新生成表面积的耗电量/(W·s·cm^{-2})	0.18	0.19	0.20	0.22

表 3-14　研磨玻璃质 56% 小麦时齿角 γ 对剥刮率与质量的影响（3 皮）

研磨工作的指标 \ 齿角 γ/(°)	65	75	90	110
总剥刮率/%	19.1/0.72	26.0/0.82	30.7/0.85	40.7/0.78
麦渣(大粗粒)/%	6.2/0.81	8.1/1.01	11.6/0.99	13.1/0.95
麦心(中小粗粒)/%	4.1/0.69	5.3/0.69	5.3/0.74	6.5/0.66

研磨工作的指标 \ 齿角 γ/(°)	65	75	90	110
粗粉/%	3.7/0.66	5.6/0.67	6.7/0.69	10.5/0.64
面粉/%	5.1/0.67	7.0/0.84	7.1/0.85	10.5/0.77
面粉色泽(比色计单位)	38	35	33	30
单位新生成表面积的耗电量/(W·s·cm^{-2})	0.09	0.10	0.10	0.20

根据上述研究资料可知，在入磨流量及轧距不变情况下，各项研磨工作指标随齿角的增大有如下变化：总剥刮率增加，尤其是 2 皮磨、3 皮磨；面粉质量有显著提高，色泽更白，单位新生成表面积的耗电量增加 8.5%～20%；在齿角 65°～75°范围内，总剥刮率低的原因是物料粉碎成较大的颗粒，穿过粗筛的麦渣和麦心较少。

面粉厂所采用的磨齿角度大体相同，一般在 90°～110°之间。

前角（contact angle，front angle）对研磨效果的影响。在研磨过程中，小麦落入两磨辊间，被慢辊托住，由快辊对小麦进行破碎。物料在磨辊间所受作用力的大小，不仅取决于齿角，更取决于"前角"。所谓"前角"是指与物料接触并对物料进行破碎的那个角，由于磨辊排列不同，它可以是锋角（sharp angle）或者是钝角（obtuse agnle，dull angle）。

前苏联谷物科学研究所采用 48%玻璃质小麦利用同一种齿角不同的前角进行研磨试验，结果如表 3-15 所示。磨齿前角减小，总剥刮率增加，剥刮下的物料中含胚乳稍多，故粗粒和粗粉的品质改善，灰分较低；前角减小，剪切力增大，挤压力减小，麦渣的提取率显著增多，对麦皮的破碎程度增大，故生产面粉的质量较次；随着前角的减小，单位新生成表面积的耗电量降低。

表 3-15　前角对剥刮率与质量的影响

研磨工作的指标 \ 磨齿前角/(°)	20	30	40	50
总剥刮率/%	23.9/0.90	20.5/0.95	16.5/0.93	16.6/0.95
麦渣/%	15.1/0.93	13.2/1.04	9.9/1.03	9.4/1.08
麦心/%	3.3/0.78	2.7/0.86	2.4/0.91	2.6/0.81
粗粉/%	2.9/0.74	2.5/0.77	2.3/0.65	2.5/0.73
面粉/%	2.6/1.02	2.1/0.73	1.9/0.78	2.1/0.80
单位新生成表面积的耗电量/(W·s·cm^{-2})	0.25	0.28	0.33	0.33

实际生产中，齿角和前角的应用可归纳如下。在皮磨系统，要提取一定数量的麦渣和麦心，则应在流量较高的情况下，采用较小的齿角，尤其要采用较小的前角，在加工软麦和水分过高的小麦时更应如此；在前路皮磨，要多出粉少出麦渣、麦心，并为了保持麸片的完整，将麦皮上的胚乳刮净，可采用较大的齿角，尤其应采用较大的前角，在加工硬麦和低水分的小麦更应如此；为了刮净后路皮磨麸片上的胚乳，而不使麦皮过碎，应采用较大的齿角和前角；为了降低磨粉机的动力消耗，可采用较小的齿角和前角。

磨齿的后角虽对研磨不起主要作用，但后角的大小表现在磨齿的高度及耐磨性上。当齿角不变而后角增大，则磨齿高度降低，厚度增加。图 3-27 为几种不同磨齿齿型的比较，30°/65°和 35°/65°的磨齿，其磨齿较钝，齿角达 95°和 100°，横断面尺寸较大，钝边较高，磨齿有较大的强度。图 3-27 中不同磨齿齿型的技术特性见表 3-16。

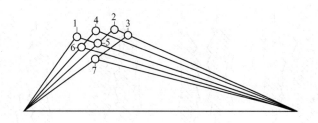

图 3-27　不同磨齿齿型的比较

表 3-16　不同磨齿齿型的技术特性

序号	锋角/(°)	钝角/(°)	齿角/(°)	序号	锋角/(°)	钝角/(°)	齿角/(°)
1	20	70	90	5	30	70	100
2	30	65	95	6	27	72	100
3	35	65	100	7	35	75	110
4	27	68	95				

　　磨齿的斜度　磨齿必须与磨辊中心线倾斜成一角度，同时一对磨辊在静止时，两根磨辊的磨齿斜度（corrugation spiral，roll flute spiral）一定要平行。这样，当一对磨辊相向转动时，快辊磨齿与慢辊磨齿便形成许多交叉点，在磨辊间的轧距小于被研磨物料的情况下，物料就在交叉点得到破碎。如果磨齿没有斜度，则两磨辊磨齿的接触将是间歇性的，有时快辊磨齿沿全长与慢辊磨齿齿顶接触，而有时则与慢辊的齿槽相遇，这样，不但破碎作用不能均衡地完成，并将导致磨粉机的震动。

　　磨齿斜度增大，磨齿交叉点之间的距离越小，交叉点越多，因此，物料在研磨时受到的剪切机会增加，麦皮容易切碎，获得的产品质量较次。表 3-17 反映了不同磨齿斜度对研磨效果的影响。

　　由表 3-17 可以看出，随着斜度的增加，剥刮率下降，产品质量下降，单位耗电量降低。对于研磨干而硬的小麦，为防止麦皮过碎，应比研磨软而湿的小麦所采用的磨齿斜度要小。

表 3-17　不同磨齿斜度对研磨效果的影响

1、2、3 皮磨齿斜度/%	研磨效果指标			
	玻璃质 84% 的小麦		玻璃质 30% 的小麦	
	总剥刮率及产品灰分/%	剥刮成 1kg 产品的电耗/(W/h)	剥刮率及产品灰分/%	剥刮成 1kg 产品的电耗/(W/h)
1	73.9/0.97	10.4	69.9/0.96	8.0
6	71.5/1.24	8.76	66.2/1.09	7.4
8	69.8/1.29	8.17	66.0/1.15	7.1
10	69.7/1.31	8.0	65.8/1.27	6.9
12	65.1/1.32	—	65.6/1.30	—

　　磨齿的排列　磨齿有锋角（sharp angle）和钝角（obtuse angle，dull angle）之分，而磨辊又有快辊与慢辊之分，因此快辊齿角与慢辊齿角的相对排列，按作用于研磨物料的前角来表示，有四种方法，即锋对锋（sharp to sharp）、锋对钝（sharp to dull）、钝对锋（dull to sharp）和钝对钝（dull to dull），如图 3-28 所示。

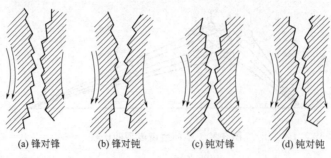

| (a) 锋对锋 | (b) 锋对钝 | (c) 钝对锋 | (d) 钝对钝 |

图 3-28　磨齿的排列

锋对锋（F-F）：快辊磨齿锋角向下，慢辊磨齿锋角向上。

钝对锋（D-F）：快辊磨齿钝角向下，慢辊磨齿锋角向上。

钝对钝（D-D）：快辊磨齿钝角向下，慢辊磨齿钝角向上。

采用 D-D 排列，料落在慢辊钝面上，同时受到快辊钝面的剥刮作用，因此研磨作用较缓和，物料受剪切力小而压力较大，磨下物中麸片大，麦渣和麦心少而面粉多，面粉的颗粒细、含麸星少，但动力消耗较高。

一般情况下，加工干而硬的小麦时，用钝对钝排列，齿数少、小斜度，为降低电耗，最好用较小的齿角，尤其是较小的前角；加工湿而软的小麦时，可用锋对锋排列，密牙齿，大斜度，为避免物料过于破碎，最好用大齿角，尤其是较大的前角。

（3）磨辊的圆周速度和速比

如果一对相向转动的磨辊是同一线速，那么物料在研磨工作区域内，只能受到两辊的挤压作用而压扁，不会得到破碎。因此，在制粉过程中，一对磨辊应有不同的线速，并结合磨辊表面的技术特性，使研磨物料达到一定的研磨程度。

通常磨辊快辊转速在 $450\sim600$r/min，最低的为 350r/min，前路皮磨采用较高的速度，后路心磨系统的转速最低。

在制粉生产中，根据面粉的种类和各道磨粉机的作用不同，应采用不同的速度比（k）。在磨制等级粉时，皮磨系统 $K=2.5:1$；渣磨系统 $K=(1.5\sim2.0):1$；心磨系统 $K=(1.25\sim1.5):1$。

在磨制高出粉率（85%左右）的面粉时，各研磨系统都采用速度比 $K=2.5:1$。磨制全麦粉时可取较大的速度比 $K=3:1$。磨制玉米粉时可用更大的速度比 $K=3.5:1$。

（4）轧距

两磨辊中心连线上，两磨辊表面之间的距离即为轧距（nip, gap grinding）。改变两磨辊之间的距离是磨粉机生产操作的主要调节方法。轧距对破碎程度的影响最大，轧距越小，研磨作用越强，动力消耗越高，磨粉机的流量减小。

图 3-29 表明轧距（mm）与剥刮率（break release, percentage of release）的关系。如1 皮磨轧距为 0.9mm 时，剥刮率为 20%；轧距为 0.7mm 时，剥刮率增加到 35%；轧距缩小至 0.5mm 时，剥刮率达 75%。轧距在 $0.5\sim0.7$mm 范围内，对剥刮率的影响最大。

磨粉机轧距的调节应根据工艺要求，使每对磨粉机的剥刮率（取粉率）达到要求的指标。轧距过紧或过松以及一对磨辊两端的轧距不一致，都会使研磨效果降低。一般皮磨系统的轧距为 $0.1\sim0.7$mm，心磨系统的轧距为 $0.07\sim0.2$mm，后路研磨系统较小。

（5）研磨区域长度

研磨区域（grinding zone）是指物料落入两磨辊间（开始被两磨辊攫住），到物料被研磨后离开两磨辊为止，即从起轧点到终轧点之间的区域。物料在研磨区内，才能受到磨辊的

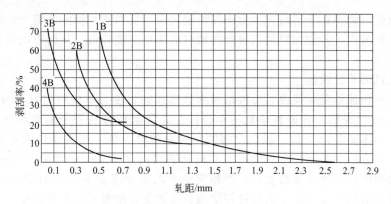

图 3-29　轧距与剥刮率的关系

研磨作用，研磨区域的长短对研磨效果的关系很大，研磨区域长，物料受两磨辊研磨的时间就越长，破碎的程度就越强。研磨区域长度 L 可根据图 3-30 计算。

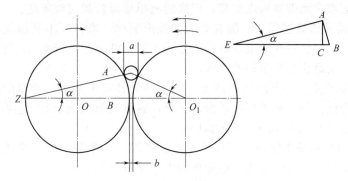

图 3-30　研磨区域的长度

L 等于弧 AB，为简单计可以计 AB 线段长。从图 3-30 中 $\dfrac{AB}{BC}=\dfrac{BE}{AB}$ 可知：

$$AB^2 = BE \times BC$$

式中，$AB=L$，而 $BC=(a-b)/2(0<b<a)$。

所以，

$$L^2 = D \times \frac{a-b}{2} = \frac{D}{2}(a-b)$$

即：

$$L = \sqrt{\frac{D}{2}(a-b)}$$

可见，磨辊直径或物料平均直径愈大以及轧距越小时，则研磨区域越长。$\phi300$ 磨辊较 $\phi250$、$\phi200$ 磨辊有更长的研磨区域，研磨区域的长度随各道磨粉机的作用而异，一般为 4～20mm。

（6）磨粉机的喂料方法

研磨效果（efficiency of grinding）的好坏在很大程度上与喂料机构的结构、喂料速度及喂料的均匀程度等有关。

磨粉机双辊喂料比单辊喂料优越，但结构较复杂，可使物料均匀一致地分布在整个磨辊长度上。喂料不均，物料在整个辊长度上厚薄不一，必然使研磨效果降低，破碎程度不匀，同时，物料厚的所在磨辊容易局部磨损，造成整个磨辊长度上轧距不一致。

喂料辊的位置必须保证物料能准确地进入研磨区域，其速度要和磨辊的线速相配合，这样才不会由于喂料过快造成物料在研磨区域有堆积现象，或者不会由于喂料速度过慢而使磨粉机生产量降低。

喂料不正确，物料在下落时，会撞击在快辊表面而反射到对面的磨辊上，因此物料不能直接进入研磨区域内，并使物料达到研磨区域内的终点速度降低，从而影响研磨工作的正常进行。

（7）磨粉机的单位流量

磨粉机的单位流量是指该道磨粉机每厘米磨辊接触长度、单位时间内研磨物料的质量，以 $kg \cdot (cm \cdot h)^{-1}$ 表示。各道磨粉机的单位流量，因制粉方法和每道磨粉机的作用而异。如果将制粉厂加工原料的质量，除以全部磨辊的总接触长度，称为磨粉机总平均流量，以 $kg \cdot (cm \cdot h)^{-1}$ 表示。磨制标准粉时，磨粉机总平均流量为 $150 \sim 200kg \cdot (cm \cdot h)^{-1}$；磨制高质量的面粉时，因研磨道数较长，磨粉机总平均流量降低为 $85 \sim 100kg \cdot (cm \cdot h)^{-1}$。现在也有用每 24h 加工 100kg 小麦所耗用磨辊长度来衡量磨粉机总平均流量大小，以 $mm \cdot (100kg麦 \cdot 24h)^{-1}$ 表示。

磨粉机产量在磨辊技术特性不变时，与下列因素有关。

a. 物料的破碎程度在操作磨粉机时，随轧距的减小，研磨区域长度增加，这时，快辊对物料的作用齿数增多而破碎程度提高，但磨粉机单位流量相应地降低。

b. 磨齿的高度在研磨过程中，随着磨齿的逐渐磨损，磨齿便不易攫住物料，而在磨辊表面上的滑动增加，即物料在研磨区域中的移动速度降低。并由于磨齿高度减小，两磨齿间隙中的物料减少，使磨粉机产量逐渐降低。

c. 研磨物料的容重。小麦经逐道研磨，由于胚乳被逐渐刮下，物料的容重便减小，磨粉机单位流量也降低。例如末道皮磨研磨的物料，容重仅为 $270g \cdot L^{-1}$ 左右，这时，该道皮磨的单位流量只在 $200 \sim 250kg \cdot (cm \cdot 24h)^{-1}$。

d. 进入同一研磨系统中物料颗粒粒度相差悬殊时，一些最小的颗粒便不会受到研磨作用，这样就不能发挥磨粉机的作用，磨粉机的生产量将降低。

（8）磨辊的吸风与清理

物料被磨辊破碎时，部分机械能转为热能，使得磨辊和物料发热，有时磨辊表面温度高达 $60 \sim 70℃$。这样就会引起水汽凝结，在磨粉机机壳表面、自流管及运输设备中形成粉块。此外，还会引起筛理效率降低，应筛出的面粉不能筛净又重新回入磨粉机，降低了磨粉机的产量。磨辊温度过高，会使蛋白质变性，而麦皮受热失去水分，变得脆而易碎，混入面粉影响品质。

为了吸去磨粉机研磨时产生的热量、水汽和粉尘，必须进行吸风除尘，一般每对 1m 长磨辊的吸风量为 $5 \sim 6m^3/min$。

制粉间采用气力输送，在吸运磨下物料的同时，能有效地对磨粉机进行冷却和除尘。磨辊采用水冷装置，可使快辊表面温度降低到 $37 \sim 45℃$，轴承温度也下降。同时，可使经研磨的物料温度降低 $5℃$，提高了磨粉机的工艺效率。

磨辊表面清理不良，特别是研磨物料的水分较高、磨辊间的压力较大，就会使物料黏结在磨辊的表面，或齿辊的齿槽内，影响研磨效果。

3.4.2 筛理

筛理（to holt, to sift, to sieve）是小麦制粉过程中极为重要的工序，筛理的目的在于把制粉过程中的中间产品混合物按粒度大小进行分级，并在一定程度上按质量分级，要求分得清、筛得净。按照制粉工艺的要求，研磨中间产品按粒度分成四类：麸片、粗粒、粗粉和面粉。在复杂的工艺中，每一类还需进一步分成 $2 \sim 3$ 种物料，根据"同质合并"的原则送往相应的系统作进一步处理，同时取出已达面粉细度的物料。通常，利用同一设备将研磨中间产品分成预定的等级，由于每一组筛面只能分成筛上物和筛下物两类，因而，当需要把中间产品分成 n 个等级时，在同一筛理设备内，要使用 $n-1$ 组筛面。

小麦加工厂常用的设备是平筛，常用的平筛有高方平筛、双仓平筛、挑担平筛等，挑担平筛筛格大而笨重，互换性差，灵活性小，现在基本淘汰。双仓平筛体积小，筛格层数少，分级种类少，多用于小机组和面粉检查筛。目前广泛使用的筛理设备是高方平筛，本章主要介绍高方平筛的结构和应用。

3.4.2.1　各系统物料的筛理特性

（1）皮磨系统物料的物理特性

前路皮磨系统混合物料的物理特性是容重高，颗粒大小悬殊，形状差异大，麸片、粗粒、粉相互粘连性较差，同时混合物料的温度低，麸片上含胚乳多而硬，渣的颗粒大，麸屑少，故散落性好，自动分级性能良好。后路皮磨由于麸片经逐道研磨，混合物料麸多粉少，粗粒含量极少，这种物料体积松散，流动滞缓，容重低，粒度差异较前路皮磨小。同时，混合物料的质量差，麸片上含粉少而软，粗粒的颗粒小，麸片、粗粒、粉相互粘连性较强。这使得其散落性减小，自动分级性能差，因而需要较长的筛理路线和筛理时间。

（2）渣磨系统物料的筛理特性

渣磨系统的磨下物以胚乳为主体，研磨后的物料中含麸皮极少，粗粒、粗粉多。同时，物料颗粒粒度范围较小，散落性中等，有较好的自动分级性能，粗粒、粗粉、面粉容易分级。

（3）心磨系统物料的筛理性质

心磨系统的物料含有大量胚乳，颗粒小，粒度范围小。经每道研磨后，脆性大的胚乳被粉碎成面粉。同时心磨系统的物料含麸片少，含粉多，颗粒大小的差别不显著。因此，心磨系统混合物料的散落性小，特别是后路心磨更小。所以筛理同样的物料，心磨系统要求比皮磨有更长的筛理路线。

（4）尾磨系统物料的筛理特性

尾磨系统物料以连麸粉粒为主，粒度较小，自动分级性能和筛理特性介于渣磨物料和心磨物料之间。

（5）打麸粉和吸风粉

用刷麸机（打麸机）处理麸片上残留的胚乳所获得的刷麸粉，以及从除尘风网或气力输送系统的积尘器所获得的吸风粉的特点是粉粒细小而黏性大，容重低而散落性差。因此，物料在筛理时，不易自动分级，粉粒易粘在筛面上，堵塞筛孔。

3.4.2.2　筛理工作的要求

鉴于制粉过程中筛理物料的上述特征，筛理时就要满足以下要求。

（1）筛理分级种类要多，并能根据原料状况、工艺要求和工艺系统不同，灵活调整分级种类的多少。

（2）具有足够的筛理面积和合理的筛理路线，将面粉筛净、分级物料按粒度分清，并有较高的筛理效率。

（3）能适应较高的物料流量，物料流动顺畅，在常规的工艺流量波动范围内不易造成堵塞，减少筛理设备使用台数，降低生产成本。

（4）设备结构合理，有足够的强度，构件间连接牢固，密封性能好，经久耐用；运动参数合理，保证筛理效果，运转平稳，噪声低。

（5）筛格加工精度高，长期使用不变形，与构件间配合紧密，不窜粉、不漏粉。筛格互换性强，便于调整筛网、调整筛路。

（6）隔热性能要好，筛箱内部不结露、不积垢生虫。

3.4.2.3 影响平筛筛理效果的因素

（1）物料的筛理特性

硬质小麦研磨后颗粒状物料较多，流动性较好，易于自动分级，面粉多呈细小砂砾状，易于穿过筛孔，而麦皮易碎。为保证面粉质量，粉筛筛网应适当加密。软质小麦研磨后物料麸片较大，颗粒状的物料相对较少，粗粉和细粉较多，流动性稍差，在保证粉质的前提下，可适当放大筛孔或延长筛理路线。

物料水分高时，流动性及自动分级性能差，细粉不易筛理且易堵塞筛孔，麸片大（尤其是软麦）易堵塞通道，应适当降低流量或放大筛孔。

物料的形状、粒度和比重差别大时，自动分级性能好，筛理效率高。后路较前路物料分级性能差，且筛孔较密，需要较长的筛理长度。

（2）环境因素

温度和湿度对筛理效率有较大影响。温度高、湿度大时，筛理物料流动性变差，筛孔易堵塞，故在高温和高湿季节，应适当放大筛孔或降低产量，并注意定时检查清理块的清理效果，保证筛孔畅通。

（3）筛路的组合及筛网配置

各仓平筛筛路组合的完善程度与其筛理效率直接相关。筛路组合时要根据各仓平筛物料的流量、筛理性质、筛孔配备、分级后物料的数量及分级的难易程度，合理地确定分级的先后次序，并配备合适的筛理长度，使物料有较高的筛净率，同时避免出现"筛枯"现象。

筛孔的配备对筛理效率、产量及产品的质量都有很大影响，应根据筛理物料的分级性能、粒度、应筛出物的数量、筛理路线等因素合理选配。筛网配置的一般原则如下：整个粉路中，同类筛网"前稀后密"；每仓平筛中，同组筛网"上稀下密"；筛理同种物料，流量大时适当放稀；物料质量差时，适当加密。

（4）筛面的工作状态

筛面工作时，既要承受物料的负荷，还要保证物料的正常运动，因此，必须有足够的张力。筛面松弛，承受物料后下垂，筛上物料运动速度减慢，筛理效率降低，甚至造成堵塞。同时，筛面下垂还会压住清理块，使其运动受阻，筛孔得不到清理而堵塞。

物料在筛理过程中，一些比筛孔稍大的颗粒会镶嵌在筛孔中，若不清理必然降低有效筛理面积，降低筛理效率。另外，物料与筛面摩擦所产生的静电，使一些细小颗粒黏附在筛下方，阻碍颗粒通过筛孔。因此，筛面的清理极为重要。

（5）平筛的工作参数

物料的相对运动轨迹半径随平筛的回转半径和运动频率的增加而增大。物料的相对运动回转半径增大，向出料端推进的速度加快，平筛处理量加大。若物料相对运动回转半径过大，则使一些细小颗粒未沉于底层即被推出筛面，而接触筛面的应穿孔物料因速度大无法穿过筛孔，从而降低筛理效率；若物料相对运动回转半径过小，则料层加厚，分级时间延长，降低通过的物料量。因此，平筛的回转半径和运动频率要配合恰当。高方平筛的回转半径为32.5mm 左右；转速一般为 245r/min。

（6）流量

各系统平筛的处理量随筛理物料的粒度、容重、筛孔大小等因素变化。一般皮磨流量较大，渣磨次之，心磨较低；前路流量较大，后路相对减小。为达到相同的筛理效果，某种物料分几仓筛理时，负荷分配要均衡。同道物料可采用"分磨混筛"。流量较大时，可采用"双路"筛理，减少筛上物的厚度。

3.5 制粉工艺流程

3.5.1 概述

净麦加工成面粉的全部过程称为小麦制粉流程，简称粉路（milling flow，flour milling flow），包括研磨、筛理、清粉、打（刷）麸、松粉等工序。粉路的合理与否，是影响制粉工艺效果的最关键因素。

3.5.1.1 粉路设计的原则

（1）制粉方法合理根据产品的质量要求、原料的品质以及单位产量、电耗指标等，确定合理的制粉方法，即粉路的"长度"、"宽度"和清粉范围等。

（2）质量平衡（同质合并）

将粒度相似、品质相近的物料合并处理，以简化粉路，方便操作。

（3）流量平衡（负荷均衡）

粉路中各系统及各台设备的配备，应根据各系统物料的工艺性质及其数量来决定，使负荷合理均衡。

（4）循序后推

粉路中在制品的处理，既不能跳跃式后推，也不能有回路，应逐道研磨循序后推。

（5）连续、稳定、灵活

净麦、吸风粉、成品打包应设一定容量的缓冲仓，设备配置和选用应考虑原料、气候、产品的变化。工艺要有一定的灵活性。

（6）节省投资，降低消耗

除遵循上述原则组合粉路外，还要根据粉路制订合理的操作指标，以保证良好的制粉效果。

3.5.1.2 常用制粉方法

（1）简化物料分级的制粉方法

简化物料分级的制粉方法也称为"前路出粉法"（front extraction method）。该方法实质上是在制粉过程的前几道磨（1皮、2皮和1心）大量出粉（70%左右）、物料分级很少，一般3~4道皮磨，2~4道心磨；生产特二粉时，1~5道心磨，有时还增设1~2道渣磨，通常不用清粉机。

该制粉方法的主要特点是：粉路短、物料分级少、单位产量高、电耗低，但面粉质量差。

采用该法生产标准粉时，一般出粉率85%左右，吨粉电耗34~40kW·h，磨粉机的产量为5.5~7kg·(cm·h)$^{-1}$面粉，也有产量为8kg·(cm·h)$^{-1}$的。采用该法生产国标特二等粉时，一般出粉率为72%~76%，磨粉机单位产量为4.2~5.0kg·(cm·h)$^{-1}$面粉，吨粉电耗40~50kW·h。

（2）物料分级中等的制粉方法

物料分级中等的制粉方法也称为"中路出粉法"（medium extraction method），是目前最常用的一种制粉方法。本方法实质上是在制粉过程的前几道心磨（1心、2心和3心）大量出粉（35%~40%），心磨总出粉率55%~60%（占1皮），皮磨总出粉率13%~20%。物料分级较多，一般1~5道皮磨，2~3道渣磨，7~8道心磨，2道尾磨，3~4道清粉，大量使用光辊磨粉机，并配以各种技术参数的松粉机。该制粉方法的主要特点是：粉路长且有一定的宽度，物料分级中等，单位产量产较低，电耗较高，但面粉质量较好。

采用该法生产等级粉时（中等小麦、净麦灰分1.7%），出粉率73%，面粉平均灰分0.6%左右，吨粉电耗70~75kW·h，磨粉机单位接触长度：11mm磨辊·（100kg小麦·d）$^{-1}$左右。

（3）流量平衡（负荷均衡）方法

流量平衡（负荷均衡）的制粉方法是在中路出粉方法的基础上改进而成，主要强调前路物料的分级，要求制粉工艺不仅要有一定的长度，更要有宽度，还要加强清粉，以尽可能保证进入前路心磨物料的纯度。该制粉方法的主要特点是：粉路复杂、操作管理难度大、单位产量低、电耗高，但高精度面粉的出率高、灰分低、粉色白。采用该法生产等级粉，高精度面粉出率比其他方法明显提高，吨粉电耗73~78kW·h，磨粉机单位接触长度：11.5mm磨辊·（100kg小麦·d）$^{-1}$左右。

（4）粉路简化的制粉方法

a. 剥皮制粉方法　剥皮制粉方法是在小麦制粉前，先剥取5%~8%（占1皮）的麦皮，再进行制粉，故而称为剥皮制粉。该方法皮磨可缩短1~2道，心磨缩短3~4道，原因一是由于缩短2~3次的着水润麦，大大降低了心磨物料的强度，二是由于中后路皮磨提取麦心减少，但渣磨系统增加1~2道，总的来讲，制粉工艺大大地简化了。剥皮制粉的主要特点是：粉路简单、易操作管理、单位产量较高、粉色较白、面粉麸星稍大、麸皮较碎、电耗较高。

采用该法生产等级粉时，出粉率70%~73%，吨粉电耗78~85kW·h，磨粉机单位接触长度：10mm磨辊·（100kg小麦·d）$^{-1}$左右。

b. 撞击磨的制粉方法　采用撞击磨的制粉方法是在中路出粉方法的基础上，在前路心磨系统采用撞击磨替代普通磨粉机的一种制粉方法。由于撞击磨的出粉率可达70%以上，且单机产量较高，相当于两对1000mm的磨粉机（产量），因此，前路心磨系统负荷大大减小，心磨系统的道数缩短。采用撞击磨制粉的主要特点是：心磨系统简化、磨粉机和高方筛的设备配备减少、建厂总投资降低。但面粉质量稍差（与中路出粉方法相比）、特别是一号粉的出率降低。

c. 八辊磨的制粉方法　采用八辊磨的制粉方法是在中路出粉方法的基础上，将通常的研磨筛理改成部分或全部研磨筛理的一种方法。采用八辊磨制粉的主要特点是：节省了筛理面积、节省了气力输送风量、节省了建厂总投资、吨粉电耗较低，但磨粉机单位产量稍低、面粉质量稍差。

3.5.2　皮磨系统

3.5.2.1　皮磨系统的作用

在磨制高质量的等级粉时，采用常用的制粉方法，前路皮磨的作用是剥开麦粒，刮下大粒状的胚乳，尽量多提取质好的粗粒、粗粉，并尽可能保持麸片的完整；后路皮磨则用以刮净麸片上残留的胚乳。

3.5.2.2　皮磨系统的道数和磨辊接触长度

皮磨系统的道数主要取决于小麦的品质和出粉率以及粉厂规模。20对磨辊以下的粉厂，可采用4～5道皮磨。

皮磨系统的接触长度主要取决于小麦的品质。当磨制皮薄、硬质率高的小麦，例如磨制进口麦时，皮磨系统的接触长度为$4 \sim 4.5 \mathrm{mm} \cdot (100 \mathrm{kg} \cdot \mathrm{d})^{-1}$，占全部磨辊总长的$32\% \sim 37\%$，各道皮磨所分配的数值见表3-18。当磨制皮厚、硬质率低的小麦，皮磨系统的接触长度为$4.5 \sim 5.0 \mathrm{mm} \cdot (100 \mathrm{kg} \cdot \mathrm{d})^{-1}$，占全部磨辊总长的$37.5\% \sim 42\%$，各道皮磨所分配的数值见表3-19。

表 3-18 皮磨系统各道皮磨磨辊接触长度（硬麦）

系统	磨辊接触长度/[mm·(100kg·d)⁻¹]	系统	磨辊接触长度/[mm·(100kg·d)⁻¹]
1 皮	0.8～1.0	3 皮	0.8～1.2
2 皮	0.8～1.0	4 皮	0.8～1.2

表 3-19 皮磨系统各道皮磨磨辊接触长度（软麦）

系统	磨辊接触长度/[mm·(100kg·d)⁻¹]	系统	磨辊接触长度/[mm·(100kg·d)⁻¹]
1 皮	0.8～1.0	4 皮	0.8～1.2
2 皮	0.8～1.0	5 皮	0.4
3 皮	0.8～1.2		

3.5.2.3 皮磨系统的流程

整个皮磨系统的组成以及每道皮磨研磨后物料的分级情况见图3-31。每道皮磨研磨后的物料，经平筛筛理，从上层的粗筛筛面分出呈片状带有胚乳的麦片——麸片，进入下道皮磨或打麸机处理。1皮、2皮（前路皮磨）经分级筛分出的大粗粒送入P_1（清粉机）或Ⅰ渣磨处理，经分级筛分出的中粗粒送入P_2精选，经细筛分出的小粗粒（或硬粗粉）送入P_3精选，分出的软粗粉送入前路细心磨研磨，3皮经分级筛分出的粗物料品质较差，单独送入P_4精选，分出的细物料可送入P_3精选，分出的软粗粉送入2心或3心磨研磨。4皮经分级筛分出的粗物料一般送入尾磨处理，分出的细物料或粗粉送入中后路心磨研磨。

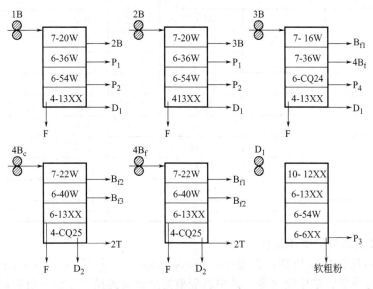

图 3-31 皮磨系统放入流程

实际生产中，粗筛和分级筛的筛号，要根据在制品的分级需要和对物料的质量要求、同时考虑各系统流量的平衡来选定，一般的原则是前稀后密、上稀下密，分级筛的筛号配置见表3-20。

表 3-20　分级筛的筛号配置

系统	在制品	穿过筛号	留存筛号
1皮、2皮	大粗粒	20W	34～40W
	中粗粒	34～40W	CQ22～24
	小粗粒	CQ22～24	6～7XX
	粗粉	6～7XX	11～13XX
3皮	3皮粗物料	32～36W	CQ23～25
	3皮细物料	CQ23～25	6～7XX
4皮	4皮粗物料	36～40W	CQ23～24
	4皮细物料	CQ23～24	CQ27～28

3.5.2.4　皮磨系统磨辊的技术参数

皮磨系统磨辊的技术参数见表3-21。通常皮磨系统磨辊转速为前高后低、齿数为前稀后密、斜度为前小后大、齿顶平面为前宽后窄，速比为2.5∶1。磨辊技术参数千变万化，关键是要依据原料特性、单位流量大小、操作指标等具体情况，将磨辊表面的各项技术参数合理分配。

表 3-21　皮磨系统磨辊的技术参数

系统	转速/(r·min^{-1})	齿数/(牙·cm^{-1})	齿角	斜度/%	排列	齿顶平面/mm	速比
1皮	550、600	3.6～4.0	67°/21°	4～6	D-D	0.2～0.25	2.5∶1
			65°/30°				
2皮	550、600	5.2～5.6	67°/21°	4～6	D-D	0.2	2.5∶1
			65°/30°				
3皮粗	500、550	6.6～7.0	50°/65°	6～7	F-F	0.1	2.5∶1
			45°/65°	6～7	D-F	0.1	
			65°/30°	6～7	D-D	0.1	
3皮细	500、550	8.2～8.6	50°/65°	6～7	F-F	0.1	.5∶1
			45°/65°	6～7	D-F	0.1	
4皮粗	500、550	8.2～8.6	50°/65°	8～10	F-F	0.1	2.5∶1
			45°/65°	8～10	D-F	0.1	
4皮细	500、550	8.8～10.2	50°/65°	8～10	F-F	0.1	2.5∶1
			45°/65°	8～10	D-F	0.1	
5皮	500	10.2～10.6	50°/65°	10	F-F	0.1	2.5∶1

3.5.2.5　皮磨系统的操作指标

皮磨系统的操作指标包括：剥刮率（break release）、取粉率（flour extraction rate）、在制品的数量与质量、单位流量等，其中剥刮率为最重要的操作指标。所谓剥刮率是指物料经过一道研磨之后，粗筛筛出物占入磨物的百分比；取粉率是指经过一道研磨后，粉筛筛出物占入磨物的百分比。

（1）剥刮率与取粉率

皮磨系统各道磨粉机的剥刮率在不同的面粉厂有很大的差别，其数据的大小主要取决于原料的品质、单位流量、皮磨系统的长度以及出粉率高低等。当加工厚麦皮、软质麦、高水分小麦或当单位流量较低、皮磨系统的长度不长时，前路皮磨的剥刮率相对取高值，否则取低值。尽管各粉厂每道皮磨的剥刮率可能存在较大的差异，但前三道皮磨的总剥刮率和总出粉率之间却有着密切的内在联系。即：前三道皮磨的总剥刮率≈出粉率＋8％。

比如磨制74％粉时，可把前三道皮磨的剥刮率总和定为82％（占1皮百分数）。在扣除清粉机、渣磨、心磨分出的含粉物料后，即可保证生产出粉率74％的面粉。在确定了前三道皮磨总剥刮率82％后，再分别制订各道皮磨的剥刮率，可分配如下。

a. 皮剥刮率：32％

b. 皮剥刮率：38％

c. 皮剥刮率：12％

然后再计算出以本道入机流量为基础的剥刮率，可得：

a. 皮剥刮率：32％（占本道）

b. 皮剥刮率：[38％÷（100－32）]＝55.9％（占本道）

c. 皮剥刮率：[12％÷（100－70）]＝40％（占本道）

为提高皮磨系统的研磨效果，从2皮或3皮（有时4皮）起的后续皮磨，将麸片分成大、小两种，分别进行研磨，称为粗皮磨和细皮磨。粗细与否的原则是既要考虑研磨效果，又要兼顾工艺的可操作性。表3-22列举了国外面粉厂磨制等级粉时皮磨系统的剥刮率。

表 3-22 国外面粉厂磨制等级粉时皮磨系统的剥刮率

系统		前苏联					英国 72％粉		美国 72％粉	
		75％～78％粉		85％粉		72％粉				
		筛号	剥刮率/％	筛号	剥刮率/％	筛号	剥刮率/％	筛号	剥刮率/％	筛号	剥刮率/％
1 皮	粗 19W	35～45	19W	45～55	19W	25～30	20W	35～45	16W	30～35
2 皮	粗 19W	45～50	24W	50～60	19W	55～60	20W	50～55		45～50
	细 36W	50～55								
3 皮	粗 24W	40～45	24W	40～45			26W	30～35		45～50
	细 42W	55～60								
4 皮	42W	25～30	32W	25～30						

皮磨系统的出粉率与剥刮率、原料品质、磨辊表面技术特性等有关。剥刮率高，出粉率高；剥刮率低，出粉率低；软质麦多时，出粉率高；软质麦少时，出粉率低；磨辊D-D排列，出粉率高；F-F排列，出粉率低。由于1皮、4皮和5皮的面粉质量都比较差，因此应尽量少生产皮磨粉。通常，皮磨总出粉15％～20％，其中1皮出粉2％～6％、2皮出粉5％～10％、3皮出粉5％～8％、4皮出粉5％～8％（均为占本道的出粉率）。

（2）皮磨系统的单位流量

各道皮磨的单位流量主要和制粉方法、研磨道数、产品的质量、出粉率、设备的技术特性、研磨程度以及物料品质有关。磨制等级粉时，皮磨系统的单位流量见表3-23。由表可知，皮磨系统的单位流量是逐渐降低的。因为皮磨系统的物料随着系统位置的后移，胚乳含量越来越少、麦皮含量越来越多、物料容重降低、流散性变差。后道皮磨的磨粉机流量不宜过大，否则会出现"轧不透"现象。平筛的单位流量相差较大，选用高限时，应增加筛格高度并增加筛的筛理面积。

表 3-23   磨制等级粉时皮磨系统单位流量

系统	磨粉机/[kg·(cm·d)⁻¹]	平筛/[t·(m²·d)⁻¹]	系统	磨粉机/[kg·(cm·d)⁻¹]	平筛/[t·(m²·d)⁻¹]
1 皮	800～1300	9～15	4 皮	250～350	4～6
2 皮	450～750	7～10	5 皮	200～300	3～4
3 皮	300～450	4.5～7.5			

3.5.2.6   粗粒、粗粉以及面粉的数量和质量

每道皮磨研磨后分级所得的中间产品和面粉的数量随着剥刮率的改变而变化。图 3-32 表明 1 皮磨在不同剥刮率时，各种成分的百分比关系。当剥刮率在 30% 以下时，粗粒、粗粉和面粉随着剥刮率的增加而渐增，超过此限后，大粗粒的比例逐渐减少，中粗粒增加，粗粉增加较多，而面粉增加最多。

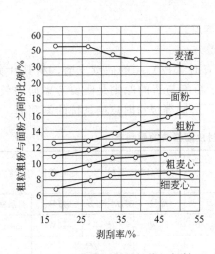

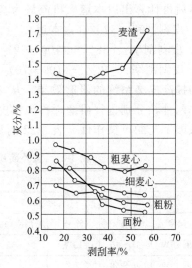

图 3-32   1 皮剥刮率与粗粒、粗粉、
面粉数量的关系

图 3-33   1 皮剥刮率与粗粒、粗粉、
面粉灰分的关系

随着剥刮率的增加，研磨后分级所得的中间产品和面粉的质量（用灰分来衡量）也有很大变化。图 3-33 表明，1 皮剥刮率在 30% 以下，粗粒和粗粉的灰分变化不大；当剥刮率大于 30% 时，大粗粒的灰分增加，中小粗粒及面粉的灰分降低；当剥刮率大于 45% 时，大粗粒的灰分急剧增加，中粗粒的灰分开始增加，小粗粒及面粉的灰分变化不大。

磨辊技术特性也影响着各级中间产品的数量和质量，如磨辊磨齿的角度、齿顶平面、斜度、齿数以及磨齿新旧等。

粗粒、粗粉的灰分与小麦的品质有很大关系。首先，小麦的灰分，特别是胚乳的灰分与在制品的质量有很大的正相关性。其次，胚乳的硬度、皮层的厚薄、皮层的强度、小麦的水分、小麦的容重对在制品的质量也有较大的影响。

3.5.3   渣磨系统

3.5.3.1   渣磨系统的作用

渣磨的作用是处理从皮磨提出的大粗粒或从清粉系统提出的粘有麦皮的胚乳粒，经磨辊轻微剥刮，使麦皮与胚乳分开，再经过筛理，回收质量好的胚乳。渣磨处理的物料粒度较

小，不宜进入下道皮磨研磨，但它又不是纯净的胚乳，所以也不宜进入心磨研磨。

3.5.3.2 渣磨系统的道数和磨辊接触长度

渣磨系统的道数一般为两道，当加工硬质麦或磨辊接触长度较长时，可增加为 3 道渣磨；当磨辊接触长度较短时，可减少为 1 道渣磨。渣磨系统的磨辊接触长度为 $0.8\sim1.2\text{mm}\cdot(100\text{kg}\cdot\text{d})^{-1}$，占全部磨粉机磨辊总长的 $7\%\sim10\%$。

3.5.3.3 渣磨系统的流程

加工硬麦时，通常采用"先清粉，后入渣"的渣磨系统（布勒式），见图 3-34。该流程的主要特点是：清粉范围较宽，一等品质的粗粒提取率较高，入渣磨的物料质量较均匀一致，研磨周转率低，适合加工硬度大的小麦。缺点是清粉设备使用稍多，渣磨物料未精选，渣磨的作用没有充分发挥。

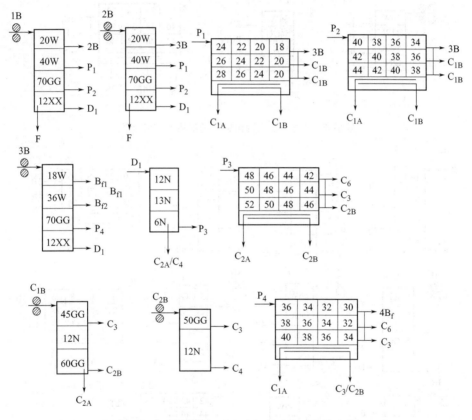

图 3-34 "先清粉，后入渣"的渣磨系统流程图

加工软麦时，通常采用"先入渣，后清粉"的渣磨系统（西蒙式），见图 3-35。该流程的主要特点是：充分发挥了渣磨系统的作用，清粉范围稍窄，清粉机使用数量较少，适合加工硬度低的小麦。缺点是渣磨物料的质量不均匀，研磨周转率高，一等品质的粗粒提取率稍低。

加工硬麦、提取高质量面粉时，通常采用"先清粉，后入渣，再清粉"的渣磨系统，见图 3-36。该流程的主要特点是：不仅充分发挥了清粉系统的作用，而且充分挖掘渣磨（甚至粗心磨）系统的潜力，尽可能多提取一等品质的粗粒、粗粉，本工艺有能力提取数量较多的高精度面粉。缺点是清粉机使用台数较多，操作管理要求稍高，不适应加工软质小麦。

渣磨系统的筛号配备见图 3-34、图 3-35、图 3-36。渣磨平筛中分级筛的选配，是根据平筛的流量、筛理物料的特性和达到粉路流量平衡的要求而决定的。

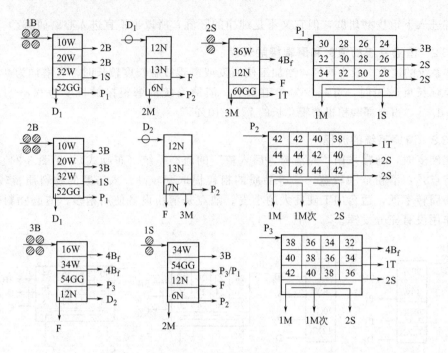

图 3-35 "先入渣，后清粉"的渣磨系统流程图

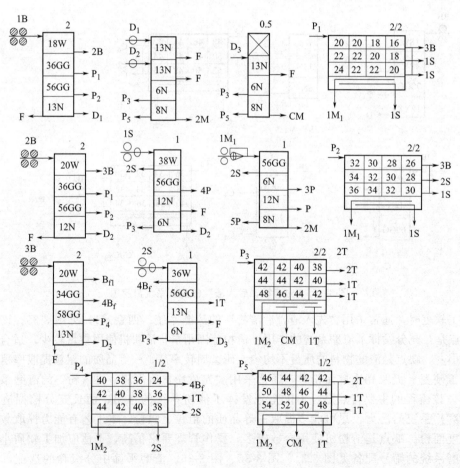

图 3-36 "先清粉，后入渣，再清粉"的渣磨系统流程图

3.5.3.4 渣磨系统磨辊的技术参数

采用齿辊时，一般使用大齿角、密牙齿，小斜度（表3-24），使用齿辊的特点是：磨下物的流散性较好，有利于物料的精选，轧距操作要适当放松，否则会影响面粉质量。

表 3-24 渣磨系统磨辊的技术参数

系统	转速/(r·min⁻¹)	齿数/(牙·cm⁻¹)	齿角/(°)	斜度/%	排列	齿顶平面/mm	速比
1S	550	22	40/70 70/70	4~6	D-D	0.1	(1.5~2.5)：1
2S	550	24	40/70 70/70	4~6	D-D	0.1	(1.5~2.5)：1

采用光辊时一般采用（1.25~1.5）：1的速比。采用光辊的特点是：轧距的适当松紧对面粉的质量影响不是很大，当渣磨的物料需要清粉时，轧距操作可适当放松；当渣磨物料不清粉、心磨物料较多时，渣磨的轧距操作可适当紧一些，多出一些面粉，以减少心磨系统的负荷，当然对面粉的质量会稍微有一点影响。

3.5.3.5 渣磨系统的操作指标

渣磨系统的取粉率一般为5%~25%，当入磨物料较差或使用齿辊时应取低值。渣磨系统的单位流量见表3-25，使用齿辊时可取上限。

表 3-25 渣磨系统的单位流量

系统	磨粉机/[kg·(cm·d)⁻¹]		平筛/[t·(m²·d)⁻¹]
	3 道	2 道	
1渣	350~500	350~450	5~7
2渣	300~450	300~400	4~5
3渣	200~250		3~4

3.5.4 清粉系统

3.5.4.1 清粉的作用

清粉机的作用是将皮磨、渣磨或前路心磨提取出的粗粒、粗粉进行精选，按质量分成麦皮、沾有麦皮的胚乳和纯胚乳粒。这样，将分出的纯净胚乳按品质的不同，分别送入相应的心磨研磨，就可避免麦皮沾染物料，以提高面粉质量。

进入清粉机的物料，必须先经分级并尽可能筛净面粉。入机物料均匀一致，选用合适的筛网，配备适量的空气气流，可保证清粉效果。否则，清粉物料中掺有面粉或粒度悬殊太大，将会降低清粉效果。

3.5.4.2 清粉系统的流程

图3-37为现代清粉系统的流程。精选一等品质的物料时，清粉机90%左右的前段筛下物送入A磨或B磨、10%左右的尾段筛下物送入X（渣）磨或B₂磨，筛上物送入中后路皮磨筛或细皮磨，30%左右的尾段筛下物送入B₂磨成F磨，筛上物送入细皮磨。

表3-26为英国与中国心磨系统标记对照表。

3.5.4.3 清粉机的单位流量

FQFD46×2×3清粉机的单位流量（表3-27）主要和颗粒的流动性、容重、筛孔的大小

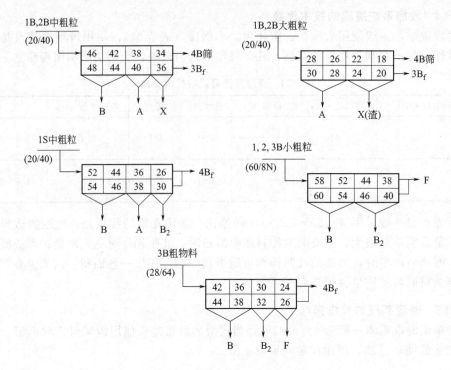

图 3-37　现代清粉系统的流程

表 3-26　英国与中国心磨系统标记对照表

英国心磨系统标记	粗心磨						细心磨					
	A	B	B₂	F	J	M	C	D	E	G	H	K	L
中国心磨系统标记	1心粗	1心细	1心次	1尾	2尾	3尾	2心	3心	4心	5心	6心	7心	8心

及吸风量有关。当颗粒的容重高、流动性好、清粉机筛孔适当放稀、吸风量适量增大时，清粉机的单位流量取最高限，否则应取下限。

表 3-27　FQFD46×2×3 清粉机的单位流量及吸风量

系统	流量/(kg·h⁻¹)	风量/(m³·h⁻¹)
大粗粒	2000～2800	3200～4200
中粗粒	1500～2200	2600～3200
小粗粒	800～1500	2400～2800

3.5.5　心磨系统

3.5.5.1　心磨和松粉机的作用

心磨是将皮磨、渣磨及清粉系统获得的比较纯的胚乳磨细成粉，同时尽可能减少麦皮和麦胚的破碎，并通过筛理的方法将小麸片分出送入尾磨、将麦心送入下道心磨处理。从末道心磨平筛分出的筛上物，作为麸粉饲料。通常在心磨系统的中后路设置两道尾磨，专门处理心磨、渣磨、皮磨或清粉系统的细小麸片及部分粒度较小的连麸粉粒，经过尾磨的轻微研磨，由平筛分出二等、三等品质的麦心送入中、后路心磨研磨。

在现代制粉厂，心磨大都采用光辊，物料经光辊研磨后，部分胚乳会形成粉片或粉团。

粉片如不粉碎，便不能及时地从平筛中提出面粉，而被推往后路心磨重复研磨，势必降低磨粉机的效率。为此，在心磨系统经光辊研磨后的物料，立即送入松粉机将粉片打碎，同时将大颗粒的胚乳粉碎成小颗粒，小颗粒的胚乳粉碎成面粉，从而起到辅助研磨的作用。实践证明，松粉机可大大提高心磨的出粉率，且对面粉的质量影响不大。

3.5.5.2 心磨系统的道数和磨辊接触长度

采用物料分级中等的制粉方法磨制等级粉，一般需要6～8道心磨，1～2道尾磨。从前路皮磨、渣磨或清粉系统获得的心磨物料，不可能一次研磨就全部成粉。此外，中后路皮磨、渣磨系统还将不断地制造品质逐渐变差的心磨物料，为此心磨系统需要有一定的长度。硬度大、水分低的小麦，胚乳坚硬难以磨细成粉，加之皮磨系统获得的粗粒、粗粉数量较多，因此，心磨的道数比加工软麦长，宽度比加工软麦大。心磨系统的磨辊接触长度见表3-28。

表 3-28　心磨系统的磨辊接触长度

心磨名称	1M	2M	3M	1T	4M	5M	2T	6M	7M	8M
磨辊接触长度/[mm·(100kg·d)$^{-1}$]	1～1.5	1～1.2	0.5～1	0.5	0.5	0.5	0.5	0.5	0.5	0.5

3.5.5.3 心磨系统的流程

心磨系统的流程（图3-38）较为简单。在前路心磨，物料经研磨后撞击松粉再筛理，提出一等品质的面粉，再分为麦心（粗粉）和粗头，麦心进入下道心磨研磨，粗头为含麸屑较多的胚乳，进入细渣磨或一尾磨处理。中路心磨研磨的是二等品质的麦心（粗粉），物料研磨后经松粉后再筛理，提出二等品质的面粉，分出的粗头进入二尾磨，麦心进入下道心磨处理。后路心磨研磨的是三等品质的麦心，物料研磨后经打板松粉机再筛理，最后一道心磨的筛上物作为麸粉饲料。

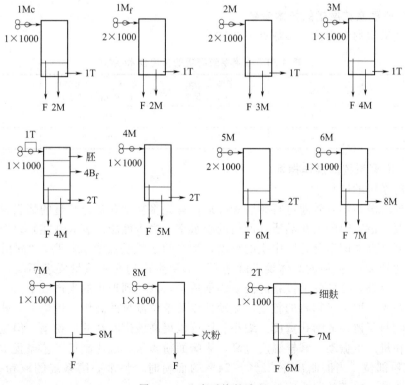

图 3-38　心磨系统的流程

需要提胚时，一尾磨后的打板松粉机可以取掉或降低打击作用，以免将压成片状的麦胚打碎。一尾筛通常采用16～18W的筛网提胚，用40～44W的筛网提取粗头（小麸片）送入后路细皮磨，用60～70GG的筛网提取中头（细小麸片）送入二尾处理，细头送入中路心路处理。二尾研磨后经打板松粉再筛理，40～50GG的筛上物（粗头）作为细麸片直接打包，筛下物再进行一次分级，分别送入后路心路处理。

面粉厂生产中，粉筛和分级筛的筛号，应根据工艺要求、产品标准、原料品质以及加工厂的具体情况进行合理配置。通常，要提高心磨物料纯度、降低高质量面粉的灰分时，应加密粉筛和分级筛筛号，如果一号粉的提取率大于45%，分级筛的筛号不能过密，否则将会减少一号粉的提取率。心磨分级筛的筛号配备见表3-29。

表 3-29　心磨分级筛的筛号配备

系统	在制品	穿过筛号	留存筛号
1M	粗头 中头	 50GG	50GG 6XX
2M、3M	粗头		6～7XX
4M、5M	粗头		70GG～7XX
1T	粗头 中头	 40～44GG	40～44GG 60～70GG
2T	粗头 中头	 40～50GG	40～50GG 64～70GG

现代制粉工艺中，心磨、尾磨几乎全部用光辊，配以低速比，其目的是为了减少麦皮的破碎，保证面粉的质量和面粉出率。另外，要提高出粉率，喷砂时可使用粗粒金刚砂；要想提高面粉质量，喷砂时可使用较细的金刚砂。

3.5.5.4　心磨系统磨辊的技术参数

心磨系统磨辊的常用技术参数见表3-30。

表 3-30　心磨系统磨辊的常用技术参数

系统	速比	中凹度/μm （1000mm 磨辊）	转速/(r・min^{-1}) （ϕ250mm 磨辊）	喷砂
1～3M	1.25:1	25～35	480～540	喷砂
其他心磨	1.25:1	15～25	400～480	喷砂

3.5.5.5　心磨系统的操作指标

（1）心磨系统的取粉率

为了保证心磨系统有效地进行研磨和筛理，首先将粒度和灰分相近的物料送入同一道心磨，有时还要考虑物料的内在品质（面粉的吸水率、烘焙性能、蒸煮性能）以及自度等。此中的奥秘是要掌握"同质合并"中质的尺度，生产的面粉质量要求越高，"同质"的范围越广（各项理化指标），同质的具体要求就越严，如果生产的面粉质量要求不高，则同质的具体要求就低。另外，要使各道设备的流量均衡适当，以达到理想的生产效率。

心磨轧距大小取决于物料的粒度、流动性以及单位流量的高低。理论上，轧距的大小不能大于研磨物料所留存的筛孔宽度。缩小轧距可以提高该道心磨的取粉率，但也不能轧得过紧，以免磨粉机产生振动、磨辊温度过高，影响面粉质量。现代制粉工艺流程中，心磨系统是主要的出粉部位。当磨制出率72%～74%的面粉时，整个心磨系统的取粉率为50%～56%，各道心磨占本道的取粉率见表3-31。

表 3-31　各道心磨占本道的取粉率（12XX）

系统	1M	2～3M	4～6M	7～10M	1尾	2尾
取粉率/%	45～50	50～55	35～45	20～30	15～20	10～15

（2）心磨系统的单位流量

采用物料分级中等的制粉法生产等级粉时，磨辊采用光辊，面粉粒度很细，心磨系统的单位流量（表 3-32）较低。心磨系统的单位流量主要和研磨物料的性质有关，当物料颗粒较粗、流动性较好时，单位流量取最高值；当物料颗粒较细、含粉较多时，单位流量取低值。

表 3-32　心磨系统的单位流量

系统	磨粉机单位流量/[kg·(cm·d)$^{-1}$]	平筛单位流量/[t·(m^2·d)$^{-1}$]
1M	300～350	5～7
2～3M	200～250	5～6
4～9M	150～200	4～6
1T	200～250	5～6
2T	150～200	4～5

3.6　成品处理

面粉的成品处理是面粉加工的最后阶段，这个阶段包括面粉的收集与配制、面粉的散存、称量、杀虫、微量元素的添加以及面粉的修饰与营养强化等。在现代化的面粉加工厂，面粉的成品处理是必不可少的环节，设置面粉后处理有以下功能。

（1）稳定面粉质量　面粉质量的稳定是用户最大的愿望，特别是食品加工工厂。面粉厂向它提供均匀一致的面粉，才能稳定其配方和工艺操作，生产出完美的食品。但面粉厂使用的小麦是农产品，在很大程度上受品种、气候、耕作条件的影响，因此生产出的面粉也有差异，故要通过配粉来生产出质量稳定的面粉。

（2）提高面粉质量　在面粉后处理中还有杀虫机，以击杀虫卵。有再筛设备，以除去可能存在的较大杂质等。

（3）增加面粉品种　在面粉后处理中可加入各种所需要的面粉添加剂，以改变面粉的组成或改变面粉的理化性状，以适应制作各种食品的需要。

3.6.1　面粉的收集与配置

由于市场的需要，现代化的面粉厂一般同时生产几种档次的面粉或专用粉，这主要通过配粉来实现。小麦籽粒的不同部位中，蛋白质含量不同，不同系统的面粉在灰分和蛋白质含量与质量上有所差别，因此，一般将面粉按照质量分成 2～3 种分别送入不同的面粉散存仓或配粉仓，然后按照市场的要求进行不同比例的搭配。面粉的搭配也可以利用面粉螺旋输送机实现动态的配粉，但精确度相对较低一些。

3.6.1.1　面粉的收集

面粉的收集是将从高方筛下面筛出的面粉，按质量分别送入几条螺旋输送机（一般为

2～3条）中，然后经过检查筛、杀虫机、称重送入配粉车间，成为基本面粉。不同系统的面粉，其质量和烘焙品质有所差别。一般来说，前路皮磨和前路心磨的面粉其灰分较低，白度较好。渣磨和前路心磨的面粉是从胚乳中心制得，其蛋白质比其他系统要低，纤维素含量也最低，但降落值较高，所以烘焙特性相对较好。从后路皮磨和后路心磨制得的面粉，来自于小麦胚乳中心的外围部分，面粉的蛋白质和纤维素含量较高，降落值下降，烘焙性能相对较差。

有时，由同一系统制得的单一面粉料流的质量也是不同的，因此，应根据具体情况和实际检测结果以及产品的定位和质量要求进行配粉。面粉流的流向应具有一定的灵活性，有时由于生产、原粮等的变化或配方方案的调整要改变面粉流的流向，因而任何单独的面粉流都有 2～3 种流向。

3.6.1.2　面粉的配制

基本面粉经面粉查筛检查后，进入杀虫机杀虫，再由螺旋输送机送入定量秤，经正压输送送入相应的散存仓。散存仓内的几种基本面粉，根据其品质的不同按比例混合搭配，或根据需要加入品质改良剂、营养强化剂等，成为不同用途、不同等级的各种面粉。面粉的搭配比例，可通过各面粉散存仓出口的螺旋喂料器与批量秤来控制。微量元素的添加通过有精确喂料装置的微量元素添加机实现，最后通过混合机制成各种等级的面粉。配粉车间制成的成品面粉，可通过气力输送送往打包间的打包仓内打包或送入发送仓，向汽车、火车散装发运。

3.6.2　面粉的修饰

面粉的修饰是指根据面粉的用途，通过一定的物理或化学方法对面粉进行处理，以弥补面粉在某些方面的缺陷或不足。面粉修饰的方法有很多种，最常用的方法是氧化、氯化等。

3.6.2.1　氧化

小麦面粉蛋白中含有很多—SH 基，这些—SH 基在受到氧化作用后会形成二硫键，二硫键数量的多少对面粉的筋力起着决定性的作用。因此，对面粉的氧化处理可以增加面粉的筋力，改善面筋的结构性能。此外，氧化剂还具有抑制蛋白酶的活性和增白的作用。常用的氧化剂有快速、中速和慢速三种类型。快速型氧化剂有碘酸钾、碘酸钙等，中速型氧化剂有L-维生素C，慢性氧化剂有溴酸钾、溴酸钙等。对面包专用粉宜采用中、慢速氧化剂，因为它们在发酵、醒发及焙烤初期对面粉的筋力要求较高。面粉中常用的氧化剂为溴酸钾和L-维生素 C，二者混合使用效果更佳。对筋力较强的面粉氧化作用的效果较为显著，而对筋力较弱的面粉，氧化剂的作用不是很明显，因此应根据面粉的具体特点选择合适的氧化剂。

3.6.2.2　氯化

对于高比（高糖、高水含量）蛋糕所用面粉而言，需要用氯气处理以打断蛋白分子间的肽链和氢键，增加蛋白的分散性和面筋的可溶性，增加面团的吸水量和膨胀力，从而增加蛋糕的体积，同时氯气还具有漂白的作用。

氯气的处理量过高，反而会使蛋糕品质变次。不同的面粉所需要的氯气的量各不相同，一般各种处理后面粉的 pH 值在 4.6～5.1 之间为宜。

3.6.2.3　酶处理

面粉中的淀粉酶对发酵食品如面包、馒头等有一定的作用，一定数量的淀粉酶可以将面粉中的淀粉分解成可发酵糖，为酵母提供充足的营养，保证其发酵能力。当面粉中的淀粉酶活性不足时，可以添加富含淀粉酶的物质，如大麦芽、发芽小麦粉等以增加其淀粉酶的活性。对于饼干用面粉，有时为了降低面筋的筋力，需要加入一定的蛋白酶水解部分的蛋白质，以满足饼干生产的需要。

3.6.3 面粉的营养强化

小麦粉中的赖氨酸比较缺乏，这将大大地影响人体对蛋白质的吸收，同时面粉中的维生素和某些矿物质的含量偏低。21世纪，健康和营养将是人们饮食的主导思想，这将不可避免地贯彻到面粉这一主食当中去，由于面粉具有消费群体广泛、消费数量稳定等特点，所以极其适合营养物质或药物成分的添加。目前，在美洲和欧洲的一些国家已经出现营养强化面粉。

面粉的营养强化分为氨基酸强化、微生物强化和矿物质强化。

3.6.3.1 氨基酸强化

人体对蛋白质的吸收程度取决于蛋白质中的氨基酸的比例和平衡，小麦面粉中的赖氨酸和色氨酸最为缺乏，属第一限制性和第二限制性氨基酸。小麦蛋白质中的各种必需氨基酸的含量和缺乏程度见表3-33。

表 3-33　小麦蛋白质中各种必需氨基酸的含量和缺乏程度

种类	色氨酸	赖氨酸	蛋氨酸	苯丙氨酸	苏氨酸	亮氨酸	异亮氨酸	缬氨酸
含量/%	1.15	2.44	1.40	4.56	3.06	7.10	3.61	4.24
缺乏程度/%	−30.0	−55.0	−12.5	+40.0	−3.4	+30.4	−16.7	+4.5

注："−"表示与平衡比例相比缺乏的百分比，"+"表示与平衡比例相比过量的百分比。

面粉中的氨基酸强化主要是强化赖氨酸，强化的方法是在面粉中直接添加赖氨酸，也可以在面粉中添加富含赖氨酸的大豆粉或大豆蛋白。研究表明，在面粉中添加1g赖氨酸，可以增加10g可利用蛋白。赖氨酸的添加量一般为 $1\sim2g/kg$。

3.6.3.2 维生素强化

维生素是人体内不能合成的一种有机物质，人体对维生素的需求量很小，但维生素的作用却非常重要，因为它是调节和维持人体正常新陈代谢的重要物质。某种维生素的缺乏就会导致相应的疾病。由于饮食习惯及其他原因，维生素缺乏症在我国比较常见，在面粉中添加维生素是一种有效的途径。

人体需求量比较大的维生素是B族维生素和维生素C。我国规定，面粉中的维生素 B_1、维生素 B_2 的添加量为 $4\sim5mg\cdot kg^{-1}$。在面粉中添加维生素时，应该考虑维生素的稳定性，有些维生素如维生素C性质十分不稳定，添加时应进行一定的稳定化处理。稳定化处理的方法有两种，一种方法是化合法，即将维生素与其他物质进行成盐、成酯等化学反应，使之形成比较稳定的化合物，如将维生素C处理成维生素C-磷酸酯、维生素C-硫酸酯、维生素C-Ca、维生素C-Na等。另一种方法是微胶囊法，即将维生素包埋在微胶囊当中，微胶囊的方法有很多种，使用的材料也不尽相同，应根据维生素的种类、性质来选择。在面粉中添加经过微胶囊化的维生素其成本会有较大的提高，因此目前还比较少见。

3.6.3.3 矿物质强化

矿物质是构成人体骨骼、体液以及调节人体化学反应的酶的重要成分，它还能维持人体体液的酸碱平衡。我国有相当多的儿童和老年人缺乏钙质元素。据调查，我国有60%的儿童在主食中获得锌的量低于正常值（$110mg\cdot kg^{-1}$），因此，补钙和补锌是当前营养食品的主流之一。以面粉作为钙和锌的添加载体，其添加量比较容易掌握，在英、美、法等国家，向面粉中添加锌强化剂已经成为法规。

钙的强化剂有骨粉、蛋壳粉和钙化合物（主要是弱酸钙），成人的钙供给标准为 $800mg \cdot d^{-1}$，普通人的实际摄入量仅为 $500 \sim 600mg \cdot d^{-1}$。常见的锌强化剂有葡萄糖酸锌、乳酸锌和柠檬酸锌，其中最常用的是柠檬酸锌。正常人每日需锌 $10 \sim 15mg$，我国营养强化剂使用标准规定锌加入量为 $20mg \cdot kg^{-1}$。除了钙和锌以外，铁也是人体需要较多的矿物质元素之一，铁的缺乏会导致缺铁性贫血，铁的强化主要是添加葡萄糖酸亚铁、硫酸铁等。

3.7 面粉的质量与标准

目前我国小麦粉执行面粉等级质量标准为 GB 1355—1986，小麦粉统一分为特制一等、特制二等、标准粉和普通粉四个等级。质量标准见表 3-34。

国外小麦粉的分级大都是依据其用途而确定等级的。我国目前也根据市场的需要开始重视一些专用粉的生产，如面包专用粉、糕点专用粉、饺子专用粉、饼干专用粉等，这些专用粉的问世，极大地改变了我国面粉品种单一的状况，提高了面粉加工品的质量，推动了面粉加工业的发展。

国外小麦粉的分级大都是依据其用途而确定等级的。为了改变我国面粉品种单一的状况，提高面粉加工品的质量，推动面粉加工业的发展，我国从 2006 年开始重新制定小麦粉的标准，虽然目前没有强制实施，但修订基本完成（即为 GB 1355—2008，见表 3-35 和表 3-36），将中筋小麦粉和普通小麦粉分成一级、二级、三级、四级四个等级，强筋小麦粉和弱筋小麦粉分成一级、二级、三级三个等级。其中中筋小麦粉和普通小麦粉的 1 级相当于现在市场流通的各企业标准中的精制粉，二级、三级、四级相当于原小麦粉国家标准（GB 1355—1986）中的特制一等、特制二等和标准粉。

表 3-34　面粉的质量标准

等级	加工精度	灰分（以干物质计）/%	精细度/%	面筋湿重/%	含沙量/%	磁性金属物/(g/kg)	水分/%	脂肪酸值（湿基）	气味口味
特制一等	按实物标准品对照检验粉色麸皮	≤0.70	全部通过 CB36 号筛，留存在 CB42 号筛的不超过 10%	≥26.0	≤0.02	≤0.003	13.5±0.5	≤80	正常
特制二等	同上	≤0.85	全部通过 CB30 号筛，留存在 CB36 号筛的不超过 10%	≥25.0	≤0.02	≤0.003	13.3±0.5	≤80	正常
标准粉	同上	≤1.10	全部通过 CQ20 号筛，留存在 CB30 号筛的不超过 20%	≥24.0	≤0.02	≤0.003	13.0±0.5	≤80	正常
普通粉	同上	≤1.40	全部通过 CQ20 号筛	≥22.0	≤0.02	≤0.003	13.5±0.5	≤80	正常

表 3-35　中筋小麦粉质量指标

名称	强中筋小麦粉				中筋小麦粉			
等级项目	一级	二级	三级	四级	一级	二级	三级	四级
灰分(干基)/%，≤	0.55	0.70	0.85	1.10	0.55	0.70	0.85	1.10

名称	强中筋小麦粉				中筋小麦粉			
等级项目	一级	二级	三级	四级	一级	二级	三级	四级
面筋量(14％水分)/％	≥28.0				≥24.0			
面筋指数	≥60				—			
稳定时间/min	≥4.5				≥2.5			
降落数值(S)	≥200				≥200			
加工精度	按实物标样				按实物标样			
粗细度	CB30 全通过,CB36 留存≤10％				CB30 全通过,CB36 留存≤10％			
含砂量/％	≤0.02				≤0.02			
磁性金属物/(g/kg)	≤0.003				≤0.003			
水分/％	≤14.5				≤14.5			
脂肪酸值（以 KOH 计)/(mg/100g,以干物计)	≤50				≤50			
气味、口味	正常				正常			

注：表中"—"的项目不检验。

表 3-36　强筋小麦粉、弱筋小麦粉质量指标

名称	强筋小麦粉			弱筋小麦粉		
等级项目	一级	二级	三级	一级	二级	三级
灰分(干基)/％,≤	0.60	0.70	0.85	0.55	0.65	0.75
面筋量(14％水分)/％	≥32.0			<24.0		
面筋指数	≥70					
蛋白质(干基)/％	≥12.2			≤10.0		
稳定时间/min	≥7.0			—		
吹泡 P 值	—			≤40		
吹泡 L 值				≥90		
降落数值(S)	≥250			≥150		
加工精度	按实物标样			按实物标样		
粗细度	CB30 全通过,CB36 留存≤10％			CB30 全通过,CB36 留存≤10％		
含砂量/％	≤0.02			≤0.02		
磁性金属物/(g/kg)	≤0.003			≤0.003		
水分/％	≤14.5			≤14.5		
脂肪酸值（以 KOH 计)/(mg/100g,以干物计)	≤50			≤50		
气味、口味	正常			正常		

注：表中"—"的项目不检验。

思考题

1. 根据小麦制粉的要求，小麦可分几类？为什么？

2. 小麦籽粒结构对制粉有哪些影响？

3. 什么叫在制品？小麦的化学成分在制粉过程中是如何变化的？

4. 小麦制粉过程中，各系统是怎样分类的？为什么要进行分类？

5. 磨辊表面有哪些技术特性？画出磨齿排列的简图，并说明其应用？

6. 根据国家标准，小麦粉可分几个等级？

7. 筛选小麦研磨制品有哪些设备？各有何有缺点？

8. 制粉过程可分哪些系统？各系统有什么作用？

9. 目前有哪些制粉新技术？这些技术与传统的相比有何缺点？

10. 清粉系统有什么样的作用？

11. 制粉系统的设置与产品质量的标准有什么关系？原粮的品质与制粉系统有什么关系？

12. 润麦仓为什么结拱？有什么方法解决？

13. 专用面粉生产的目的和要求？

14. 新旧面粉的等级分类有哪些不同？

15. 你认为小麦制粉有哪些可以改进的地方？

16. 面粉为什么要改良？有哪些意义？

第4章 油脂取制与加工

本章学习的目的和重点：掌握油料主要成分、预处理的目的和意义；重点掌握物理法、溶剂法取油的原理和方法，以及油脂精炼的原理和工艺；了解副产品取油的方法和工艺；通过学习，能够掌握油脂提取原理的应用、食用油脂的分级和改性及副产品的综合利用。

植物油脂（vegetable oils）是人类膳食的主要成分之一，每克油脂产生 9.5kCal 的热量，比碳水化合物和蛋白质高出一倍；也是人体生理活动必需脂肪酸的来源。同时，植物油脂除食用外，也广泛用于食品、医药、轻工、化工等行业，所以油脂工业和人类的生活及生产密切相关，是国民经济的重要组成部分。

我国用于制取植物油脂的油料主要包括花生、油菜、大豆、向日葵、芝麻、茶籽及农产品加工的副产品等。其中以花生和油菜所占比重最大，各约占油料总产量的 40%。花生主产区有山东、河南、河北、广东、广西、四川、安徽、江西、江苏、福建、湖北等。油菜可分为冬油菜和春油菜，冬油菜面积占全国油菜面积的 90%，主要分布在湖北、江西、安徽、浙江、四川、湖南、江苏、贵州、河南、陕西等省，主要种植方式是油菜—水稻、油菜—早稻—晚稻。春油菜主要分布于青海、新疆、内蒙古、甘肃等省、自治区，一年一熟。大豆几乎遍及全国，而以东北松辽平原和华北黄淮平原最为集中。向日葵主产于东北、西北和华北等地区，如内蒙古、吉林、辽宁、黑龙江、山西等省及自治区。芝麻主要集中在江淮流域。油茶分布于北纬 $18°28'\sim34°34'$，东经 $100°0'\sim122°0'$ 的广阔范围内，我国主要集中在福建、浙江、江苏、安徽、江西、广东、湖北、云南、广西等地区。近年，米糠、玉米胚、小麦胚、棉籽等副产品也广泛用于制取油脂。此外，核桃仁、葡萄籽仁等核果类也可用于制取食用油脂。

4.1 植物油料的种类及化学组成

4.1.1 植物油料的种类

从广义来说，凡是含有油脂的动物、植物和微生物均可作为油脂提取原料，但其含量、食用性、功能性及加工产生的效益等因素影响，将决定其是否能够作为一种主要油料原料被加工。目前，植物油料的定义为：凡油脂含量达 10% 以上，具有制油价值的植物种子和果肉均称为油料。植物油料种类很多，资源丰富，常见的分类方法如下。

4.1.1.1 根据植物油料的植物学属性分类
（1）草本油料：大豆、油菜籽、棉籽、花生、芝麻、葵花籽、亚麻籽、红花籽等。

（2）木本油料：棕榈、椰子、油茶籽、核桃、橄榄等。

（3）农产品加工副产品：米糠、玉米胚、小麦胚芽等。

（4）野生油料：茶籽、松子、核桃等。

4.1.1.2　根据植物含油率的高低分类

（1）高含油率油料：菜籽、棉籽、花生、芝麻等含油率超过 30％ 的油料。

（2）低含油率油料：大豆、米糠等的含油率在 20％ 以下的油料。

4.1.1.3　根据油料种子的类型分类

（1）双子叶有胚乳：芝麻、亚麻籽等。

（2）双子叶无胚乳：大豆、油菜籽、棉籽、花生、葵花籽等。

（3）单子叶有胚乳：稻谷（米糠）、玉米（胚芽）等。

4.1.2　油料籽实的基本结构与化学组成

油料籽实的形态结构是判别油料种类、评价油料工艺性质、确定油脂制取工艺与设备的重要依据之一。油料籽粒常由壳、种皮、胚、胚乳或子叶等部分组成。不同来源的油料籽实其形态、结构存在差别，但基本结构相同。种皮包在油料籽粒外层，起保护胚和胚乳的作用。种皮主要是由纤维物质组成，其颜色、厚薄随油料的品种而异，据此可鉴别油料的种类及其质量。胚是种子的重要组成部分，大部分油脂储存在胚中；胚乳是胚发育时营养的主要来源，内存有脂肪、糖类、蛋白质、维生素及微量元素等。但是有些种子的胚乳在发育过程中已被耗尽，因此，可分为有胚乳种子和无胚乳种子两类。

油料种子和其他有机体一样，都由大量的细胞组成。油料细胞的形状一般呈球形，也有圆柱形、纺锤形、多角形等，其中花生、大豆的细胞最大，棉籽的细胞最小。组成油料种子各组织的细胞其形状、大小及所具有的生理功能虽然不同，但基本构造几乎相似，都是由细胞壁和细胞内容物构成的。细胞壁由纤维素、半纤维素等物质组成，细胞壁的结构具有一定的硬度和渗透性。用机械外力可使细胞壁破裂，水和有机溶剂能通过细胞壁渗透到细胞内部，引起细胞内外物质的交换，细胞内物质吸水膨胀可使细胞壁破裂。细胞的内容物由油体原生质、细胞核、糊粉粒及线粒体等组成。油籽中的油脂主要存在于原生质中或油脂细胞中，通常把油料种子的原生质和油脂所组成的复合体称作油体原生质。

油料种子的种类不同，其油籽的化学组成成分和含量不尽相同，但各种油料种子中一般都含有油脂、蛋白质、糖类、脂肪酸、磷脂、色素、蜡质、烃类、醛类、酮类、醇类、油溶性维生素、水分和灰分等物质。表 4-1 列出了几种油料种子的主要化学成分，为选择油料加工提供参考。

表 4-1　主要植物油料的组成

油料种类	脂肪	蛋白质	磷脂	糖类	粗纤维	灰分
大豆	15.5～22.7	30～45	1.5～3	25～35	<6	2.8～6
油菜籽	33～38	24～30	1～1.2	15～27	6～15	3.7～5.4
棉籽	14～25	17～35	0.94	25～30	15～20	3～3.5
花生仁	40～60.7	20～37.2	0.44～0.5	5～15	1.2～4.9	3.8～4.6
芝麻	50～58	15～25		15～30	6～9	4～9
油葵籽	40～50	14～16	0.44～0.5		13～14	2.9～3.1
亚麻籽	34～38	20～26	0.44～0.72	14～25	4.2～4.6	3.8～4.1

油料种类	脂肪	蛋白质	磷脂	糖类	粗纤维	灰分
大麻籽	30~38	15~23	0.85	21	13.8~26.9	2.5~6.8
蓖麻籽	40~56	19~28	0.22	20.5	20~21	2.6~3.2
油葵仁	45~66	16~30.4	0.8~1.0	<12.6	1.7~2.4	3~4
蓖麻籽仁	65~70	26~28	0.25	20~24	0.5~0.9	2.6~2.8
红花籽	24~45.5	15~21		15~16	20~36	4~4.5
芥籽	25~38.3	11.6~32			8.2>	4.8~5.5
油菜籽仁	40~60	8~9		22~25	3.2~5	2.3~2.6
桐籽仁	47~63.8	16~27.4		11~12	2.7~3	2.6~4.1
米糠	14~24	13~16		33~43	4.5~7.3	5~8.4
米胚芽	>19.3	17.7		39.8>	2.8~4.1	6.8~10
玉米胚芽	34~57	15~24.5		20~24	7.5	1.2~6
小麦胚芽	9~10	27~28		<47	2.1	4.1
橡胶籽仁	42~56	17~21		11~28	3.7~7.2	2.5~4.6
葡萄籽	14~16	8~9		<40	30~40	3~5
苍耳籽仁	41~45	16~18		33~35	0.69	3.45

4.2 油料的预处理

4.2.1 油料的清理

油料在收获、运输和贮藏过程中常会混入一些杂质，不能满足油脂生产工艺要求。油料的清理（cleaning）是指利用各种清理设备分离油料中所含杂质的工序总称，其流程见第1章。

4.2.2 油料的剥壳

剥壳（hulling）即利用机械方法，将棉籽、花生果、向日葵籽等带壳油料的外壳破碎并使仁壳分离的过程。

4.2.2.1 剥壳的目的

（1）油料的皮壳含油量极少，主要由纤维素和半纤维素组成。如果用带皮壳的油料进行压榨或浸出取油，皮壳会吸附油脂残留在饼粕中，降低出油率；且皮壳所含的色素和胶质较多，在制油过程中转移到油中，将增加毛油色泽，降低油品质量。

（2）带壳生产将降低轧坯、蒸炒、压榨设备的生产能力，增加动力消耗和机件磨损。因此，制油过程中，油料的剥壳是十分必要的。

剥壳后的皮壳可以开展综合利用。例如棉籽壳可水解生产糠醛和制造活性炭；棉籽壳灰可提取碳酸钾、氯化钾等钾盐；向日葵壳、棉籽壳还可用于制造各种型号的纤维板等。

4.2.2.2 剥壳的方法

剥壳应根据各种油料皮壳的不同特性、油料的形状、大小和壳仁之间的附着情况等采取不同的剥壳方法。常用的剥壳方法有以下几种。

（1）搓碾法

借助粗糙面的搓碎作用使油料皮壳破碎。如棉籽在圆盘式剥壳机（disc huller）（图 4-1）的固定磨片和转动磨片之间受到搓碾、切裂作用而被破碎。

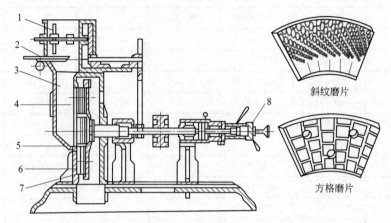

图 4-1　圆盘式剥壳机

1—喂料翼；2—调节板；3—进料通道；4—固定磨盘；5—活动磨盘；6、7—磨片；8—调节器

（2）撞击法

借助与壁面或打板的撞击作用使油料皮壳破碎。如向日葵籽在立式离心剥壳机（centrifugal decorticator）（图 4-2）内，首先受到高速旋转打板的冲击作用引起外壳破裂，然后，尚未破裂的向日葵籽由于弹性力从打板上以高速撞击到挡板上致使其破裂。

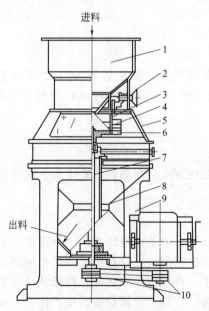

图 4-2　立式离心剥壳机

1—存料斗；2—调节手轮；3—可调料门；4—打板；5—挡板；6—转盘；
7—转动轴；8—卸料料斗；9—机架；10—传动皮带轮

（3）剪切法

借助锐利面的剪切作用使油料皮壳破碎。如棉籽在刀板式剥壳机（bar huller）（图 4-3）

的固定刀架和转鼓之间受到相对运动的刀片的剪切作用，使棉籽壳被切裂并打开。

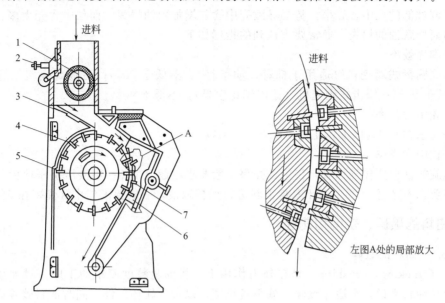

图 4-3　刀板式剥壳机
1—喂料器；2—调节器；3—磁铁；4—转鼓；5、7—刀板；6—刀板座

（4）锤击法

借助旋转锤头的锤击作用使油料皮壳破碎。如花生果在锤击式剥壳机（hammer huller）（图 4-4）内，利用带有锤击头的旋转辊在半圆形笼栅内旋转。如将花生果锤击、挤压使之破碎。

在剥壳之后，还需要进行仁壳分离。仁壳分离（kernel husk separation）的方法主要是利用筛选（如振动筛、圆打筛等）和风选。

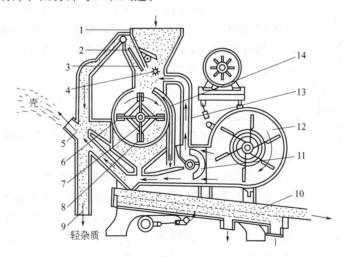

图 4-4　锤击式剥壳机
1—存料斗；2、6—调节器；3—导风板；4—拨料辊；5—集壳管出口；7—剥壳辊；
8—算栅；9—集壳管；10—振动筛；11—调节活门；12—风机；13—风道；14—溜管

4.2.2.3　剥壳与仁壳分离的要求

油料剥壳时，要求将皮壳尽量破开，而仁粒应尽量保持完整，壳的粉碎度也不能太大，以便于仁壳的分离。对仁壳分离的要求是通过仁壳分离程度的最佳平衡而达到最高的出油率。若强调过低的仁中含壳率，势必导致壳中含仁增加致油损失，而仁含壳太多，同样由于壳吸油而导致油的损失。通常要求达到的指标如下。

（1）剥壳效率

通常，圆盘式剥壳机（适用于棉籽，油茶籽）：不低于80%；刀板式壳机（适用于棉籽）：不低于90%；锤击式剥壳机（适用于花生果）：不低于90%。

（2）壳中含仁率

棉籽要求在0.5%以下；花生要求在0.5%以下。

（3）仁中含壳率

用螺旋榨油机压榨棉仁时，仁中含壳率一般要求不超过6%；用液压机压榨棉仁时，仁中含壳率要求不超过10%。对于其他油料进行压榨取油，一般要求仁中含壳率在5%以下。

4.2.3　油料的破碎、软化和轧坯

4.2.3.1　油料的破碎

破碎（cracking，crushing）是在外力作用下，将油料粒度变小的工序。对大豆、花生仁等大颗粒油料来说，须通过破碎，减小其粒度，以符合轧坯条件，同时油料破碎后表面积增大，利于软化时温度和水分的传递。

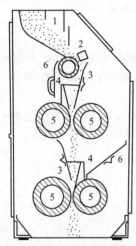

常用的破碎设备有辊式破碎机（cracking roll）和齿辊破碎机（toothed crackingroll）。其中辊式破碎机是借助一对拉丝辊的速差所产生的剪切和挤压作用，使油料破碎的设备，适于大豆和花生仁的破碎。齿辊破碎机（图4-5）则是借助两个齿辊的剪切作用，使预榨饼等粗块破碎的设备。对油料的破碎程度应适当控制，一般仅将油料破碎成数瓣即可。若破碎过度，就会产生很多粉末，而对高含油量油料，还会产生漏油象。因此，对大豆破碎，要求破成2～4瓣，粉末度控制为通过20孔/英寸筛的不超过5%；对花生仁破碎，要求破成4～6瓣，粉末度控制为通过20孔/英寸筛的不超过8%。为了使油料的破碎能够达到要求，应正确掌握油料的水分含量。一般大豆水分可掌握在8%～9%，花生仁水分在7%～12%为宜。

图4-5　双对辊齿辊破碎机
1—喂料器；2—磁铁；
3—导向板；4—导向楔形物；
5—轧辊；6—盖板

4.2.3.2　油料的软化

软化（conditioning，softening）是适当地调节油料的水分和温度，改变油料的硬度和脆性，使之具有适宜的可塑性，以利于轧坯和蒸炒的工序。常用的软化设备是圆柱形并带有蒸汽夹层和搅拌装置的层式软化锅。含油量较低的大豆，质地较硬，若未经软化就进行轧坯，将会产生很多粉末，因此，大豆在轧坯之前必须进行软化。大豆瓣的软化控制水分在15%左右，温度约80℃，软化时间为20min。软化后，豆瓣不应有白心，口咬不粘牙，手捏有软熟的感觉。菜籽在收获时常遇梅雨，往往水分较大，加上菜籽含油量较高，故一般不进行软化。但对含水分低的油菜籽（尤其是陈菜籽），仍需先软化后再进行轧坯。芝麻和花生仁由于含油量较高，质地较软，可塑性大，一般都不予软化。

4.2.3.3　油料的轧坯

轧坯（flaking）是利用机械作用将油料由粒状压成片状的过程。轧坯后的油料薄片称为

生坯，生坯经蒸炒后称为熟坯。

油料的细胞，其表面是一层比较坚韧的细胞壁，油脂和其他物质包含在内，因此，提取细胞内的油脂，就须破坏其表面的细胞壁。轧坯时，借助轧辊的碾压和油料细胞之间的相互挤压作用，将油料由粒状压成片状，从而使部分细胞壁受到了破坏。颗粒油料经轧坯成薄片后，表面积增大，厚度减薄。这样，使料坯在蒸炒时既便于吸收水分和热量，又利于水分的蒸发，从而可加快料坯中蛋白质的变性和细胞壁的彻底破坏。同时，由于料坯呈薄片，大大缩短了油脂从油料中被提取出来的路程。这些都为压榨法或浸出法制油提供了有利的条件。

轧坯设备的类型，根据轧辊的排列方式可分为对辊（单对辊或双对辊）轧坯机、立辊（三辊或五辊）轧坯机两大类型。轧坯机虽有好几种，但工作原理基本相同，都是利用轧辊所产生的碾压力，使油料由颗粒成片状。由于大豆及花生仁的表面光滑而颗粒又较大，为便于进料采用对辊轧坯机较适合。其他油料，如棉仁、油菜籽则多般采用三辊或五辊轧坯机（图 4-6）。轧坯时应使生坯达到薄而匀、少成粉、不漏油的要求。

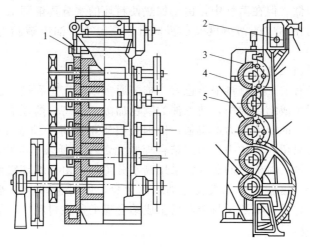

图 4-6　直立五辊轧坯机
1—轧距调节装置；2—喂料器；
3—压辊；4—刮刀；5—挡板

4.2.4　油料的蒸炒

4.2.4.1　蒸炒的目的

（1）破坏细胞

油料经过轧坯后细胞受到初步破坏，但在生坯中仍然存在相当数量的完整细胞，不利于油脂的聚集和提取，因此必须设法彻底破坏细胞。蒸炒（cooking）过程中，对生坯进行湿润，水分便渗透到完整的细胞内部，由于蛋白质等成分的吸水膨胀作用，以及在加热、机械搅拌的配合下使细胞破坏。这样细胞内含的油脂及其他物质流出，油脂逐渐由细小的油滴形成较大的油滴，而且由于水分的选择性湿润作用，降低了油脂与料坯表面之间的结合力，使油脂与料坯易于分离。实践证明，经蒸炒后的熟坯（cooked flakes），表面往往显露油渍，而且"热榨"与"冷榨"相比前者的出油率要高得多，其原因也就在此。

（2）使蛋白质凝固变性

蒸炒时，在温度和水分的作用下，油料中蛋白质的结构受到破坏而变性（尤其对温度的影响最为敏感，超过 60℃时就开始变性）。蛋白质变性后球状结构就成松懈的散状结构，原来被包含于球体内部的疏水基团就裸露于表面，而与疏水基团结合的那部分油脂被释放出来露于表面，这样油脂就比较容易提取出来。生产实践证明，蛋白质变性程度越大，出油率越高。

影响蛋白质变性程度的因素有以下几个方面：温度越高，蛋白质变性程度愈大。但是温度超过130℃时，蛋白质变性程度的增加幅度大大下降，反而会使料坯焦化，降低饼粕的营养价值，所以蒸炒的最高温度不宜超过130℃。此外，蒸炒水分和蒸炒时间对料坯中蛋白质的变性影响也很大。当温度、时间相对稳定时，蒸炒水分越高，蛋白质变性程度越大；当温度保持不变时，在水分逐渐增加的情况下，蒸炒时间越长，蛋白质的变性程度就越大。

（3）使磷脂吸水膨胀

磷脂是一种营养价值很高的物质。但是，它能溶解于油脂中，而且还能够与棉籽中的棉酚等物质互相作用致使毛油质量降低。生坯中的磷脂分为游离磷脂和结合磷脂两种。蒸炒时，游离磷脂首先发生吸水膨胀而凝聚，同时随着蒸炒过程中蛋白质结构的破坏，部分与蛋白质结合的磷脂释放出来，如果水分含量较高，释放出的磷脂也会吸水膨胀而凝聚，磷脂凝聚后在油中溶解度降低。但在蒸炒中，由于加热使料坯的水分逐渐降低，料坯中游离磷脂吸收的水分减少，磷脂在油中的溶解度又逐步回升。高温下，油中磷脂与空气接触会发生氧化，致使油色变深。

（4）使棉酚与蛋白质结合

棉酚是棉籽所特有的一种有毒酚类色素。棉酚通常以游离态和结合态两种形式存在，游离棉酚能与磷脂作用生成结合棉酚，使毛油的颜色加深。游离棉酚还能与蛋白质生成结合棉酚。这种结合棉酚对油的着色能力虽很强，但因蛋白质不溶解于油或在油中的溶解度很小，因此，与棉酚结合后只留在饼粕中。由于结合棉酚无毒性，所以不会降低饼粕的饲料价值，同时还可提高毛油质量。对棉仁的蒸炒宜采用高水分蒸坯，由于料坯吸水量大，磷脂首先吸水先凝聚留在饼粕中，这就减少了其在毛油中的含量，同时也减少了棉酚与磷脂结合的机会。在高水分蒸坯条件下，棉酚易与蛋白质生成结合棉酚留在饼粕中，从而减少了毛油颜色的加深，提高了毛油质量。

（5）破坏酵素

酵素即酶。在蒸炒的湿润阶段，由于水分高，温度低，往往使料坯中酶的活力增强，特别是使解脂酶和芥子酶（油菜籽中存在）的活力增强。这样，将会促进油脂和硫代葡萄糖苷的水解，致使油脂的酸价上升，并产生影响菜油气味、滋味的含硫化合物，降低油和饼粕的质量。大多数酶在40℃以上活性会降低，80℃时被完全钝化失去活性。但油料中有些酶（如解脂酶）热稳定性较好，有时温度即使高达100℃也不失活。

（6）降低油脂黏度和发生化学变化

蒸炒时，一方面随着料坯温度的升高，油脂的黏度及表面张力均降低，油脂流动性增加，有利于料坯中油脂的聚集和流动；另一方面，由于加热和空气中氧的作用，料坯中油脂会产生氧化作用，造成油脂的过氧化值有所升高。蒸炒过程会产生含氧酸，使毛油的酸价略有增加；同时，随着料坯温度升高，有较多的色素转入油中，使油色加深。

（7）调整熟坯性能

入榨前料坯的物理性质对取油效果有很大的影响，而料坯的物理性质又体现于它所具有的可塑性和弹性。一方面料坯要有足够的弹性在压榨时才能承受得了压力，从而使榨机建立起较高的压力；另一方面料坯还应有适宜的可塑性，在压榨时才能成饼出油，而不至于油渣不分或饼软呈条。料坯的可塑性及弹性直接取决于蒸炒后熟坯的水分、温度、含油量、蛋白质的变性程度等。在蒸炒时即通过控制温度和水分来调节熟坯的塑性和弹性，使之符合入榨的要求。

综上所述，虽然蒸炒会引起一些副作用，致使毛油质量有所降低，但是蒸炒却能有效地达到提高出油率的目的，而且毛油通过精炼，也可达一级成品油质量要求。因此，蒸炒工序是十分重要的。

4.2.4.2 蒸炒的方法

蒸炒的方法有湿润蒸炒（cooking after wetting）和加热-蒸坯（heating-steam flakes）两种方法。湿润蒸炒所用的设备是层式蒸炒锅（stack cooker）（图 4-7），一般与动力螺旋榨油机配合。

（1）湿润蒸炒

湿润蒸炒基本上可以分成湿润、蒸坯、炒坯三个阶段。生坯在进入层式蒸炒锅的第一层锅体时，用湿润装置对生坯加水和喷蒸汽，使之吸足水分。料坯进入层式蒸炒锅的第二、第三层锅体，用蒸汽加热夹层对其加热，而且锅体密闭，水分不易散失，在此阶段料坯被蒸透蒸匀。炒坯通常在立式蒸炒锅的下面几层锅体和榨油机上蒸炒锅中进行，物料被加热烘炒，除去水分，使熟坯所含水分和温度适于入榨要求。整个蒸炒过程约为 2h，即料坯在辅助蒸炒锅内约 90min，在榨机蒸炒锅内约 30min。

（2）加热-蒸坯

加热-蒸坯所用的设备是平底炒锅和蒸灶，一般与土榨或液压榨油机配合使用。加热-蒸坯可分成加热和蒸坯两个阶段，即预先加水润湿的物料在几口串联的平底炒锅内用直接火烘炒加热，然后在蒸灶上，对半熟坯喷入直接蒸汽，进行蒸坯，使熟坯的温度及所含水分适于入榨要求。

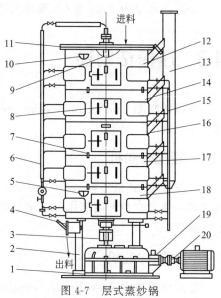

图 4-7　层式蒸炒锅

1—底座；2—支柱；3—刚性联轴器；4—出料机构；5—料层指针；6—进汽管路；7—定位固定块；8—检修门；9—搅拌装置；10—料门装置；11—锅顶；12—第一层蒸锅；13—排气管；14—第二层蒸锅；15—冷凝水管路；16—第三层蒸锅；17—第四层蒸锅；18—第五层蒸锅；19—减速器；20—弹性联轴器

4.2.4.3 蒸炒的要求

蒸炒的要求随蒸炒方法的不同而异。现将湿润蒸炒和"加热-蒸坯"两种方法的要求分述如下。

（1）湿润蒸炒的要求

几种主要油料生坯湿润后水分要求，料坯经辅助蒸炒锅蒸炒后出料的水分和温度要求如表 4-2 所示。

表 4-2　油料生坯湿润后水分和料坯经辅助蒸炒锅蒸炒后出料的水分、温度要求

油料种类	湿润后水分/%	出料水分/%	出料温度/℃
大豆	16～20	5～7	108 左右
花生仁	15～17	5～7	110 左右
棉仁	18～22	5～8	105 左右
油菜籽	14～18	4～6	110 左右
芝麻	14～16	5～7	110 左右
米糠	25～30	7～9	105 左右

（2）加热-蒸坯的要求

以米糠榨油为例，采用 2/3 口平底炒锅预先炒糠，时间约 30min。炒后米糠的温度为

70~90℃，水分为 7%~8%。蒸坯后米糠温度为 105℃左右，水分为 8%~9%。

4.3 压榨法制油

压榨法制油（oil extraction by pressing）根据榨油机的种类可分为土榨、液压榨油机、螺旋榨油机三种类型。

4.3.1 液压榨油机

ZLY-90 立式液压榨油机（vertical hydraulic oil press）（图 4-8）是液压榨油机中使用得最多的一种，它是利用液体传送压力的原理，使油料在饼圈内受到挤压而将油脂取出的一种压榨设备。

4.3.2 螺旋榨油机

螺旋榨油机（screw press，expeller）是借助在榨膛中旋转螺旋轴的推进作用，将榨料连续地向前推进，由于榨螺螺距逐渐缩小或螺杆圆直径逐渐增大，使榨膛内空间体积逐渐缩小而产生压榨作用的一种榨油设备（图 4-9）。在压榨过程中，榨料被连续推进并被压缩、油脂则从榨笼的缝隙中挤压流出，同时残渣被压成饼块从榨油末端不断推出。国内广泛使用的螺旋榨油机有 ZX10 型和 200A-3 型。

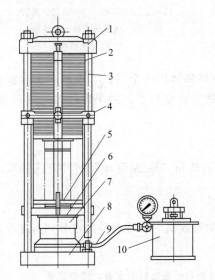

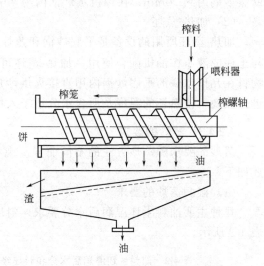

图 4-8 ZLY-90 立式液压榨油机

1—顶板；2—支柱；3—拉杆；4—支板；5—承饼板；

6—中座；7—油缸；8—底板；

9—管路；10—油泵与油箱

图 4-9 螺旋压榨机压榨过程示意图

4.3.2.1 ZX10 型螺旋榨油机

ZX10 型螺旋榨油机（图 4-10）是以原 95 型螺旋榨油机为基础，改进设计研制成功的，作为制油设备的定型产品已投入批量生产。它由机架及机座、进料机构、螺旋轴、榨笼、出饼调节机构、传动装置等几部分组成。

根据测定计算，ZX10 型榨油机榨膛的最大压力值为 $250\sim447\text{kg/cm}^2$，在如此高的压力下，螺旋轴的转速较高，料坯在榨膛内的时间很短，仅 30 多秒钟，而且出饼厚度较薄，仅 1.5～2mm，所以该机属"高速薄饼"型螺旋榨油机。

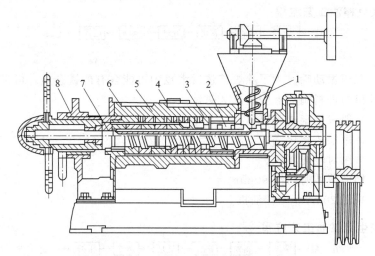

图 4-10　ZX10 型螺旋榨油机

1—喂料螺旋；2—榨条段；3—螺旋轴；4—榨圈段；

5—上、下榨笼骨架；6—榨螺；7—压紧螺母；8—调节螺栓

4.3.2.2　200A-3 型螺旋榨油机

200A-3 型螺旋榨油机（图 4-11）是目前国内比较成熟的一种榨油机，它具有结构紧凑、处理量大、操作简便，主要零部件坚固耐用等优点。该机还附装有榨机蒸炒锅，可调节入榨料坯的温度及水分，以取得较好的压榨效果。该机与辅助蒸炒锅配合，基本上实现了连续化生产。200A-3 型螺旋榨油机由进料机构、螺旋轴、榨笼、校饼机构、榨机蒸炒锅和传动机构六部分组成。

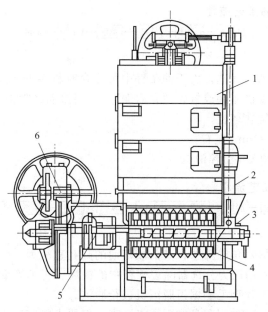

图 4-11　200A-3 型螺旋榨油机

1—榨机蒸炒锅；2—进料机构；3—螺旋轴；4—榨笼；

5—校饼机构；6—传动机构

4.3.3 几种主要油料的榨油工艺流程

4.3.3.1 大豆榨油工艺流程

大豆 → 清理 → 破碎 → 软化 → 轧坯 → 蒸炒 → 压榨 → 毛油
                                                    ↓
                                                    饼

（1）清理：采用振动筛。为了除去筛选后大豆中可能含有的铁杂质，可采用永磁滚筒磁选机，或在破碎机的进料淌板上安装永久磁铁。

（2）破碎：一般采用辊式破碎机。

（3）软化：采用层式软化锅。

（4）轧坯：采用对辊轧坯机。

（5）蒸炒：辅助蒸炒时间约 90min。

（6）压榨：采用 200A-3 型榨油机。

4.3.3.2 花生果榨油工艺流程

花生果 → 清理 → 剥壳 → 破碎 → 轧坯 → 蒸炒 → 压榨 → 毛油
                                                    ↓
                                                    饼

（1）清理：采用振动筛筛选。

（2）剥壳：采用锤击式剥壳机，剥壳分离后要求仁中含壳率在 2%～4%，而壳中含仁率不超过 0.5%。

（3）破碎：采用辊式破碎机。

（4）轧坯：采用对辊轧坯机。

（5）蒸炒：辅助蒸炒时间为 90min。

（6）压榨：采用 200A-3 型榨油机。

4.3.3.3 油菜籽榨油工艺流程

油菜籽 → 清理 → 轧坯 → 蒸炒 → 压榨 → 毛油
                                    ↓
                                    饼

（1）清理：采用振动筛筛选。由于油菜籽中可能含有较多的"并肩泥"，可采用铁辊筒碾米机或立式花铁筛打麦机碾磨或打碎"并肩泥"，再用振动筛除去。

（2）轧坯：采用三辊轧坯机。

（3）蒸炒：时间为 90min 左右。

（4）压榨：采用 200A-3 型榨油机。

4.3.3.4 棉籽榨油工艺流程

棉籽 → 清理 → 脱绒 → 剥壳及仁壳分离 → 软化 → 轧坯 → 蒸炒 → 压榨 → 毛油
                                                              ↓
                                                              饼

（1）清理：采用锥形六角筛筛选，其前段筛面的筛孔直径为 3～4mm，后段筛面的筛孔直径为 16～19mm。然后用风力分选器除去棉籽中的铁块、石子等重杂质和泥灰等轻杂质。

（2）脱绒：采用 141 片型毛刷锯齿脱绒机进行脱绒。

（3）剥壳及仁壳分离：采用圆盘式剥壳机剥壳，但要求粉碎度小。然后采用壳仁分离筛进行仁壳的头道分离，其筛面分三段，筛孔直径分别为 4mm、5mm、6mm。将头道分出的壳用圆打筛分离其中的仁，该筛的筛孔直径为 6mm 左右。将圆打筛分出的仁用振动筛分离其中所含的壳，该筛的筛孔直径为 3～4mm。

（4）软化：可采用层式软化锅，软化温度 60℃ 左右，水分 10%～12%，软化时间为 10min 左右。

（5）轧坯：采用三辊轧坯机。

（6）蒸炒：辅助蒸炒时间约 90min。

（7）压榨：采用 200A-3 型榨油机。

4.3.3.5 芝麻榨油工艺流程

芝麻 → 清理 → 轧坯 → 蒸炒 → 压榨 → 毛油
                                ↓
                               饼

（1）清理：采用振动筛筛选。

（2）轧坯：采用三辊轧坯机。

（3）蒸炒：辅助蒸炒时间为约 90min。

（4）压榨：采用 200A-3 型榨油机。

4.3.3.6 米糠榨油工艺流程

芝麻 → 清理 → 炒糠 → 蒸坯 → 做饼 → 压榨 → 毛油
                                    ↓
                                   饼

（1）清理：用筛网为 28 孔/英寸的振动筛或圆筛筛选，除去米糠中的米秕和粗壳。

（2）炒糠：经过二至三口串联的平底炒锅烘炒后，米糠的温度为 70～90℃，水分 7%～8% 左右。颜色略黄，手握成团，手松可散。

（3）蒸坯：采用层式蒸炒锅或直接汽蒸桶蒸坯。

（4）做饼：采用液压做饼机，单圈薄饼，每块饼重量为 2～2.25kg，做成饼厚度约 30mm。

（5）压榨：采用 ZLY-90 型液压榨油机，每榨装饼 45 块左右，做到轻压勤压，沥油不断。为了提高出油率，应做好车间保温，对压榨后糠饼做到饼边复榨以减少油分损失。

4.4 浸出法制油

4.4.1 概述

浸出法制油（immersion extraction oils）是一种比压榨法更为先进的方法，它具有出油效率高、粕的质量好、加工成本低、生产条件良好等优点。然而，浸出法制油也存在一定的缺点，诸如毛油质量差，采用的溶剂易燃易爆，并具有一定的毒性等。实践证明，上述缺点是完全可以克服的，浸出毛油经过适当地精炼即可得到符合质量标准的成品油，只要生产中加强安全技术管理，就能避免发生事故。作为一种先进的制油工艺，其技术已比较成熟。随着我国油料作物的连年增产及农副产品作为油料原料，浸出法制油工艺更为适用。

浸出法制油工艺的基本过程是：把油料坯或预榨饼浸于选定的溶剂中，使油脂溶解在溶剂内（成为混合油），然后将混合油与固体残渣（粕）分离。混合油再按不同的沸点进行蒸发、汽提。使溶剂汽化变成蒸气与油分离，从而制得油脂（浸出毛油）。溶剂蒸气则经过冷凝、冷却回收后继续循环使用。粕中也含有一定量的溶剂、经脱溶烘干处理后即得干粕，脱溶烘干过程中挥发出的溶剂蒸气仍经冷凝、冷却回收。

我国目前浸出大规模生产主要采用6号溶剂（含74.08％正己烷），俗称轻汽油。6号溶剂油能以任何比例溶解油脂，对水的溶解度比较小，且具有较好的挥发性和化学稳定性。但是其缺点是容易燃烧，闪燃点为−28～20℃，当其蒸气在空气中的浓度达到1.25％～4.9％时，还会引起爆炸。高浓度6号溶剂油蒸气对人体有害，主要是对神经系统的刺激，可使人狂笑、抽搐、头晕甚至窒息死亡。因此浸出车间内每升空气中溶剂蒸气的含量不得超过0.4mg。6号溶剂油的蒸气较空气重1.7倍，分布在车间下部，所以浸出车间内地坪应平整、尽量不设沟道、地槽、并加强通风。

浸出法制油的分类，按照浸出的操作方式可以分为间歇式浸出（batch extraction）和连续式浸出（continuous extraction）两类。若按溶剂在浸出过程中对料坯的作用情况来分，有浸泡式、喷淋式和二者兼有的混合式三种。此外，根据浸出的工艺过程，还可以分成：直接浸出工艺（direct extraction technology）和预榨浸出工艺（pre-pressing extraction technology）两种。通常，对含油量较低的油料，如大豆、米糠等采用直接浸出工艺而对含油量较高的油料，如油菜籽、棉仁、花生仁等则采用预榨浸出工艺。

4.4.2 油脂浸出

4.4.2.1 油脂浸出工序的工艺流程

料坯或预榨饼 → 存料箱 → 封闭绞龙 → 平转浸出器 → 浓混合油（溶剂↓，湿粕↓）

料坯或预榨饼由埋刮板输送机输送至存料箱，贮存一定数量以保证浸出生产的连续和均匀供料；同时，由于存料箱内具有一定的料层高度，可起到料封作用，防止浸出器内溶剂气体的外逸。料坯或预榨饼再由埋刮板自存料箱送至封闭绞龙，最后进入平转浸出器。封闭绞龙外壳封闭，螺旋轴前端带一段螺旋叶片，并有重力活门，形成了料封段，也可防止浸出器内溶剂气体的外逸。

平转浸出器（rotocel extractor）（图4-12）的结构主要由进料装置、壳体、转动体、传动装置、卸粕装置、喷淋系统等六个部分组成。进料装置即前述的封闭绞龙。浸出器壳体圆柱形，上盖面上设有照明灯和窥视镜，壳体侧壁上接有循环溶剂管的进出口接管法兰。壳体内有一个绕着转动轴缓慢转动的环形圆柱体，即称之为转动体。转动体被径向隔板分成若干个体积相等的扇形浸出格。每个浸出格的底部装有可以脱开的假底，假底的一边用绞链固定在隔板上，而另一边装有一对滚轮，可以托在环形轨道上作水平圆周运动。轨道在出粕格处断开，假底在湿粕重力作用下开起而使所存载的湿粕卸出。卸落的湿粕至浸出器底部锥形斗状的出粕格内，并采用双排绞龙将湿粕送至湿粕埋刮板输送机。卸粕后假底借助于压轮和撬杠的帮助重新关闭（所谓前开门装置），或采用在前进时被前方轨道托起而重新关闭假底（即后开门装置）。假底由孔径6mm的筛板和20～30孔/英寸的铜丝布筛网组成。浸出时，循环喷淋的混合油或溶剂由浸出格上方喷淋管洒下，由浸出格内料层中渗滤下来，通过假底流入下面的混合油收集格内。与料坯多次接触后浓度较高的混合油，经过浸出器内帐篷式过滤网滤去其中所含的细粕屑后，用泵送至混合油暂存罐。转动体的转动由电动机通过一系列减速机构来驱动，使转速可在60～120r/min的范围内调节。

平转浸出器的工作原理见图4-13。由图可以看出，新鲜溶剂由溶剂泵经喷淋管喷淋料层渗透后滴入油斗G，再由泵P101g抽出，经喷淋管喷淋料层渗透后又滴入油斗G，形成自循环，油斗G的混合油滴满后溢流至混合油斗F。油斗F中的混合油经泵P101f抽出，喷淋料层后渗透滴入本油斗，油斗 F 中的混合油滴满后溢流至油斗 E。依次这样多次喷淋和溢流，最后混合油从油斗 C 溢流至油斗 A，泵 P101a 将其抽出打入进料料格，在进料料格中混合油滴入油斗 A。由于开始段混合油中粕粉较多，因而泵 P101b 抽出的混合油经过料层自过滤后，再通过与水平呈 30° 角的帐篷过滤器的滤网过滤进入油斗 B。然后浓混合油泵 P102 将混合油从油斗 B 抽出送往混合油蒸发系统。

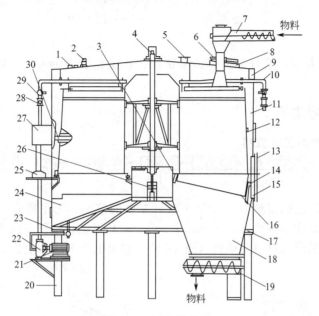

图 4-12　平转浸出器

1—平视镜；2—视孔灯；3—滚轮；4—主轴；5—自由气体管；6—进料管；
7—封闭绞龙；8—入孔；9—外壳；10—喷液器；11—转子；12—链条；
13—检修孔；14—托轮轴；15—外轨；16—假底；17—内轨；18—落料斗；
19—双绞龙；20—底座；21—电机；22—混合油循环泵；23，29—阀门；
24—油斗；25—减速器；26—轴承；27—传动箱；28—管道窥镜；30—齿条

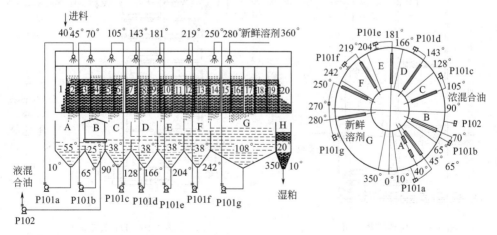

图 4-13　平转浸出器浸出格和混合油油斗及喷淋的展开示意图

4.4.2.2　浸出工序的工艺技术要求

存料箱内料层高度不小于 1.4m。平转浸出器内装料量为浸出格的 $80\% \sim 85\%$。控制溶剂和入浸物料的温度，使浸出温度为 $50 \sim 55\,℃$。单位时间内投入物料与新鲜溶剂的重量比例，即溶剂比，控制在 1：(0.8～1.1)。在此情况下，混合油浓度根据入浸料的含油量，控制如下。

入浸料含油/%	混合油浓度%
18 以上	18～27
15 左右	15～23
12 左右	12～19
8 左右	8～13

干粕残油率：大豆、菜籽、棉仁、葵花仁、花生仁皆控制在 1% 以下，米糠粕 1.5% 以下。

4.4.3 湿粕的脱溶烘干

4.4.3.1 该工序的工艺流程

湿粕 → 刮板输送机 → 料封绞龙 → 蒸脱机 → 捕粕器 → 混合气体 → 冷凝系统
　　　　　　　　　　　　　　　　 ↓
　　　　　　　　　　　　　　　干粕

从平转浸出器卸出的湿粕中一般含有 20% 左右的溶剂，为了回收所含溶剂，获得质量较好的成品粕，即采用蒸烘机（desolventizer-toaster）对湿粕进行脱溶烘干。预榨饼经浸出后的湿粕蒸烘，多采用高料层蒸烘机（图 4-14）。它由上、下层蒸烘缸、搅拌器、落料控制

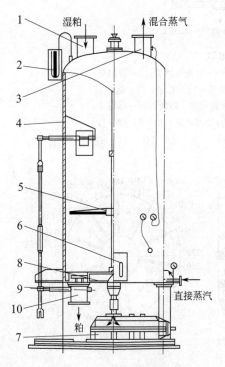

图 4-14　高料层蒸脱机

1—进料口；2—U 形压力计；3—混合蒸气出口管；4—罐体；5—搅拌轴；6—检修门；7—底夹层；8—自动料门；9—落粕口；10—减速器

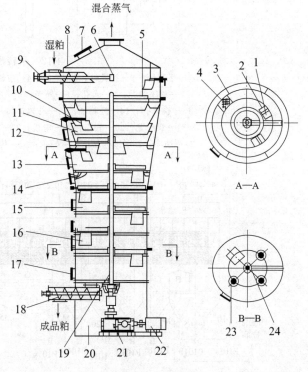

图 4-15　DT 型蒸脱机

1—下料口；2—插料板；3—托板；4—筛板；5—上层下料盘；6—轴瓦；7,17—人孔；8—上部机体；9—湿粕绞龙；10—粒位指示器；11—百叶窗；12—中层下料盘；13—中部机体；14—喷汽盘；15—下中部机体；16—喇叭口；18—出粕绞龙；19—中心轴；20—底部机体；21—减速机；22—电机；23—透气孔板；24—刮刀

机构、传动装置及湿式捕粉器等几个部分组成。上层蒸脱缸为圆柱形筒体，底部具有蒸汽夹层，底盘上开有孔径 2mm 的若干小孔，通过小孔喷入直接蒸汽，加热及蒸脱湿粕中的溶剂。下层烘缸也是圆筒体、高度较小，底部也有蒸汽夹层，用间接蒸汽加热烘干湿粕。上、下层蒸烘缸的中心有一根垂直搅拌轴，其上装有不同数量及形状的搅刀，用来搅松料层，提高蒸脱效果并使出粕均匀。上、下层蒸烘缸的底盘上都开有方形落料孔，该处皆设有落料控制机构，起到控制蒸烘缸内料层高度及均匀落料的作用。搅拌轴下端用联轴器与减速箱的输出轴相连接，再由电动机驱动。由高料层蒸烘机蒸出的溶剂、水蒸气的混合气体中带有一定数量的粕末飞逸出来，若不将它从混合气体分离开，带到冷凝器中势必造成管道堵塞，影响冷却、冷凝效果。为此，在高料层蒸烘机的混合蒸气出口管上装有湿式捕粉器，收集与混合蒸气同温的热水捕集混合蒸气中所携带的粕末。

大豆坯直接浸出后的湿粕蒸烘宜采用 DT 型蒸脱机（图 4-15），该机不仅能蒸脱豆粕中所含溶剂，而且对粕中有害酶类（如尿素酶等）的破坏较彻底，有利于改善豆粕饲料的质量。

4.4.3.2 对蒸烘后成品粕的质量要求

无溶剂味，引爆试验合格，水分在 12% 以下，粕熟化，不焦不糊。为此，高料层蒸烘机上层蒸缸内料层高度一般控制在 1.5m 左右，直接蒸汽压力为 $0.3\sim1kg/cm^2$，使混合蒸气出口温度保持在 $70\sim80℃$ 之间。下层烘缸间接蒸汽压力为 $5\sim6kg/cm^2$，使烘后干粕温度为 105℃ 左右。

4.4.4 混合油的蒸发汽提

4.4.4.1 该工序的工艺流程是

浓混合油 → 过滤 → 混合油贮罐 → 第一蒸发器 → 第二蒸发器 → 汽提塔 → 毛油

从浸出油抽出的浓混合油即油脂与溶剂组成的溶液，须经适当处理使油脂与溶剂分离。

（1）混合油的预处理

首先，在平转式浸出器内浓混合油通过帐篷式过滤器的筛网，使其中所含的固体粕屑被截留，得到较为澄清的混合油。然后，混合油用泵送入设在浸出器上方的旋液分离器内（图 4-16），进一步分离混合油中的粕屑。该设备利用离心沉降原理来分离液体中固体悬浮物，进一步澄清自中心溢流管溢流至混合油贮罐的混合油，而含固体粒子较多的浓稠混合油则从底部落入浸出器内。

在混合油贮罐（图 4-17）内，混合油中尚含的粕屑等杂质借助自身的重力作用沉降下来。有时，在混合油贮罐内预先装入一定浓度的食盐水，让混合油通过盐水层，在电解质的离析作用下使粕屑及胶黏杂质较快的沉降下来。净化后的混合油再进行蒸发。

（2）混合油的蒸发

混合油的蒸发即利用油脂几乎不挥发，而溶剂沸点低，易于挥发，在加热时，溶剂大部分汽化蒸出，从而使混合油浓度得以大大提高。蒸发设备为长管蒸发器（图 4-18），它由蒸发器及安装在顶部的分离器组成一个整体。在蒸发器的圆筒形外壳内装有长度为 $4\sim4.5m$ 的加热列管，并由外壳两端的管板固定。外壳的上、下部分别接有加热蒸汽进口管及冷凝水出口管。混合油自蒸发器下部封头侧壁进口管进入，在列管内受到管间间接蒸汽加热后，迅速沸腾。部分溶剂汽化，溶剂蒸气及所夹带的混合油一起沿列管壁呈薄膜状上升，继续蒸发，因而又称升膜蒸发器（raising film evaporator）。在分离器内，由于双旋形出口的作用，使混合油及溶剂蒸气沿壁旋转，起到离心分离作用。溶剂蒸气继续上升，由分离器顶部出口

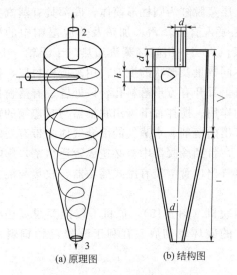

(a)原理图　　(b)结构图

图 4-16　旋液分离器示意图

1—混合油进口管；2—混合油溢流（流出管）；3—排渣口

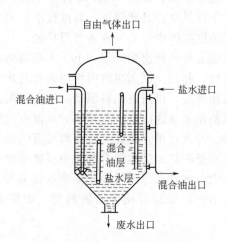

图 4-17　混合油罐分离混合油中粕粉的原理示意图

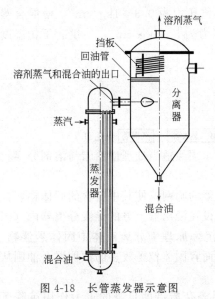

图 4-18　长管蒸发器示意图

管流至冷凝器，而浓度提高了的混合油则离心沉降于分离器底部，由浓混合油出口管流出。为了保证蒸发效果，目前许多油厂都采用二个长管蒸发器串联使用。

（3）混合油的汽提

通过蒸发以后，混合油的浓度得到大大提高。然而，混合油的沸点也随其浓度的增大而显著升高，在这样高的浓度下，无论继续进行常压蒸发或减压蒸发，力图使混合油中剩余的溶剂基本除去都是相当困难的。这时，只得采用水蒸气蒸馏即汽提将混合油内残余的那部分溶剂尽量除去。

目前我国广泛采用的混合油汽提设备是层碟式汽提塔（disk stripping column）（图 4-19）。塔体可分成上下两段，每段塔体内都装有 6～9 组锥形分配碟组。每个锥形分配碟组由溢流盘、锥形分配碟和环形分配盘组成。浓混合油从塔顶进油管进入，首先充满第一个锥形分配碟组的溢流盘，自此流出的混合油在锥形分配碟的表面形成很薄的混合油膜向下流动，由环形分配盘承接后流至第二个锥形分配碟组的溢流盘，再溢流分配成薄膜状向下流动。直接水蒸气由每段塔体下部的喷咀喷入，在喷雾器的作用下与混合油接触后产生喷雾状态。直接水蒸气继续上升在锥形分配碟组的表面与溢注下来的混合油逆向接触，由于气液两相接触面积很大，因此汽提效果很好。塔体的外壁还设有保温夹套，通入间接水蒸气加热塔体，使塔内溶剂蒸气及不蒸汽不致冷凝回流。混合蒸气从塔顶出口管引至冷凝器。塔顶处的球形捕沫器作用是防止油沫随蒸汽飞逸出去。经过上下两段塔体汽提后的浸出毛油则从塔底的出油管排至毛油贮罐，再用泵送去精炼。

4.4.4.2　该工序的工艺技术要求

混合油经预热后温度为 60～65℃，进入第一长管蒸发器，用压力为 2～3kg/cm² 的间接蒸汽加热，使混合油的出口温度控制在 80～85℃，这样混合油的浓度将提高到 60%～65%。

在第二长管蒸发器内，用压力为 $3kg/cm^2$ 的间接蒸汽加热，使浓混合油的出口温度控制在 $100℃$ 左右，使经蒸发后的浓混合油浓度达 $90\%\sim95\%$ 以上。汽提塔采用间接蒸汽压力 $4kg/cm^2$ 左右，直接蒸汽压力为 $0.5\sim0.6kg/cm^2$，使浸出毛油出口温度控制在 $110\sim115℃$，浸出毛油中总挥发物含量不超过 0.30%。

4.4.5 溶剂蒸气的冷凝、冷却

4.4.5.1 该工序的工艺流程

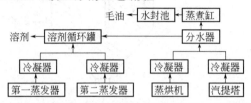

由湿粕的脱溶烘干和混合油的蒸发、汽提等工序中产生的大量溶剂蒸气，须冷凝、冷却加以回收。溶剂的回收包括溶剂蒸气或溶剂、水混合蒸气的冷凝、冷却；溶剂与水的分离；废水中溶剂的回收等几部分，分述如下。

（1）溶剂蒸气或溶剂、水混合蒸气的冷凝、冷却

由第一、第二长管蒸发器出来的溶剂蒸气，因其不含水蒸气，经冷凝器冷凝、冷却后可直接流入循环溶剂罐。从汽塔、蒸烘机来的溶剂、水混合蒸气，经

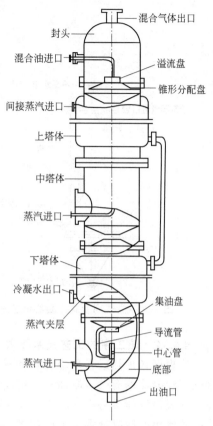

图 4-19 层碟式汽提塔示意图

冷凝器冷凝、冷却后是含水的溶剂，首先经过分水器分水，分出的溶剂再进入循环溶剂罐。

冷凝与冷却设备，油厂多采用列管式冷凝器（pipe bundle condenser）或喷淋式冷凝器（spraying condenser）。列管式冷凝器（图 4-20）由上、下封头和圆筒体组成，在筒体外壳内，有若干根直管所组成的列管束，管束两端固定在管板上，这样就形成了管内和管间两个空间。冷却水和溶剂蒸气分别流过管内和管间，通过管壁冷、热流体进行换热，达到使溶剂汽冷凝及冷却的效果。喷淋式冷凝器是将一定长度的管子安装成排管状，各排直管之间用 U 形管连接。溶剂蒸气由冷凝器上层排管的一端引入，流经排管时，冷却水从排管上方的喷淋水槽内溢流淋下，从排管外壁吸收管内溶剂蒸气放出的热量，落到下部水池内排出或经冷却后再循环使用。管内溶剂蒸气的冷凝液则从最下层排管的末端排出。

（2）溶剂和水的分离

含有较多水分的溶剂冷凝液，利用溶剂不溶解于水，且密度较水轻的特性，在分水器（图 4-21）内进行分离。水和溶剂的混合液进入分水器后，停留一定的时间，水和溶剂即自动分成两层。溶剂在上层，水在下层。溶剂由上部排出管溢流至循环溶剂罐，废水由稍低的排出管溢流经车间外的水封池，然后汇入下水道。

（3）废水中溶剂的回收

在正常情况下，分水器排出的废水不再另作处理，但当水中夹杂有大量粕屑时，由于蛋白质或磷脂等易于乳化的物质作用，可能使溶剂和水呈乳化状态，这时废水中将含有较多的溶剂。因此，对呈乳化状的一部分废水，应送入废水蒸煮罐，用蒸汽加热到 $92℃$ 以上，但不超过 $98℃$，使其中所含的溶剂蒸发，再经冷凝器冷凝回收。

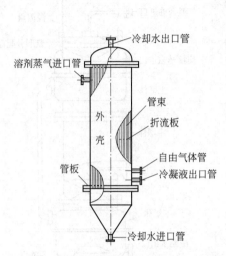

图 4-20 立式列管式冷凝器示意图

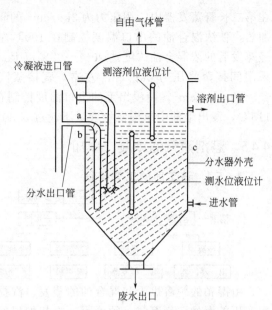

图 4-21 分水器工作原理示意图

a—溶剂出口液位；b—出水口液位；c—溶剂与水界面

4.4.5.2 该工序的工艺技术要求

应根据各加热设备所蒸出溶剂蒸气或混合蒸气的量（即根据冷凝、冷却负荷的大小），来确定冷凝器的有效冷凝面积。按经验，一般配备不得小于 $6\sim8m^2/t$ 料。冷凝器所使用的冷却水温最好能维持在 25℃ 以下，经热交换后的冷却水温不应超过 35℃（夏季 40℃），自冷凝器流出的冷凝液温度不应超过 40℃（夏季 45℃）。分水器的体积以冷凝液在分水箱内停留半小时计算，或根据经验数据来确定，有效分水容积一般配备为 $0.04m^3/t$ 料。

4.4.6 自由气体中溶剂的回收

在浸出车间的生产中，进料和喷入直接蒸汽都将空气带入浸出系统，这部分空气不能冷凝成液体，称为自由气体（solvent-carrying air）。自由气体长期积聚会增加容器内的压力，影响生产的顺利进行，因此要从浸出系统中及时排出。但这部分空气中含有大量溶剂气体，在排出前须将其中所含溶剂回收。来自浸出器、分水器、混合油贮罐、冷凝器、循环溶剂罐的自由气体汇集于最后的冷凝器，其中所含溶剂被部分冷凝回收，不凝结的气体，其中仍含有少量溶剂，应尽量予以回收后再将废气排入至大气。不凝结气体（也称尾气）中溶剂的回收有油吸收、石蜡油吸收、活性炭吸附或冷冻回收等方法。这里介绍的是石蜡油吸收法（paraffin oil absorption），它适用于日处理量 50t 以上的浸出车间，其工艺流程如图 4-22 所示。

来自最后冷凝器的不凝结气体，由填料吸收塔底部进入，在填料层中徐徐上升，而在塔顶喷洒下不含溶剂的冷液态石蜡油（称之为贫油），在填料层中，它们逆相接触，不凝结气体中的溶剂被贫油吸收，形成富油汇至塔罐内，废气则由塔顶的引风机抽出排至大气。由于采用引风机抽气，使整个浸出系统在微负压下工作，有利于降低车间的溶剂损耗。富油用泵送经热交换器及加热器后，由解吸塔顶部洒下，在塔内瓷环填充层上与从塔底喷入的直接过热蒸汽逆相接触，富油被解吸，所含的溶剂被汽提出来成为溶剂蒸气，并由塔顶引至冷凝器及分水器，溶剂流回车间循环溶剂罐。解吸后的液体石蜡流于塔底，用泵抽至热交换器及冷却器后，在填料收塔顶洒下，重新作为贫油吸收剂用，如此不断循环。

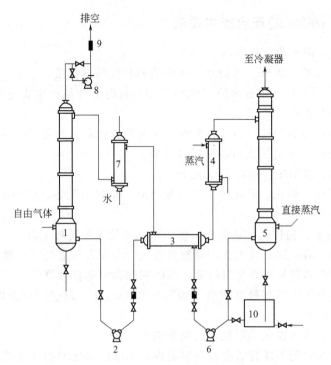

图 4-22 石蜡油吸收法工艺流程示意图

1—吸收塔；2—富油泵；3—热交换器；4—加热器；5—解析塔；

6—贫油泵；7—冷却器；8—抽风机；9—阻火器；10—石蜡油贮罐

石蜡油吸收法的工艺技术要求是：进入吸收塔的不凝结气体温度一般控制在 25～30℃（夏季可稍高），喷入吸收塔的贫油温度为 40℃ 左右；富油进入解吸塔的温度为 120℃，直接蒸汽压力为 0.1～0.2kg/cm²，解吸塔的操作温度为 120℃。石蜡油达到更换浓度或已变质，则应及时更换新油。引风机要运转平稳，保持浸出系统负压稳定。吸收塔底部负压一般控制为 160mm 水柱。

4.4.7　影响溶剂损耗的因素及降低损耗的措施

在浸出油厂的生产管理中，溶剂损耗是一个重要问题。因为溶剂损耗不仅在生产成本中占有较大的比重，更重要的是它关系到工厂安全及操作人员的健康。所以在油脂浸出生产中应想方设法降低溶剂损耗。

4.4.7.1　引起溶剂损耗的原因

在油脂浸出生产过程中，溶剂损耗的原因如下。

①设备、管道、阀门等不够严密而渗漏出去；②自由气体中所含溶剂回收不完全，而随空气排入大气；③溶剂-水分离不清，随水排走；④蒸烘机的蒸脱能力不够或操作不当，致使溶剂蒸气由出粕口逃逸，或含在成品粕中，随粕带走；⑤混合油蒸发、汽提不完全，随毛油带走。

4.4.7.2　降低溶剂损耗的具体措施

针对上述引起溶剂损耗的原因，可采取下列相应措施不降低溶剂损耗。

①防止设备、管道、阀门的渗漏；②降低排出废气中所含的溶剂；③降低废水中的溶剂含量；④降低成品粕中溶剂的残留量；⑤降低毛油中溶剂的残留量。

4.4.8 浸出油厂 (车间) 的安全技术要求

（1）浸出车间、溶剂库、粕库内

a. 严禁带入打火机、火柴、非防爆型手电筒和其他易爆物品。

b. 严禁使用铁制工具（如必须使用铁制专用工具时，在易产生火花部位须用铜或其他不产生火花的金属保护）。

c. 严禁穿合成纤维有服装（氯纶、腈纶、尼龙等针织品）和带铁钉的鞋。

d. 严禁使用任何形式的闪光灯在防爆区照相。

（2）浸出车间、溶剂库、粕库在 30m 内

a. 严禁进行焊接、锻压、砂轮等作业（检修时、车间内设备、管道必须除尽溶剂汽体，方能动用明火检修）。

b. 严禁通过汽车、拖拉机、电瓶车、畜力车、铁轮车等运输工具。

（3）浸出车间、溶剂库未经批准不得擅自进入。参观人员应按工厂规定组织参观。

（4）浸出车间严禁存放易燃易爆物品、晾晒衣物和烘烤食品等。

（5）浸出车间空气中溶剂最高浓度不得高于 0.4mg/L，超过时应及时进行通风（自然通风或机械通风）排出。

（6）玻璃器皿不得放置在朝阳处，以免聚焦起火。

（7）浸出车间的溶剂不准存放在开口容器内，不准洗涤任何物品或带出车间。

（8）对防雷、防静电、电气设备等接地装置每年必须检查一次，接地电阻等要符合要求。

（9）浸出车间内的测量或控制仪表（压力表、流量计、温度计、真空表、安全阀等）每周必须检查或者校正一次。

（10）未经培训的新工人、实习人员、临时工，均不准上岗单独操作。

4.5 水代法制油

4.5.1 水代法制油的基本原理

水代法制油（oil extraction by water substitution）的基本原理是根据油料中非油物质对油与水的亲和力不同，以及油水之间比重的不同而将油分离出来。现从炒料（cooking）、磨籽（grinding）、兑浆搅油（water adding and mixing）和振荡分油（oils eparation by oscillation）等四个方面来加以叙述。

4.5.1.1 炒料

其作用主要是使蛋白质受热变性凝聚，使分布于细胞中的微小油滴受热后聚拢在一起，以利于出油。另外，芝麻经过炒料，从原来涩而无香味变成香而酥脆，使制得的芝麻油具有特殊的香味。之所以能有这种香味，主要是因为芝麻中含有一种叫做芝麻醚的物质，芝麻醚在高温下能发生水解变为芝麻酚产生香味，而芝麻酚的存在还使芝麻油具有较强的天然抗氧化作用，增加了贮藏的稳定性。

4.5.1.2 磨籽

即以机械作用把油料磨细，充分破坏细胞组织，油料经磨细后成为浆状的料酱。这时，

固体物质浸润分散在油里面，与磨籽前油滴分布于胶体内部的情况相反。磨得越细，兑浆搅油时，水愈是易于掺入料酱内部，吸水均匀，油被取代就愈完全。

4.5.1.3 兑浆搅油

即将沸水加入到料酱中，随之搅拌把油从料酱中取代出来。油料经过炒料、磨籽后，细胞组织及胶体状态已被破坏，加入沸水后油料中的非油物质——蛋白质、粗纤维和糖类等对水的亲和力大于水与油的亲和力，因此，能够把油取代出来。

4.5.1.4 振荡分油

兑浆搅油后，大部分油已从渣酱中分离出来，浮于面上。但尚有一部分油脂呈大小不一的油滴分散地裹在渣酱里面，这时用葫芦墩振荡，由于油与水及渣酱的比重不同，小油滴互相集聚成大油滴浮上来，有利于撇取。

4.5.2 小磨麻油的制取

小磨麻油的制取工艺流程如下。

芝麻 → 清选 → 水洗 → 炒料 → 扬烟 → 吹净 → 磨籽 → 兑浆搅油 → 振荡分油

（1）清选：一般采用振动筛进行筛选，除去杂质及不成熟的种籽。上层筛面的筛孔为7孔/英寸，下层筛面的筛孔为28孔/英寸。

（2）水洗：目的有两个，一是进一步除去残存的杂质、并肩泥、小石子等；二是水洗时芝麻在水里浸泡1h，使水分渗透均匀，炒料时使蛋白质变性更为彻底并可延长炒料时间，避免炒焦、炒煳或里生外熟的现象。一般在水洗机中进行，洗后芝麻含水量以35%左右为宜。

（3）炒料：开始时由于芝麻含水量大，宜用急火；当炒熟程度达70%左右时应降低火力以便随时掌握，并检查火候及芝麻的老和嫩，一般使温度达到200℃左右为宜。熟芝麻用手捻开呈红色或褐色即可。炒后芝麻含水量为1%左右。

炒料时要勤翻勤搅以散发水汽，防止焦煳及生熟不均等现象。当炒至190～200℃时，向锅里泼入适量冷水使芝麻激冷。由于温度突然下降易使芝麻组织酥散，有利于磨籽细茸；同时使芝麻出锅前降低温度以延长炒料时间，防止焦煳。最后，当温度炒至140～150℃时出锅。

（4）扬烟：芝麻出锅后若不及时冷却则有烧焦可能，因此出锅后应立即散热出烟，名谓"扬烟"（smoking）。扬烟操作可用扬烟机或簸箕进行。

（5）吹净：炒料过程中芝麻容易脱皮，皮外还有一些炒焦的油末（俗称麻糠），这些成分含油较少，可以利用扬簸、风选或筛选等办法使之除去。

（6）磨籽：即将炒料吹净后的芝麻用石磨研磨成酱状。操作中添料要均匀，防止空磨。芝麻添料时的温度应保持65～75℃，温度过低易使芝麻回潮而磨不细。磨子转速30r/min为宜，转速太高或麻酱温度太高均会影响油的香味。

（7）兑浆搅油：将麻酱加水搅拌，占总出油量70%～80%的油被分离而浮于表面。兑浆应着重控制加水量，根据试验结果，可按下式计算：

$$加水量＝（1－麻酱含油率）×麻酱量×2$$

即加水量为麻酱中非油物质量的2倍（约为麻酱重量的83%）。将麻酱移入兑浆锅内，分四次兑入热水（水温90℃以上）。同时用机械进行搅拌，经过1h后大部分油浮于表面，将油撇取。

（8）振荡分油：振荡也称为墩油，仍在兑浆锅内进行。使两个铜制葫芦上下不断地运动、振动渣浆。50min 后油多浮于表面，进行第二次撇油。然后再墩 50min 进行第三次撇油。将葫芦提高，墩油 1h 后进行第四次撇油。

4.6 油脂精炼

4.6.1 概述

油脂精炼（oils and fats refining）是去除油脂中游离脂肪酸、磷脂、胶质、蜡、色素、异味及固体杂质等各种物质的工艺过程总称。其目的是根据不同的需要，尽量除去油脂中不需要的和有害的杂质，不仅要保证油脂质量，还应使炼耗降至最低限度。

4.6.1.1 毛油的组成

毛油（crude oil）是未经精炼的油脂，其主要成分是甘油三酸酯，另外还含有一些非甘油三酸酯的成分，这些成分统称为"杂质"。毛油中杂质的含量随原料品种、产地、制油方法和贮藏条件的不同而异。根据杂质的颗粒大小及在油中的分散情况，大体可以归纳为以下四类。

（1）机械杂质：如泥沙、料粕粉末、饼渣、纤维及其他固体杂质。

（2）胶溶性杂质：如磷脂、蛋白质、糖类。

（3）脂溶性杂质：如游离脂肪酸、甾醇、维生素 E、色素、棉酚、烃类，还有微量金属化合物和由于环境污染带来的砷、汞、黄曲霉毒素、3,4-苯并芘，以及菜籽油中含有的异硫氰酸酯、硫氰酸酯、吡唑烷硫酮等含硫化合物。

（4）水分

上述杂质的存在，大多会严重影响油脂的安全贮藏和食用价值。如机械杂质、水分、蛋白质、糖类、游离脂肪酸的存在会促进油脂的水解酸败。磷脂本身虽然具有很高的营养价值，但它在油中使油色暗淡、浑浊；烹饪时产生大量泡沫，并在烹饪的高温下转变成黑色沉淀物，影响炒菜的颜色和味道；贮存时，易吸水，促进水解酸败，对于油脂的氢化也有不良影响。色素使油带上了很深的颜色。菜籽油中的含硫化合物不仅使菜油具有讨厌的气味和苦辣味道，而且还使菜油氢化时采用的催化剂中毒，严重影响氢化的顺利进行。微量金属的存在影响油品的质量和稳定性，还对脱臭工序造成不良影响。为了提高食用油脂的质量，必须除去这些有害杂质。但是，并不是所有的杂质都有害处，如维生素 E（即生育酚）和甾醇（即固醇）都是营养价值很高的物质，而维生素 E 还是良好的天然抗氧化剂。

4.6.1.2 油脂精炼的方法

油脂精炼方法很多，一般可分成下列三类。

（1）机械精炼（mechanical refining）：包括沉淀、过滤和离心分离。用以分离悬浮在毛油中的机械杂质及部分胶溶性杂质。

（2）化学精炼（chemical refining）：包括碱炼、酸炼。碱炼主要除去游离脂肪酸。酸炼主要除去蛋白质及黏液物。

（3）物理化学精炼（physical-chemical refining）：包括水化、吸附、蒸馏。水化主要除去磷脂，吸附主要除去色素，蒸馏主要除去臭味物质。

上述炼油方法也不能截然分开。例如碱炼属化学精炼，但碱炼时，碱与游离脂肪酸生成的肥皂也会吸附色素、黏液和蛋白质等，使它们和肥皂一起从油中分离出来。油皂分离时一般又可采用沉淀、离心沉降的方法，因此碱炼过程中不仅有化学精炼，也有物理化学精炼，同时，还结合有机械精炼。

油脂的精炼一般需选用几种炼油方法组合起来，才能达到所要求的质量标准。以菜籽油的精炼为例，机榨毛菜籽油精炼成二级菜籽油，采用是"过滤-水化"；浸出菜籽毛油精炼成二级菜籽油，却不过滤（因汽提时，油中一部分磷脂已吸收水分，并有磷脂胶粒析出，会使过滤发生困难），而是采用"碱炼-脱溶"。把菜籽毛油精炼成色拉油，则需经过"水化脱胶-碱炼-脱色-脱臭-过滤"等工序。因此，选择精炼方法时，必须考虑技术和经济效果，在保证达到质量的前提下，应力求炼耗最低。

4.6.2 机械杂质的去除

4.6.2.1 沉降

沉降（settling）是油脂精炼方法中最简单的一种，它是利用悬浮在油中的杂质与油的密度差异，借助重力作用来达到分离的一种方法。油贮于容器内，经过一段时间，较油重的杂质沉降到容器底部，较油轻的杂质则浮于油面上，使油与杂质相互分离。

毛油在油池、油槽、油桶内自然沉降，须定期耙出器底沉淀的油渣，重新掺入榨料中，劳动强度较大。国内一些规模较大的油厂则采用澄油箱来分离油渣。澄油箱设置在榨油车间，以利将油渣送回榨机蒸锅内。澄油箱是一长方形的铁箱，安装在地坑内，其旁边有一个小的净油池。毛油和油渣则通过螺旋输送机送入澄油箱内，箱内有一道长的回转式刮板把沉入箱底的油渣刮运到箱面的长筛板上，油渣所带的油通过筛板的孔眼滤出流入箱内，油渣随刮板继续移动，从箱的另一端落入另一条螺旋输送机内，送去与入榨料混合。箱内上层的澄清油通过隔板溢流入净油池内。一般油厂中都是先进行沉降，然后再采用过滤或离心的分离方法来除去毛油中的悬浮杂质。

4.6.2.2 过滤

过滤（filteration）是油厂中用得最普遍的一种分离方法。主要用于除去毛油中悬浮杂质、脱色后油中白土及冷滤脱蜡。过滤的基本原理是，毛油在加压下通过过滤机的过滤布，从而使油与悬浮杂质分离。

4.6.2.3 离心分离

离心分离（centrifuge）是借助离心力作用使悬浮液中固体颗粒与液体分离的一种方法。这种分离方法不仅可用于分离毛油中的机械杂质，而且还用于碱炼油的脱皂、水洗油的脱水、脱胶油分离磷脂析出物等。用于分离毛油中悬浮杂质的离心分离设备有离心分渣筛和卧式螺旋卸料沉降分离机。

毛油中含杂质量随制油方法而异，用螺旋榨油机榨取的毛油中含杂量一般为 1%～1.5%，通过沉降再采用过滤或离心分离后，含杂质可达到 0.2% 以下。

4.6.3 脱胶

脱除毛油中胶溶性杂质的工艺过程称为脱胶（degumming）。对大豆油及菜籽油来说，是脱除以磷脂为主的胶溶性杂质，所以也称为脱磷。油厂中普遍采用的脱胶方法是水化脱胶，此外还有酸炼脱胶。

4.6.3.1 水化脱胶

水化脱胶即把一定数量的水或稀盐、稀碱等电解质溶液在搅拌下加入热油中，促进油中胶溶性杂质凝降沉淀分离的一种精炼方法。在水化过程中，被凝聚沉淀的杂质以磷脂为主，此外还有与磷脂相结合的蛋白质、黏液物和机械杂质等。

（1）水化脱胶的基本原理

大豆油、菜籽油中的胶溶性杂质以磷脂为主，磷脂（以卵磷脂为代表）的分子结构是：甘油分子的残基分别为二个脂肪酸残基及一个磷酸残基相连，磷酸残基还和胆碱残基相连。磷脂的分子结构中，既含有亲水基团，也含有疏水基团，能够以游离羟基式和内酯盐的形式存在（图4-23）。

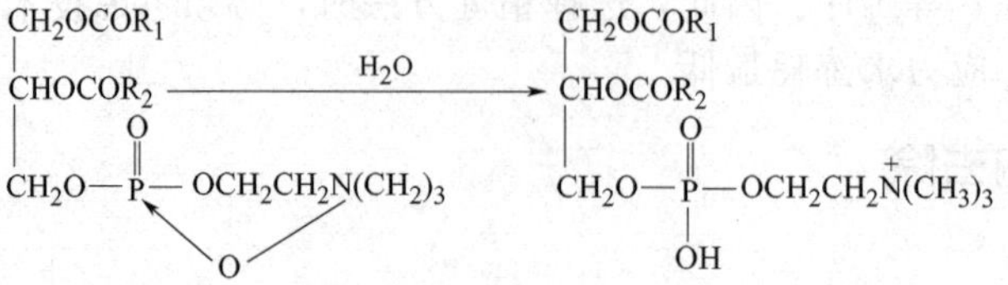

$$\begin{array}{c} CH_2OCOR_1 \\ CHOCOR_2 \\ CH_2O-P-OCH_2CH_2N(CH_2)_3 \\ | \\ O \end{array} \quad \xrightarrow{H_2O} \quad \begin{array}{c} CH_2OCOR_1 \\ CHOCOR_2 \\ CH_2O-P-OCH_2CH_2N^+(CH_2)_3 \\ | \\ OH \end{array}$$

图4-23　磷脂的疏水内酯盐（左）和亲水游离羟基（右）结构

当毛油中不含水分或水分含量极少时，它以内酯盐的形式溶解分散于油中。油中含水量增加时，磷脂吸水变为游离羟基式，极性增大，呈现出强的双亲性并在水油界面上定向排列，磷脂达到一定浓度时，形成胶态集合体（胶束），进一步形成整体亲水性的双（多）分子层。磷脂极性基团的亲水性可吸引水分子插入双（多）分子层之间，产生膨胀，随着吸水量的增加，磷脂膨胀加剧，相互凝结成密度比油脂大的多胶粒而从油中沉淀析出。

（2）水化设备

水化脱胶的主要设备按工艺作用可分为水化器、分离器及干燥器等，按生产的连贯性可分为间歇式和连续式。间歇水化的主要设备是水化锅（图4-24），其主体是一个带有锥形底的短圆筒体，罐轴线上设有桨叶式搅拌器。在搅拌轴上装有2～4对桨叶式搅拌翅，靠近锥形底处装有一对异形搅拌翅。在靠近罐壁内缘处，装有加热用的间接蒸汽笼管。加热管与冷水管相通，必要时可以通入冷水冷却罐内的油。在锥形底部设有一圈直接蒸汽喷管，从蒸汽进入端起，由疏到密开有下斜喷孔。在水化罐壁上有进油管，水化罐盖的下部，装有一圈加

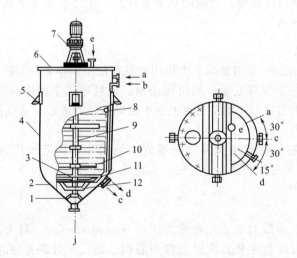

图4-24　水化锅

1—轴承座；2—罐底；3—加热盘管；4—罐体；5—支座；6—平盖；

7—传动装置；8—加热盘管支架；9—搅拌轴；10—斜桨搅叶；

11—喷汽管；12—异形搅叶；a—进油口；b—加热蒸汽进口；

c—冷凝液进口；d—出油口；e—碱液（水）进口；j—油脚出口

水（碱液）管（e），用来注水化用的水或其他溶液。在水化罐底部，装有排放油脚用的阀门（j）。

（3）水化的操作过程

把准确称重后的过滤毛油泵入水化锅，在快速搅拌下用间接蒸汽加热，使油温达 65～70℃。按油重 1%～3% 的比例加入热水（80℃至微沸），快速搅拌，让水与油脂充分混合。当油中出现较大胶粒时，停止升温，此时油温达 78～80℃。然后再慢速搅拌十几分钟，使磷脂胶粒逐渐结成絮状而与油分离，并迅速下沉。保温沉淀 3～4h，使粗磷脂油脚沉淀，用摇头管吸出上层水化净油，或采用离心机分离水化净油与粗磷油脚。将水化净油在脱水锅内加热到 110～120℃，常压下干燥脱水，或者采用真空脱水，加热温度可控制在 90～100℃。脱水后即得脱胶油。在油脚锅内，将粗磷脂油脚加热沉淀后撇取浮面上中性油加以回收，有条件的厂可采用离心机将粗磷脂油脚中的油分离回收。

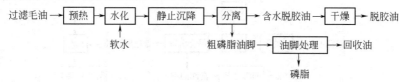

4.6.3.2　酸炼脱胶

酸炼脱胶（acid degumming）是在毛油中加入一定量的酸，以脱除蛋白质、黏液物等胶溶性杂质的精炼方法。酸炼时常用的酸有磷酸。草酸脱胶法很少用于食用油的精炼，一般用于工业用油的精炼。草酸是粉末状晶体，使用时需配制成溶液，但草酸较难溶解，故使用较少。磷酸脱胶常用于对油品质量要求较高的食用油脂精炼。磷酸可以除去那些用水化法所不能除去的磷脂，如分子结构中磷酸残基在甘油残基的第二个碳原子位置的磷脂（即 β-磷脂）以及钙、镁磷脂盐。此外磷酸还可以除去部分色素，同时使铜、铁金属离子生成络合物，从而钝化微量金属对油脂氧化的催化作用，改善了油脂的稳定性和色泽。

磷酸处理的工艺条件是：在过滤后毛油中加入油重 0.1%～0.2%，浓度为 85% 的磷酸，并以快速搅拌 15～30min。加磷酸时，毛油温度应与随后进行的碱炼温度相适应。若用磷酸处理后即可进行间歇式碱炼，则加入磷酸时毛油温度为 35℃左右。若用磷酸处理后即进行连续式碱炼，毛油的初温可控制在 85～95℃。

间歇式磷酸脱胶设备即一般的炼油锅，连续式精炼中的磷酸脱胶设备为带折流板形的酸炼混合器。由于毛油与磷酸混合后，紧接着就进行碱炼脱酸，因此也有文献将磷酸处理归于脱酸工序。

4.6.4　脱酸

脱除毛油中游离脂肪酸的过程称之为脱酸（deacidification）。其方法有碱炼脱酸、采用高真空蒸馏脱酸的物理法精炼、泽尼斯法脱酸等。碱炼法脱酸是采用得较多的方法，它又分成间歇式和连续式两种。

4.6.4.1　间歇式碱炼

（1）基本原理

碱炼是采用烧碱（NaOH）、纯碱（Na_2CO_3）和石灰 [$Ca(OH)_2$] 等碱类来中和油中的游离脂肪酸，使其生成皂脚从油中沉淀分离并吸附带走油中一些色素、含硫化合物及其他杂质的精炼方法。所使用的碱类以烧碱应用最广泛，因此这里只讨论用烧碱进行的碱炼。

在碱炼操作中，最主要的化学反应为游离脂肪酸与烧碱的中和反应。

$$RCOOH + NaOH \Longrightarrow RCOONa + H_2O$$

同时少量中性油也会被皂化，引起中性油的损失。

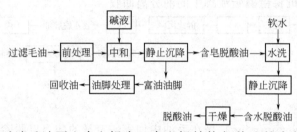

在这两个反应中，皂化反应要慢得多，只要控制适当的条件，就可以尽量减少中性油的损失，获得较高的精炼率。此外，烧碱还能与磷脂、蛋白质等杂质发生化学作用。由于皂脚具有很大的吸附能力，还能使蛋白质、黏液和色素等其他杂质一起被吸附而沉淀下来。

（2）操作过程

将称重计量后的过滤毛油泵入中和锅内（中和锅结构与前述的水化锅相同），搅拌取样测定酸价，根据毛油酸价及颜色等适当选择使用的碱液浓度，计算下碱量。加碱时毛油初温掌握在30～35℃。将预先配制的选定浓度的碱液尽量快速均匀地加入油内，同时快速搅拌。下完碱后再继续搅拌30min，待油中出现皂粒并聚结增大成絮状物时，即可开大间接蒸汽使油升温，油温最后升至60～65℃。此时搅拌应改为慢速，并继续搅拌十几分钟，停止搅拌后，皂脚与油容易分离并迅速下沉。让碱炼油静置6～8h。将静置后锅内上层净油用摇头管转入水洗锅，用与油同温或比油温高5～10℃的热水进行洗涤，以除去油中残存的碱液与肥皂。水洗时油温为85℃左右，一般水洗1～2次，每次用水量为油重的10%～15%。每次水洗后沉淀0.5～2h，然后放出下层废水。将水洗后净油，采用常压下干燥脱水或真空脱水后即得脱酸油。油脚在油脚锅内以间接蒸汽加热，并以直接蒸汽翻动搅拌，同时加入油脚重4%～5%的食盐，升温至60℃左右，停止加热静置后，撇取上层浮油；再升温至75℃，静置后撇取上层浮油。

（3）用碱量的计算

间歇式碱炼（batch caustic refining，batch neutralization）所用的碱液，应根据毛油的酸价决定其浓度和数量。所需理论碱用量的计算公式为：

$$G_{NaOH理} = G_{油} \times AV \times \frac{M_{NaOH}}{M_{KOH}} \times \frac{1}{1000} = 7.13 \times 10^{-4} \times G_{油} \times AV$$

式中，$G_{NaOH理}$ 为 NaOH 的理论添加量，kg；$G_{油}$ 为毛油的重量，kg；AV 为毛油的酸值，mgKOH/g 油；M_{NaOH} 为 NaOH 的相对分子量，40.0；M_{KOH} 为 KOH 的相对分子量，56.1。

4.6.4.2　连续式碱炼

间歇式碱炼的缺点首先是油和碱作用时间长，并且加入的烧碱量多，这样就容易使中性油皂化，造成较高的精炼损失。同时，间歇式碱炼所产生的皂脚，利用重力分离，沉淀时间长，由于它的黏度较大，夹带了一些中性油，也是精炼损耗高的一个原因。在连续式碱炼中，由于快速混合器极其迅速地将油和碱液混合，使碱液和游离脂肪酸在极短的时间内中和，因而减少了碱液和中性油接触的时间。同时，由于油和碱液能够均匀接触，因此可以减少超量碱的用量，可以降低中性油的损耗。另外，使用离心机分离油和皂脚，由于离心力作用，皂脚中所含中性油很少，而且分离时间也很短。图 4-25 为连续式碱炼工艺流程示意图。

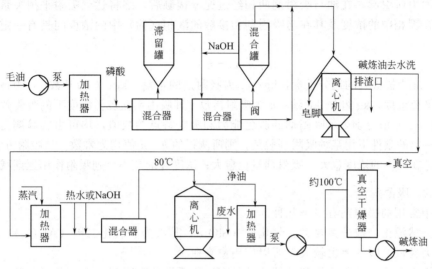

图 4-25　连续式碱炼工艺流程示意图

连续式碱炼（continuous caustic refining，continuous neulization）的优点如下。

（1）中性油的损耗低，精炼率高。

（2）连续、快速，油品质量稳定。

（3）生产过程基本密闭，有利于防止油脂被氧化。

（4）生产效率高，节约人力和辅助材料（碱等）。

毛油泵入粗滤器，过滤去杂质，再经定量控制器泵入脱胶混合器，在脱胶混合器中还加入由磷酸贮罐而来的适量的磷酸。油脱胶后，磷脂成粒状，和油一起进入中和接触器，在这里与由碱液贮罐经碱液控制器和流量计进入接触器的碱液混合，油和碱液中和，温度为80~90℃。中和后进入密封分离器（离心分离机），皂脚、胶质分离出来由皂脚泵送至皂脚罐。分离出的中性油进入加热器加热后泵入混合器再精炼，碱液则由碱液贮罐通过套液泵、流量计、再经混合器进入密封分离器。复炼后的中性油经加油、油泵，进入水洗混合器，在这里还同时加入由贮水罐通过水泵、水流量计泵入的热水，加水量为油重的 10%~15%。油水混合后进入密封分离器，分出水分。油进入真空干燥器脱水，再进入油冷却器冷却后成为中性油。油进入真空干燥器时含水分约为 0.5%，在真空度为 700~720mm 汞柱，温度为 90~100℃的条件下干燥脱水，水分可降至 0.05%。

4.6.5　脱色

纯粹的甘油三酸酯液体是无色的，固体为白色。但常见的各种油脂都带有不同颜色，这是由于油脂含有各种不同的色素所致。如叶绿素的存在，使某些油脂呈绿色；胡萝卜素的存在而呈黄色；另外，在贮藏中糖类及蛋白质的分解会使油脂呈棕褐色。这些色素的存在都会影响油脂的外观。根据对油品质量的要求，脱除油脂中某些色素，改善色泽，提高油脂品质的精炼工序称之为脱色（bleaching）。油脂脱色的方法很多，有吸附、萃取、氧化加热、氧化还原等方法。目前工业中用得最广的为吸附脱色法。

4.6.5.1 吸附脱色的基本原理

吸附脱色是利用某些具有强选择性吸附作用的物质，如漂土、活性白土、活性炭等加入油脂中，在一定的温度下，吸附油脂内色素及其他不纯物质的方法。吸附作用主要由固体吸附剂的表面力所引起，在油与吸附剂两相经过充分接触后，终将达到吸附平衡关系。此时被吸附组分在固相中的浓度及其在与吸附剂相接触的液相（油）中的浓度间具有一定的函数关系，即：

$$x/m = k \cdot cn$$

式中，x 为被吸收的组分重量，kg；m 为吸附剂的重量，kg；k 为常数；c 为被吸收组分在油中的平衡浓度，kg 组分/kg 油；n 为吸附指数（即吸附剂在各种浓度下的吸附效率），$n > 0$ 时，式中 k、n 值分别表示吸附剂的脱色能力和吸附特点的数值，均可由实验测得。对于某种油类在一定的条件下用某种吸附剂脱色，则所测得的 k、n 值均为常数。从吸附方程式看出，被吸附组分在油中的浓度愈大，吸附剂量也愈大；浓度逐渐减小，则吸附作用逐渐减退。

4.6.5.2 吸附剂

油厂中常用的吸附剂有以下几种。

（1）天然漂土：成分主要为二氧化硅（SiO_2），其次为三氧化二铝（Al_2O_3）。天然漂土的脱色能力较低，吸油率也较大，所以应用愈来愈少。

（2）活性白土：是漂土经酸处理后种具有较高活性的吸附剂。它对色素及其他胶态物质的吸附能力很强，对羟基等极性原子团的吸附能力更强，因此当油中或白土中含有较多的水分时，将大大降低活性白土吸附色素的能力。在脱色过程中，活性白土与油接触时间过长，会使油的酸价升高。用活性白土脱色后的油都有泥土味，必须经过脱臭处理才能食用。

（3）活性炭：是一种具有细密多孔结构、表面积大的优良吸附剂，吸附色素的能力很强。对某些环芳烃、农药残毒的吸附能力也较强，而且还能选择性地吸附一些活性白土所不能吸附的低烟点物质。用活性炭脱色后的油无异味，但活性炭价格昂贵，吸油率较高，因此在油脂脱色中一般不单独使用，而常与活性白土混合使用。

4.6.5.3 脱色的操作过程

脱色操作可分为间歇式和连续式。目前国内多采用间歇式，因此这里仅就间歇脱色的操作过程进行介绍（图 4-26）。首先开动真空泵使脱色锅内的真空度稳定，然后开启进油阀，将水洗后脱酸油吸入锅内。真空脱色锅除了顶部具有密闭的碟形封头能使锅内抽成真空外，其他结构与水化锅基本相同。在碟形封头上还设置有照明灯和窥视镜以供观察操作过程。开启间接蒸汽，把油温调整到 90℃，在真空下（真空度为 700～750mm 汞柱）搅拌，脱除油中水分。脱水时间视油中水分多少而定，直到视镜中观察油面无雾状及油中无水泡为止。在此条件下，吸入相当于油重 3%～5% 的白土，搅拌半小时进行脱色。吸附剂的用量应根据油中色素和其他杂质的含量以及对精炼油的质量要求确定。脱色后，关闭加热蒸汽，在搅拌下将油迅速冷却到 70～80℃，破真空后将油泵入压滤机过滤白土，即得脱色油。

4.6.6 脱臭

纯净的甘油三酸酯是无气味的，由于油料本身所含的特殊成分和甘油三酸酯在原料贮藏、油脂制取过程中发生水解、氧化所生成的产物（如酮、醛及游离脂肪酸、含硫化合物等物质），或在油脂精炼过程中，碱炼油没有洗涤干净所具有的肥皂味、脱色油带有的白土味，浸出毛油残留的溶剂等致使油脂具有特殊的气味，通常称为"臭味"。脱除油脂中臭味物质的精炼工序即脱臭（deodorization）。

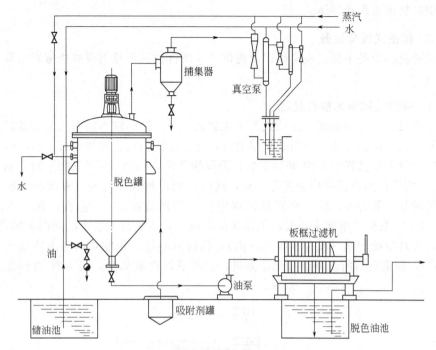

图 4-26　单罐间歇脱色工艺流程示意图

4.6.6.1　油脂脱臭的基本原理

脱臭的方法很多，但目前应用最广泛的是水蒸气蒸馏脱臭法。其原理利用水蒸气通过含有臭味组分的油脂中，气-液表面相接触，水蒸气被挥发出的臭味组分所饱和，并按其分压的比率逸出，从而去掉油脂中含有的臭味。因为油脂中的臭味物质和甘油三酸酯挥发性之间的差别很大，因此通过水蒸气蒸馏，可以使易挥发的臭味物质从不易挥发的油中除去。脱臭操作是在高温下进行的，同时还采用了较高的真空度，其目的是增加臭味物质的挥发性，保护高温热油不被空气氧化，防止油脂的水解，并且可以大大降低直接蒸汽的耗用量。

4.6.6.2　脱臭的工艺条件

（1）温度：脱臭温度的选择是脱臭中最主要的工艺条件。脱臭温度高，挥发性物质的蒸气压大，脱臭的速度快，而且脱臭也较彻底。但是脱臭温度高会导致油脂的变质。因此，一般认为脱臭温度控制在 230～240℃ 为宜。鉴于我国油脂工业的现状，脱臭温度目前一般为 180℃ 左右。

（2）真空度：脱臭时真空度越高，臭味物质从油中逸出所需的能量越低，所需的脱臭时间也就越短。同时，在脱臭深度及操作温度一定的情况下，残压与直接蒸汽的用量成一定比例。提高真空度，即降低残压，又节约操作时直接蒸汽的用量。优良的脱臭设备其操作残压一般为 2～5mm 汞柱。

（3）直接水蒸气：水蒸气的吹入量，间歇式脱臭时应为油重的 $10\% \sim 15\%$，连续式脱臭时则为油重的 3% 左右。

（4）脱臭装置所用的材料：用碳钢制作脱臭装置，由于微量金属对油脂氧化的催化作用，会促进油脂的氧化变质。因此，脱臭装置与油脂接触的零部件应采用不锈钢材料。

（5）脱臭设备间接加热用载热体：一般可采用道生蒸汽及高压蒸汽。道生是联苯和联醚的混合物，将它加热成蒸气。在较低的压力下，道生汽就具有较高的温度，能使油加热到足够的脱臭温度。高压蒸汽是指压力为 $60 \sim 80 kg/cm^2$ 的水蒸气。此外，还有以电加热、直接火加热及用矿物油等作载热体。

4.6.6.3 间歇式脱臭设备

间歇式脱臭的设备主要是脱臭锅以及提供真空条件的蒸汽喷射泵或机械真空泵、大气冷凝器等。

4.6.6.4 间歇式脱臭的操作过程

脱臭工艺及设备有间歇式、连续式及半连续式几种。国内较多的采用间歇式脱臭，这里仅介绍这种工艺的操作过程。开启蒸汽喷射泵，使脱臭锅内真空度稳定后，将脱色油吸入脱臭锅内，装油量为脱臭锅容量的 60％ 左右。开间接蒸汽，加热油温至 100℃ 时，通入压力为 3～4kg/cm² 的直接蒸汽使锅内油充分翻动，这时开始计算脱臭时间。视成品油的质量要求而定，脱臭时间一般为 6～8h，在脱臭过程中温度应保持在 180℃ 左右，真空残压保持在 5mm 汞柱以下。脱臭结束前半小时，关闭间接蒸汽，待脱臭达到规定时间即关闭直接蒸汽。将脱臭油转入真空冷却锅（或存在脱臭锅内），保持真空度，在蛇管内通入冷却水，使油温下降到 70℃，破真空后将脱臭油泵至压滤机，过滤后即得成品油。图 4-27 为间歇式脱臭工艺流程。

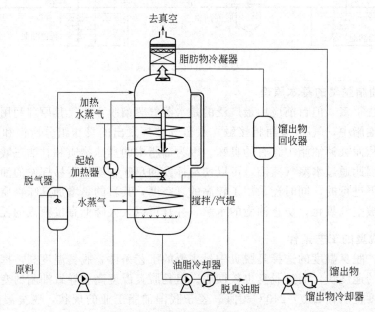

图 4-27 间歇式脱臭工艺流程

4.6.7 脱蜡

油脂中的蜡是高级一元羧酸和高级一元醇形成的酯，主要来自油料种籽的皮壳。蜡在 40℃ 以上溶解于油脂，因此，无论是压榨法还是浸出法制得的毛油中一般都含有一定量的蜡质。各种毛油的蜡含量有很大的差异，大多数含量极微，制油和加工过程可不必考虑，有些则含蜡量较高，如玉米胚芽油含 0.01％～0.04％，葵花籽油含 0.06％～0.2％，米糠油含 1％～5％。油脂中含有的少量蜡质会使油脂透明度和消化吸收率降低，并使气味、滋味和适口性变差，从而降低了食用油的营养价值。同时，提取的蜡质具有广泛的工业用途，如糠蜡精制后可制造抛光剂、地板蜡、蜡笔、鞋油、食品包装蜡纸等。

脱蜡（dewaxing）的方法较多，有冷滤法、溶剂脱蜡法及表面活性剂脱蜡法等。国内采用较普遍的为冷滤法，现介绍如下。

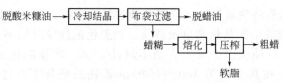

将经过脱酸、脱色、脱臭后的米糠油置于冷却结晶罐内，在 20～25℃ 的恒温下冷却 48～50h，使米糠油中所含蜡质结晶析出。结晶罐内设有蛇管，夏季用来通入冷却水，冬季可适当通入蒸汽，以维持一定的结晶温度。然后将米糠油用泵压入过滤机过滤糠蜡，压滤机所垫的滤布为 2 号或 3 号帆布单层，过滤压力不超过 3kg/cm²。有些油厂为了保护糠蜡晶粒不被破坏，将冷却结晶后的米糠油用真空泵吸入高位罐，再让米糠油借助液位差自流通过压滤机或通入压缩空气加施一定的压力，其效果也较好。

过滤后，将滤布上刮下的糠蜡用圆形帆布袋包扎，顶压成饼状，置于 90 型液压机上压榨至无油滴出后为止。榨出的油也并入精炼成品油中。

4.6.8 几种油脂的精炼工艺

前面介绍了油脂精炼的方法，现将大豆油、菜籽油、棉籽油和米糠油四种油脂的精炼工艺简介如下。

4.6.8.1 二级大豆油的精炼

（1）工艺过程

$$过滤毛油 \rightarrow \boxed{水化} \rightarrow \boxed{静止沉降} \rightarrow 油脚$$
$$\rightarrow 净油 \rightarrow \boxed{干燥} \rightarrow 大豆油$$

（2）操作条件

将过滤毛油准确称重后泵入水化锅内，在机械搅拌下用间接蒸汽加热，使升温至 65℃ 左右。按油重 1%～3% 的比例加入热水（80℃ 左右至微沸），以快速进行搅拌，同时升温。当油温升至 75～80℃ 时，即停止加热，并改成慢速搅拌十几分钟，然后静置沉淀 3～4h，使粗磷脂油脚充分沉淀。分离出水化净油，采用常压干燥或真空干燥，脱水后即得成品大豆油。

4.6.8.2 精制菜油、菜籽色拉油的精炼

（1）工艺过程

$$浸出毛油 \rightarrow \boxed{水化} \rightarrow \boxed{碱炼} \rightarrow \boxed{水洗} \rightarrow \boxed{脱色} \rightarrow \boxed{脱臭} \rightarrow \boxed{过滤} \rightarrow 成品油$$

（2）操作条件

a. 水化操作条件与前述相同。

b. 碱炼、水洗操作条件与前述相同。由于浸出菜籽毛油的酸价较低，碱炼时采用浓度为 14～16°Be′ 的碱液，超碱量为油重的 0.3%～0.5%。为了解决使用超量碱、炼耗高且皂脚松散的问题，可将浓度为 40°Be′ 的泡花碱溶液与碱液混合使用。泡花碱的用量为油重的 0.5%～0.7%。碱炼油一般用热水洗涤两次，但有些油厂为了保证成品油的质量，对碱炼油洗涤三次，第一次用含 0.4% 碱和 0.4% 盐的水溶液，在 90℃ 的温度下对油洗涤，稀碱、盐水的用量为油重的 15%，然后再用热水对油洗涤两次。碱炼时酸价炼耗比为 1：(1.3～1.4)。

c. 脱色前，先在真空下（真空度 700～750mm 汞柱），将油加热到 90℃ 脱水。脱水后油中含水分不大于 0.15%。吸入油重 0.2%～0.6% 的白土（此白土量在复脱色时扣除），搅拌

20min 进行预脱色,然后将油通过上一锅脱色油过滤后未铲去白土滤饼的压滤机,利用半废白土的剩余活力来吸附油中的微量肥皂及杂质。预脱色油过滤时间不超过 2h,过滤结束后,用压缩空气吹压 30min,使废白土渣中含油不超过 27%。将预脱色油吸入脱色锅内升温至 98℃,加入活性白土,在真空度为 700~750mm 汞柱的条件下,进行复脱色。搅拌 20~30min,停止加热,将油冷却到 70~80℃。破真空后将油过滤得脱色油。白土的总用量根据成品油的质量要求而定,精制菜油的白土用量为油重的 1.5%~2%,色拉油的白土用量为油重的 4%~5%。脱色工序约损失毛油的 1.5%~2%。

d. 将脱色油吸入脱臭锅内,用间接蒸汽加热使油温升至100℃,喷入直接蒸汽(压力为 4.5kg/cm² 左右)翻动,逐渐使油升至 170~180℃,在残压为 700mm 汞柱下,脱臭 6~8h。脱臭停止后,将脱臭油转至真空冷却锅,在搅拌下冷却至 70℃,破真空后将脱臭油泵入压滤机进行精滤得到成品油。过滤机应采用双层滤布,而且滤布应保证清洁无异味。脱臭工序约损失毛油的 0.1%~0.2%。

在原料毛油质量较好的情况下,精制菜油的总精炼率为 93%~94%,色拉油的总精炼率为 92%~93%。

4.6.8.3 棉油籽的精炼
(1) 工艺过程

(2) 操作条件

将过滤毛油泵入中和锅内,调整毛油初温为 20~30℃。搅拌取样验酸价,计算理论碱量和超碱量。一般毛油酸价为 12~13 时,超量碱为油重的 0.2% 左右,碱液浓度多采用 18~20°Be′。在快速搅拌下,将碱液尽速均匀地加入油中,待油中出现较大皂粒,中和即完全,约需 40min。中和完毕即用间接蒸汽加热升温,使油温达到 60~65℃。这时停止升温并改成慢速搅拌,持续 5~10min。静置沉淀 6~8h,然后分出上层净油,放出皂脚并进行盐析,撇取中性油。净油温度在 70℃时,加入比油温高 10℃ 左右的热水进行洗涤,加水量为油重的 10%~15%。洗涤两次。每次洗涤后沉淀半小时,放出废水。将水洗后的净油用常压干燥或真空干燥脱水即得精炼棉籽油。

4.6.8.4 食用米糠油的精炼
(1) 工艺过程

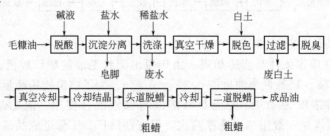

(2) 操作条件

将毛油泵入中和锅内,毛油初温为 30~40℃。搅拌取样化验酸价,确定碱液浓度及用碱量。当毛油酸价为 20 左右时,一般采用浓度 18~22°Be′ 的碱液,其用量为理论碱量。全部碱液快速均匀地加入油中,同时配以快速搅拌。待油中出现较大皂粒时,中和完成,需 30~40min。将油用间接蒸汽升温至 80℃ 左右,改成慢速搅拌,在油中均匀加入与油同温且浓度为 5％左右的稀盐水。加入量为油重的 5％～10％。保温沉淀 8～12h，待油皂分层后，先将上层净油分出转至水洗锅，然后放出皂脚。

使净油升温至 80℃左右，用与油同温或温度略高的浓度为 2％～3％稀盐水对油洗涤。洗涤两次，每次用水量为油重的 8％～10％。沉淀并放出废水。利用真空将水洗后净油吸入脱色锅，在温度 90℃，真空度 740mm 汞柱下，干燥脱水。然后，吸入油重 1％～3％的活性白土，在同样的温度及真空度下搅拌 20min 左右。脱色后破真空，将油泵入压滤机过滤除去废白土，即得脱色油。将脱色油吸入脱臭锅，用间接蒸汽加热使油升温至 150℃以上，在锅内油层中喷入 350～450℃的过热蒸汽（或用 4～5kg/cm² 的饱和蒸汽）。在真空度为 740～750mm 汞柱下脱臭 5h。脱臭后油转入真空冷却锅，冷却至 60℃后转入冷却结晶罐。

油在冷却结晶罐内，慢速搅拌，逐渐使油温冷至 30℃。用压滤机进行第一次过滤，除去大部分粗糠蜡。然后将油温继续冷却至 25℃以下，在此温度下冷却 24h 后，进行第二次过滤，进一步除去米糠油中的蜡质，即得食用米糠油。

4.7 油脂氢化及食用油脂制品和标准

4.7.1 油脂氢化

天然油脂由一系列饱和脂肪酸及不饱和脂肪酸组成。在一定条件下通过加氢发生化学反应得到饱和程度较高的油脂即称为油脂的氢化（oil hydrogenation）。

4.7.1.1 油脂氢化的基本原理

（1）氢化反应的过程

油脂氢化是按照下式方式将氢直接加到油脂分子的双键上。

$$-CH=CH-+H_2 \xrightarrow{\text{催化剂}} -CH_2-CH_2-$$

由于油脂的脂肪酸组成很复杂，甘油三酸酯分子中所含脂肪酸种类及所处位置各不相同，加氢反应在不同位置的双键处进行，反应速度各异，反应历程也各不相同，而且可产生众多种产物或中间产物。因此，实际上氢化反应过程是极其复杂的。在氢化中，油脂和氢气中只有在活性金属催化剂存在的情况下反应。氢化反应是不可逆的，而且是放热反应。随着双键被饱和，碘值也相应降低，在标准状态下，每降低一个碘值，每公斤油的理论耗氢量为 0.88L，可释放出 1.03kcal 的热量。在 100～200℃范围内，油的比热为 0.5～0.6kcal/kg·℃，即可使油温上升 1.6～1.7℃。

（2）极度氢化和选择性氢化

a. 极度氢化（deep hydrogenation），在一定条件下，通过加氢，将油脂中的双键尽可能全部变成单键，即把油脂分子中的不饱和脂肪酸都变成饱和脂肪酸，所制得的氢化油称为极度氢化油或称为硬化油。硬化油的质量指标主要是达到一定的熔点。

b. 选择性氢化

如前所述，氢化反应的过程很复杂，不同历程的氢化反应是同时发生的，但它们反应的相对速度是不一致的，也就是说，这些反应的速度存在着选择性。

在氢化反应中，采用适当的温度、压力、搅拌速度和催化剂，使油脂中各种脂肪酸的反应速度具有一定的选择性，称为选择性氢化（selection hydrogenation），也称为部分氢化或半氢化。食用油脂通过选择性氢化制得的氢化油中，含有5%～10%的亚油酸、大量的油酸和异构油酸以及一定量的饱和脂肪酸，这种油脂适宜食用，称为食用氢化油。食用氢化油的质量指标除了要达到一定熔点，对氧化稳定性、脂肪酸组成、固体脂肪和异构酸的含量都有一定要求，对重金属残留量也有严格的限制。

（3）油脂氢化的作用

天然油脂都可以氢化，通过氢化可以提高油脂的熔点，降低色泽，并防止油脂的氧化变质和气味回复，因而改善了油脂的品质。

油脂经极度氢化可得到优良的肥皂用油。大豆油、棉籽油、花生油及菜籽油等植物油经过选择性氢化后，可以代替价格较高的猪油、牛油和奶油等。而且氢化后的油脂，其质量比猪脂等天然脂肪更好。

加工食品时使用液体油及其制品易走油、易哈败，为了提高食品质量，宜采用食用氢化油调和成起酥油和人造奶油用于面包、饼干、点心、糖果、冷饮、烘烤和煎炸食品。除了极度氢化和选择性氢化外，还有轻度氢化。它用于大豆油的氢化，目的在于使大豆油中较高的亚麻酸含量降低，同时希望保留更多的在营养生理上有重要作用的亚油酸。这作为精炼的手段之一，通过轻度氢化可以提高油品的稳定性及防止回味。

4.7.1.2 油脂氢化工艺设备

（1）氢化工艺

氢化工艺有连续式和间歇式两种。选择性氢化多般采用间歇式氢化，因为氢化操作要有高度的选择性及较大的变动性，连续式氢化就难以适合这样的要求。一般工艺如下。

原料油 → 预热 → 氢化 → 冷却 → 过滤 → 后脱色 → 脱臭 → 过滤 → 食用氢化油

a. 预热：为了提高氢化锅的利用率，经良好精炼的菜籽油先经预热罐，用氢化后的高温油进行热交换。

b. 氢化：事先用一部分油与催化剂在混合缸内混匀，将其余油泵入氢化锅内，在抽真空下加热，除去油中水分及氢化锅内的空气。等温度达到140℃时，把预先混匀的催化剂和油加入锅内充分混合，这时停止抽真空，通入压力为$2kg/cm^2$的H_2进行氢化。催化剂采用单元镍催化剂，用量为油重0.1%左右。氢化反应是放热反应，对于选择性氢化，温度控制在140～200℃，温度是用蛇管中通入加热蒸汽或冷却水的流量来调节的。催化剂最好分两次加入油中，第一次约加入总用量的1/4，氢化一段时间后，再加入其余的催化剂。氢化过程中要不停的搅拌。在反应中要经常排放氢气中带来的不纯物，如氮、二氧化碳、甲烷等，一般每隔30min排气2～3min。反应终点常以测定氢化油的折光指数来确定。

c. 冷却和过滤：到达反应终点，停止通H_2，将锅内气体放至空气中，再抽真空。破真空后把热油放至预热罐，与未氢化的冷油进行热交换，然后在蛇管内通过冷水，将氢化油冷却到70℃左右，过滤除去催化剂。

d. 后脱色：在温度85℃和真空条件下，用氢化油重0.2%左右的活性白土处理。其目的是除去油中微量镍，具体操作同精炼中的脱色工序。

e. 脱臭：目的是脱除氢化油的特殊气味，具体操作同精炼中的脱臭工序。

f. 过滤：将脱臭后的氢化油冷却到70℃，过滤得到食用氢化油。

（2）间歇式氢化设备

a. 氢化锅

直立圆铜形钢制锅体其上下两端有碟形封头，能承受一定的压力。氢化反应压力一般为

$1\sim6kg/cm^2$。氢化锅的顶部有四个接管，即进油管、真空管、排气管和氢气管。氢气从顶部接管引入后，沿导管通到锅底部装在搅拌翅下面的喷管喷入油中。氢化锅底有一个放油管。

b. 其他设备

在操作时，油和催化剂的投入及加热都须维持真空状态，以便在达到反应温度之前除去油中的空气及水分。故需配备蒸汽喷射泵抽真空。此外还有压滤机、混合缸、预热罐以及氢气调压装置等。

4.7.2 食用油脂制品和标准

4.7.2.1 食用油脂制品

（1）烹饪油

即用于烹调食物及炒菜的油脂制品，炒菜时，油温相当高，蔬菜处于高温下因能够在短时间内快速炒好，所以对维生素 C 的破坏很少。炒菜时，油脂的功能是：改变食物的气味与色泽；防止食物受热而互粘；使食物具有独特的味道。因此，要求烹饪油的气味纯正；烟点高，加热时不会在较低的温度时就大量冒烟；炒菜后不使蔬菜和食物着色很深或出现黑色沉淀物。烹饪油是植物油经过脱胶、脱酸、脱色、脱臭等工序的全部或其中部分工序精炼制成的。

（2）煎炸油

即用于煎炸食品的油脂制品。煎炸食品时油脂的作用是：作为热媒介质将热传给所炸的食品；使油炸食品吸收或附有油脂，以增加食品的滋味和营养价值。煎炸的目的，即在于使食品成分中的淀粉 α 化和蛋白质变性。也就是让被炸食品的中心通过火力，使食品炸熟，外观成黄褐色或黄白色。油锅中的油在近 200℃ 的高温下，需要很长时间才被消耗掉，因此要求煎炸油应具有较强的抗氧化稳定性，使用一段时间后不易产生臭味和不致产生毒性。另外还要求煎炸油烟点高，不会在油余时大量冒烟。油余时起泡少，油泡的持续性短，易消失，且煎炸油的耗油量少。

煎炸油也是植物油经过脱胶、脱酸、脱色、脱臭等工序的全部或其中部分工序精炼制成的。国外在对油炸食品质量要求较高的场合中多采用棕榈油或氢化油作煎炸油。

（3）凉拌油

即用于凉拌生鲜菜的油脂制品。中餐中凉拌油多采用小磨麻油，但在西餐中却采用色拉油作凉拌油。色拉油即无味、色淡的油，由英文（salad）译名而得，意为可用于凉拌生菜及用于生吃的食用油。因此，要求色拉油在任何时候使用都不得有异味，颜色要淡。而且，要求色拉油必须具有特别的耐寒性，在低温下难以冻结，也不会产生浑浊。在美国，要求色拉油在 0℃ 放置 5.5h 也能保持透明状；置于家庭用的冷藏设备中，要求在 $5\sim8$℃ 之内长时间也不会失去流动性。

严格地讲，色拉油的制作，除了脱胶、脱酸、脱色、脱臭等工序外，还必须经过其"冬化"即将油冷却，使油中所含高溶点的甘油三酸酯凝结析出并滤去这些固体酯，得到液体油的工艺过程。

（4）调合油

即用几种脂肪酸组成不同的油脂调配成的油脂制品，它可以有助于改善油品营养价值或风味。调合油有以下几种类型。

a. 营养调合油（或称亚油酸调合油）

一般以向日葵油为主，配以大豆油、玉米胚芽油和棉籽油，调至亚油酸含量约为 60%，油酸含量约为 30%，软脂酸含量约为 10%。

b. 经济调合油

以菜籽油为主，配以一定比例的大豆油，其价值比较低廉。

c. 风味调合油

将菜籽油、棉籽油、米糠油与香味浓厚的花生油按一定比例调配成"轻味花生油"，或将前三种油与芝麻油以适当比例调合成"轻味芝麻香油"。

d. 煎炸调合油

用棉籽油、菜籽油和棕榈油（或猪油）按一定比例调配，制成含芥酸低、脂肪酸组成平衡、起酥性能好、烟点高的煎炸调合油。

上述调合油所用的各种食用油脂，除芝麻油、花生油、棕榈油（或猪油）外，均为全炼色拉油。

（5）人造奶油

系指食用油脂加水乳化后，经速冷捏合或不经速冷捏合而制成具可塑性或流动性的油脂制品。其工艺如下。

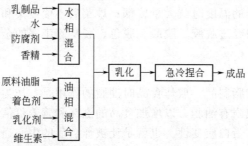

在膳食中，人造奶油用于涂抹面包等，在西式烹饪中用于肉汤、炒菜和糕点的制作。在食品行业，人造奶油用于以下几个方面。

a. 熔解后涂抹在面包卷和小甜饼干上，使之带有奶油的香味。

b. 熔解后或不予熔解而用于糖霜与起泡性乳化油中。

c. 调制于乳酪糖霜和糕点奶油之中。

d. 调制于小甜饼干的面团之中。

e. 调制于馅饼中。

人造奶油必须具备良好的保形性，置于室温时，不熔化，不变态；良好的展延性，置于低温时，往面包上涂抹仍然能够伸展涂抹；良好的口熔性，置于口中能迅速熔化；营养价值高，亚油酸与饱和脂肪酸的比值为 1.2～2 以上；令人喜爱的风味。将原料油脂送入油相混合罐，与乳化剂、维生素、着色剂和抗氧化剂等油溶性的辅料混合。然后在水相混合罐内将含乳成分、水、食盐等辅料配成水溶相。油溶相与水溶相在乳化罐内进行预备乳化处理，然后通过急冷捏合机进行正式乳化、急速冷却与混合等处理。再将产品在恒温下静温一段时间，使产品结晶稳定化，即得人造奶油。

（6）起酥油

是指精炼的动植物油脂、氢化油或上述油脂的混合物，经急冷捏合，或不经急冷捏合加工出来的固状或流动性油脂制品。起酥油具备可塑性、乳化性等加工性能。起酥油几乎用于食品行业的一切制作中，制作糕点、面包则是它的主要途径。欧美在油炸食品时，用起酥油的情况也很多。

起酥油必须具备：良好的起酥性，即将起酥油调制面粉时，油覆盖于面粉的周围，隔断了面粉之间的相互联系，或者为防止面筋与淀粉的固着，而使制品酥脆；良好的酪化性，当与面粉、砂糖等充分地掺混调制时，能使空气裹入，因此使制出的面包蜂窝很细致；良好的稠度，即使在比较高的温度下（40℃）不会稀软，而在低温下也不太硬，使用时很方便；良好的保存稳定性，制作的食品经过较长期保存也不会变质。

起酥油的加工工艺如下。

原料 → 调制配合 → 急冷捏合 → 包装 → 熟化 → 成品

在配料槽，将食用油、乳化剂等混合，送入急冷捏合机。按容积比送入 10％～20％ 的氮气，使调配的原料进行分散。将急冷捏合的产品马上包装，置于 20～30℃ 的室温下保存 2 天，使之熟化，使成品结晶稳定化。

（7）代可可脂

巧克力用油，要求其口熔性及风味良好，在常温下硬固，在体温以上较狭窄的温度范围内即能熔化。而且要求抗氧化稳定性好。巧克力所用的油脂本来是天然产的可可脂，由可可豆制得。比较适合我国国情的代可可脂加工工艺如下。

植物油
（50％棕榈油，50％大豆油） → 氢化异构化 → 结晶分提 → 代可可脂

以 50％大豆油与 50％棕榈油混合，在温度为 200～210℃ 下，用压力为 $1kg/cm^2$ 的氢气进行氢化异构化反应。使用单元镍催化剂，添加量为油重的 0.5％。然后将氢化产品溶于丙酮溶剂，溶剂比为 1∶3，冷却至 20℃，饱和三甘酯沉淀，过滤除掉沉淀物，将丙酮溶液进一步冷却，温度降至 0℃ 时二饱和、一不饱和甘油酯沉淀，过滤出沉淀物，通过蒸发除掉溶剂，即得代可可脂。

（8）粉末油脂

粉末油脂其外观为粉末状的固体，即食用油脂的微粒被蛋白质等胶状物质包裹着。其制作过程是：将油脂和乳化剂、明胶、酪朊等蛋白质或者淀粉等在水中进行乳化，然后将其喷雾干燥使形成粉末状态。其特征是油脂的粒子被胶体物质所包裹，与外界气体隔断，因而可以长期保存。另外，粉末油脂不往外透油，能保持干燥原形而很容易地与其他食品进行混合。

粉末油脂可以与小麦粉、砂糖、乳粉等调和，制成混合饼干，也可以用于粉末肉汤、快餐咖喱饭或各种保存食品与营养剂。

4.7.2.2　食用油脂制品的标准

我国是世界上最大的油料生产国、食用油生产国及食用油进口国和食用油消费国。特别是近 20 年来，我国的食用油工业得到了飞速发展，加工量显著增加，食用油品种不断增多，生产装备技术水平显著提高，能耗不断下降。但在食用油工业快速发展过程中，在可预见的食用油安全范围内，还存在因化学类异物污染、内源性品质劣变、抗氧化剂超标以及掺伪掺假等引起的食用油安全性问题。化学类异物污染主要包括矿物油、杀虫剂残留、二噁英及类似物、塑化剂、其他多环芳烃类、重金属离子等。食用油内源性品质劣变指油脂、蛋白及其他物质氧化、聚合、降解产物，典型的如 3-氯丙醇、缩水甘油酯等。油脂最常用的抗氧化剂虽然合法，但存在滥用现象。掺假掺伪主要体现在掺入桐油、蓖麻油，使人中毒；掺入可食用低价油，以次充好；掺入废弃食用油、地沟油等。因此，根据目前我国食用植物油的现状，自 2003 年开始制定了 GB 11765—2003 关于各类食用油的标准，并于 2005 年全面实施。其标准见表 4-3～表 4-10 所示，现行的各类油脂企业，生产的使用油符合要求，即可销售。

表 4-3　菜籽原油质量指标

项　目	质　量　指　标
气味、滋味	具有棉籽原油固有的气味和滋味,无异味
水分及挥发物/%,≤	0.20
不溶性杂质/%,≤	0.20
酸值(以 KOH 计)/(mg/g),≤	4.0
过氧化值/(mmol/kg),≤	7.5
溶剂残留量/(mg/kg),≤	100

注:玉米、葵花籽、茶籽、米糠、棉籽等原油的质量指标同此表指标。

表 4-4　压榨成品菜籽油、浸出成品菜籽油质量指标

项　目		质　量　指　标			
		一级	二级	三级	四级
色泽	罗维朋比色槽 25.4mm,≤	—	—	黄 35,红 4.0	黄 35,红 7.0
	罗维朋比色槽 133.4mm,≤	黄 20,红 2.0	黄 35,红 4.0	—	—
气味、滋味		无气味、口感好	气味、口感良好	具有菜籽油固有的气味和滋味,无异味	具有菜籽油固有的气味和滋味,无异味
透明度		澄清透明	澄清透明	—	—
水分及挥发物/%,≤		0.05	0.05	0.10	0.20
不溶性杂质/%,≤		0.05	0.05	0.05	0.05
酸值(以 KOH 计)/(mg/g),≤		0.20	0.3	1.0	3.0
过氧化值/(mmol/kg),≤		5.0	5.0	6.0	6.0
加热试验(280℃)		—	—	无析出物;罗维朋比色:黄色值不变,红色值增加小于 0.4	微量析出物;罗维朋比色:黄色值不变,红色值增加小于 4.0,蓝色值增加小于 0.5
含皂量/%				0.03	
烟点/℃,≥		215	205	—	—
冷冻试验(0℃储藏 5.5h)		澄清透明	—	—	—
溶剂残留量/(mg/kg)	浸出油	不得检出	不得检出	≤50	≤50
	压榨油	不得检出	不得检出	不得检出	不得检出

注:"—"者不做检测。压榨油和一、二级油的溶剂残留量检出值小于 10mg/kg 时,视为未检。

表 4-5　压榨成品玉米油、浸出成品玉米油质量指标

项　目		质　量　指　标			
		一级	二级	三级	四级
色泽	罗维朋比色槽 25.4mm,≤	—	—	黄 30,红 3.5	黄 30,红 6.5
	罗维朋比色槽 133.4mm,≤	黄 30,红 3.0	黄 35,红 4.0	—	—
气味、滋味		无气味、口感好	气味、口感良好	具有玉米油固有的气味和滋味,无异味	具有玉米油固有的气味和滋味,无异味

项　　目	质 量 指 标			
	一级	二级	三级	四级
透明度	澄清透明	澄清透明	—	—
水分及挥发物/%，≤	0.05	0.05	0.10	0.20
不溶性杂质/%，≤	0.05	0.05	0.05	0.05
酸值(以 KOH 计)/(mg/g)，≤	0.20	0.30	1.0	3.0
过氧化值/(mmol/kg)，≤	5.0	5.0	6.0	6.0
加热试验(280℃)	—	—	无析出物；罗维朋比色：黄色值不变，红色值增加小于0.4	微量析出物；罗维朋比色：黄色值不变，红色值增加小于4.0，蓝色值增加小于0.5
含皂量/%	—	—	0.03	0.03
烟点/℃，≥	215	205	—	—
冷冻试验(0℃储藏 5.5h)	澄清透明	—	—	—
溶剂残留量 /(mg/kg) 浸出油	不得检出	不得检出	≤50	≤50
溶剂残留量 /(mg/kg) 压榨油	不得检出	不得检出	不得检出	不得检出

注："—"者不做检测。压榨油和一、二级油的溶剂残留量检出值小于10mg/kg时，视为未检。

表 4-6　压榨成品葵花籽油、浸出成品葵花籽油质量指标

项　　目		质 量 指 标			
		一级	二级	三级	四级
色泽	罗维朋比色槽 25.4mm，≤	—	—	黄 35,红 3.0	黄 35,红 5.0
色泽	罗维朋比色槽 133.4mm，≤	黄 15，红 1.5	黄 25，红 2.5	—	—
气味、滋味		无气味、口感好	气味、口感良好	具有葵花籽油固有的气味和滋味，无异味	具有葵花籽油固有的气味和滋味，无异味
透明度		澄清透明	澄清透明	—	—
水分及挥发物/%，≤		0.05	0.05	0.10	0.20
不溶性杂质/%，≤		0.05	0.05	0.05	0.05
酸值(以 KOH 计)/(mg/g)，≤		0.20	0.30	1.0	3.0
过氧化值/(mmol/kg)，≤		5	5	7.5	7.5
加热试验(280℃)		—	—	无析出物；罗维朋比色：黄色值不变，红色值增加小于0.4	微量析出物；罗维朋比色：黄色值不变，红色值增加小于4.0，蓝色值增加小于0.5
含皂量/%		—	—	0.03	—
烟点/℃，≥		215	205	—	—
冷冻试验(0℃储藏 5.5h)		澄清透明	—	—	—
溶剂残留量 /(mg/kg)	浸出油	不得检出	不得检出	≤50	≤50
溶剂残留量 /(mg/kg)	压榨油	不得检出	不得检出	不得检出	不得检出

注："—"者不做检测。压榨油和一、二级油的溶剂残留量检出值小于10mg/kg时，视为未检。

表 4-7　浸出成品油茶籽油质量指标

项　目		质　量　指　标			
		一级	二级	三级	四级
色泽	罗维朋比色槽 25.4mm,≤	—	—	黄 35,红 2.0	黄 35,红 5.0
	罗维朋比色槽 133.4mm,≤	黄 30,红 3.0	黄 35,红 4.0		
气味滋味		无气味、口感好	气味、口感良好	具有油茶籽油固有的气味和滋味,无异味	具有油茶籽油固有的气味和滋味,无异味
透明度		澄清透明	澄清透明	—	—
水分及挥发物/%,≤		0.05	0.05	0.10	0.20
不溶性杂质/%,≤		0.05	0.05	0.05	0.05
酸值(以 KOH 计)/(mg/g),≤		0.20	0.30	1.0	3.0
过氧化值/(mmol/kg),≤		5.0	5.0	6.0	6.0
加热试验(280℃)		—	—	无析出物;罗维朋比色:黄色值不变,红色值增加小于 0.4	微量析出物;罗维朋比色:黄色值不变,红色值增加小于 4.0,蓝色值增加小于 0.5
含皂量/%		—	—	0.03	0.03
烟点/℃,≥		215	205		
冷冻试验(0℃储藏 5.5h)		澄清透明	—	—	—
溶剂残留量/(mg/kg)	浸出油	不得检出	不得检出	≤50	≤50
	压榨油	不得检出	不得检出	不得检出	不得检出

注:"—"者不做检测。压榨油和一、二级油的溶剂残留量检出值小于 10mg/kg 时,视为未检。

表 4-8　压榨成品油茶籽油质量指标

项　目	质　量　指　标	
	一级	二级
色泽(罗维朋比色槽 25.4mm),≤	黄 30,红 3.0	黄 35,红 4.0
气味、滋味	具有油茶籽油固有的气味和滋味,无异味	具有油茶籽油固有的气味和滋味,无异味
透明度	澄清透明	澄清透明
水分及挥发物/%,≤	0.10	0.15
不溶性杂质/%,≤	0.05	0.05
酸值(以 KOH 计)/(mg/g),≤	1.0	2.5
过氧化值/(mmol/kg),≤	6.0	7.5
加热试验(280℃)	无析出物;罗维朋比色:黄色值不变,红色值增加小于 0.4	微量析出物;罗维朋比色:黄色值不变,红色值增加小于 4.0,蓝色值增加小于 0.5

表 4-9　压榨成品棉籽油、浸出成品棉籽油质量指标

项　目		质　量　指　标		
		一级	二级	三级
色泽	罗维朋比色槽 25.4mm，≤	—	—	黄 35，红 8.0
	罗维朋比色槽 133.4mm，≤	黄 35，红 3.5	黄 35，红 5.0	—
气味、滋味		无气味、口感好	气味、口感良好	具有棉籽油固有的气味和滋味，无异味
透明度		澄清、透明	澄清、透明	—
水分及挥发物/%，≤		0.05	0.05	0.2
不溶性杂质/%，≤		0.05	0.05	0.05
酸值(以 KOH 计)/(mg/g)，≤		0.20	0.30	1.0
过氧化值/(mmol/kg)，≤		5.0	5.0	6.0
加热试验(280℃)		—	—	无析出物；罗维朋比色：黄色值不变，红色值增加小于 0.4
含皂量/%，≤		—	—	0.03
烟点/℃，≥		215	205	—
冷冻试验(0℃储藏 5.5h)		澄清、透明	—	—
溶剂残留量/(mg/kg)	浸出油	不得检出	不得检出	≤50
	压榨油	不得检出	不得检出	不得检出

注："—"者不做检测。压榨油和一、二级油的溶剂残留量检出值小于 10mg/kg 时，视为未检出。

表 4-10　压榨成品米糠油、浸出成品米糠油质量指标

项　目		质　量　指　标			
		一级	二级	三级	四级
色泽	罗维朋比色槽 25.4mm，≤	—	—	黄 35，红 3.0	黄 35，红 6.0
	罗维朋比色槽 133.4mm，≤	黄 35，红 3.5	黄 35，红 5.0	—	—
气味滋味		无气味、口感好	气味、口感良好	具有米糠油固有的气味和滋味，无异味	具有米糠油固有的气味和滋味，无异味
透明度		澄清透明	澄清透明	—	—
水分及挥发物/%，≤		0.05	0.05	0.10	0.20
不溶性杂质/%，≤		0.05	0.05	0.05	0.05
酸值(以 KOH 计)/(mg/g)，≤		0.20	0.30	1.0	3.0
过氧化值/(mmol/kg)，≤		5.0	5.0	7.5	7.5
加热试验(280℃)		—	—	无析出物；罗维朋比色：黄色值不变，红色值增加小于 0.4	微量析出物；罗维朋比色：黄色值不变，红色值增加小于 4.0，蓝色值增加小于 0.5
含皂量/%		—		0.03	0.03

项　目		质量指标			
		一级	二级	三级	四级
烟点/℃,≥		215	205	—	—
冷冻试验(0℃储藏 5.5h)		澄清透明	—	—	—
溶剂残留量 /(mg/kg)	浸出油	不得检出	不得检出	≤50	≤50
	压榨油	不得检出	不得检出	不得检出	不得检出

注："—"者不做检测。压榨油和一、二级油的溶剂残留量检出值小于 10mg/kg 时，视为未检。

思考题

1. 带壳的油料有哪些剥离的方法？为什么？
2. 油料为什么要蒸炒？为什么要破碎和轧坯？
3. 制油有哪些方法？各有什么特点？
4. 绘制浸出法制油工艺流程图？并对工艺特点加以说明。
5. 浸出法制油的溶剂为什么要回收？为什么防火安全要求特别严格？
6. 毛油精炼的目的？毛油和精炼油各有什么特点？
7. 油脂精炼有哪些方法和原理？
8. 比较精炼油脂的下脚料和精炼油的营养价值？
9. 油脂精炼后的香味为什么消失？为什么产生腥味？
10. 芝麻为什么能用水代发提取？有没有其他的原料能采用此法？
11. 油脂为什么要氢化？氢化油和未氢化油有什么本质不同？
12. 什么是炼耗？什么是油脂的"冬化"？
13. 有哪些原料能用来制油？
14. 目前有多少种可食用油脂？

第5章 杂粮加工

本章学习的目的和重点： 了解我国主要杂粮的基本结构和化学成分，以便针对不同的杂粮采用不同的加工工艺和开发不同的产品；重点掌握不同杂粮化学成分之间的差异、特性及现有主要产品的加工技术；掌握杂粮加工的现状及其开发类似的农副产品。

5.1 玉米加工技术

玉米（*Zea mays*）是我国主要粮食作物之一，由于它具有耐旱、高产的特点，种植地区分布很广，其中以东北、华北地区的播种面积最大。玉米的总产量在我国仅次于稻谷、小麦，名列第三位，它是我国东北、华北、西北等地区人民的主要生活用粮之一。

玉米的种类很多，按籽粒的颜色可分为黄色、白色、黄白色、红黄色四种，其中黄色约占 68.8%，白色占 17.2%，黄白色占 12.5%，红黄色占 1.5%；如按籽粒的粒型分，又可分为硬粒型、马齿型、中间型、硬偏马型、马偏硬型五种，其中马齿型占 44.1%，硬粒型占 18.9%，马偏型占 16.5%，中间型占 11.8%，硬偏马型占 8.7%。区分粒型的依据为：以 100 粒玉米为标准，全部籽粒为硬粒者，定为硬粒型；全部籽粒为马齿型者定为马齿型；各占一半者，定为中间型；硬粒占 75% 左右者，定为硬偏马齿型；马齿型籽粒占 75% 左右者，定为马偏型。马齿型玉米籽粒的粒度较大，角质胚乳位于两侧，顶部和中央则为粉质胚乳，顶端凹陷，呈马齿状，粒色多为黄色或白色，籽粒易碎。硬粒型玉米籽粒较小，坚硬，有光泽，顶部圆形，角质胚乳包围整个顶端与两侧，仅籽粒中央才有粉质胚乳，色泽黄白，偶有红色，籽粒破碎困难。对于食品加工所需的品质来说，以玉米中直链和支链淀粉含量的高低，可分为高直链玉米、普通玉米和糯性玉米（高支链淀粉含量）等类型。

5.1.1 玉米的籽粒结构

玉米（corn，maize）的籽粒结构由皮层、胚乳、胚、胚基等部分组成，如图 5-1 所示。玉米的皮层又包括果皮、种皮、糊状皮（色层）等部分。其果皮结构紧密，有光泽，粗纤维含量高，韧性大，不易破碎，但用水润湿后较易剥除。皮层重量约占整个籽粒质量的 6.7%。玉米的胚乳可分为角质和粉质两类。角质胚乳的组织结构紧密，硬度大。粉质胚乳的组织结构松散，硬度小。角质率高的玉米，剥皮时不易碎，适宜制糁，出糁率高；粉质率高的玉米，剥皮时易碎，宜于制粉。玉米

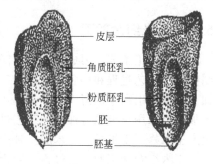

图 5-1 玉米的籽粒结构

皮层

角质胚乳

粉质胚乳

胚

胚基

胚乳约占整个籽粒重量的 80%。胚位于玉米籽粒的基部，其中含有大量的脂肪，并含有较多的维生素，其重量占玉米籽粒的 11%～14%，是制取玉米油的原料。胚基占玉米籽粒重量的 1.0%～1.5%。

5.1.2　玉米的化学成分

玉米的主要化学成分如表 5-1、表 5-2 所示。玉米中所含的淀粉和蛋白质主要集中在胚乳中，所以，胚乳是加工玉米糁、玉米粉的好原料。玉米胚中所含灰分较多，在加工过程中，剥皮提胚有利于提高玉米糁、玉米粉的质量。玉米含 3.6%～6.5% 的脂肪，这些脂肪有 83.5% 集中在胚中，如不采取提胚制粉，则玉米粉易氧化变质，不易贮藏，且玉米是制取食用油的重要原料。

表 5-1　玉米籽粒的化学成分

品种		值别	千粒重/g	籽粒各部分重量比/%				籽粒各部分成分的含量/%					
粒色	粒型			皮	胚	角质	粉质	蛋白质	淀粉	糖	纤维素	脂肪	灰分
黄 68.8%	马齿型 44.1%	平均值	295	6.7	11.2	49.1	32.8	9.6	72.0	1.58	1.92	4.9	1.56
白色 17.2%	硬粒型 18.9%												
	马偏硬型 16.5%												
黄白 12.5%	中间型 11.8%	大小范围	131～435	4.3～10.8	7.2～15.3	35.1～66.9	14.9～48.7	6.5～13.2	61.6～78.7	1.05～2.82	1.5～2.51	3.6～6.5	1.04～2.07
红黄 1.5%	硬偏马型 8.7%												

表 5-2　马齿玉米各组成部分的化学成分

玉米籽粒组成部分	对籽粒的重量比/%	对籽粒的含量比				
		蛋白质/%	脂肪/%	淀粉/%	糖/%	灰分/%
皮	5.5	2.0	1.5	0.5	1.5	2.0
胚乳	82	75	15	98	26.5	17
胚	11.5	22	83.5	1.5	72	80
胚基	1.0	1.0				1.0

5.1.3　玉米综合加工

玉米加工工艺，因成品要求不同而加工方法不同，可分为玉米综合加工工艺过程、提胚制糁加工工艺过程和提胚制粉加工工艺过程等。由于综合加工能提高产品的出品率（比单独加工玉米糁出品率提高 15%～20%），增加产品的品种，提高了玉米的利用率等，目前的玉米加工都采用玉米综合加工的工艺过程。所谓玉米综合加工，是指同一种玉米原粮，可同时生产玉米糁、玉米粉、玉米胚三种产品。

玉米综合加工的工艺过程一般为：

玉米的清理→着水和润粮→脱皮→破糁与脱胚→提糁与提胚→磨粉

对各工序的工艺效果具体要求如下。

5.1.3.1　玉米的清理

玉米与其他粮一样，其中混有各种有机和无机杂质。在玉米制糁，制粉前，必须将这些杂质清理干净，以保证生产过程的正常进行和产品的纯度。清理后的玉米含尘芥杂质不得超过 0.03%，其中砂石不超过 0.02%。常用的清理设备有振动筛、平面回转筛、比重去石机、立式砂臼碾米机、永磁滚筒或马蹄形磁钢、立式洗麦机等。

5.1.3.2　玉米的着水和润粮

玉米着水的目的是为了增加表皮的韧性，减少脱皮过程中表皮的破碎率，有利于脱皮。同时，玉米胚吸水膨胀，质地变韧，在机械力作用下不易破碎，以提高提胚效率。着水量应根据原粮的水分确定，一般掌握加工玉米的水分在 15%～17% 之间。在着水过程中，可喷入蒸汽，叫做润气。润气的目的在于：提高着水温度，加速水分向皮层和胚的渗透速度，并控制水分不向胚乳内部渗透。润气与室温有关，如在北方的夏季、秋季，室温在 20℃ 以上（即水温在 20℃ 以上），可不必润气。如在冬末春初，水温低，玉米的吸水能力差，则需润气，使水温增至 40～50℃，加速着水的速度。润粮的目的是使水分均匀地渗透玉米的皮层和胚。玉米润粮时间的长短，要根据原粮工艺品质确定。如玉米角质率在 80% 以上，润粮时间为 10min 左右；角质率在 80% 以下，润粮时间可在 5～8min 之间。着水和润粮的设备，一般可采用水龙头或水杯着水机，通过螺旋输送机搅拌，并在螺旋输送机的进口处设蒸气管，向机内玉米喷气。经着水喷气后的玉米进入润粮仓润粮。

5.1.3.3　玉米的脱皮

玉米的脱皮分干法和湿法两种。干脱皮是指我国北方地区冬季原粮水分较高、可不经着水直接脱皮的加工方法。湿法脱皮是指着水润粮后的脱皮方法。脱皮的机械设备，通常采用砂辊碾米机，但在技术数据上要与之相适应。如三节砂辊碾米机用于脱皮，则碾白室间隙要放大，筛孔要放大（1.5×12)mm，转速要加快，进出口要放大，米刀要增加。如采用 330 立式砂臼碾米机脱皮，则碾米机出口要大，碾白室间隙可增至 20mm，一般最少需采用三机串联脱皮。

玉米脱皮时，既要求脱皮效率高，又要求尽量减少碎粒。所以，在操作时，如果用于干法脱皮，应掌握前道米机的脱皮率为 8%～10%（脱皮 1/2 的整粒和半破粒），后道米机应达到 40% 以上；中、小碎粒不超过 12%；如果用湿法脱皮时，前道米机的脱皮率可达 15%～20%，后道米机可达 55% 以上；中、小碎粒均不超过 12%。

5.1.3.4　玉米的破糁和脱胚

玉米破糁和脱胚的目的是将脱皮后的玉米破碎加工成大、中、小玉米糁，同时使玉米胚脱落。因此，对破糁脱胚工序的要求是：①破碎后的玉米糁最好能接近正方形，并破碎成 4～6 瓣，不需再经过整形精制；②破碎效率一般要达到 60%～70%，减少回流的整粒和接近整粒的大碎粒；③脱胚效率要高，一般应在 80% 以上，尽量保持胚的完整，不受损伤；④破碎中要尽量减少玉米粉的数量。目前用于破糁脱胚的设备有磨粉机、横式砂铁辊碾机、粉碎机等。

5.1.3.5　玉米的提糁与提胚

经破碎后的物料大体可分为：整粒、大碎粒、大糁、中糁、小糁、玉米粉、玉米皮、玉米胚等八大类。提糁、提胚在于将糁、胚、皮三种物料分离，同时根据糁的类型进行分级，并保证糁的纯度及提高提胚的效率。糁、胚、皮三种物料的分离，要根据物料的粒度大小、比重和悬浮速度方面的差异，选用适当的设备，以达到分离的目的。一般用筛理的方法根据物料粒度的大小进行分级，并将胚集中到某一种分级物料中，然后再提胚。通常 90% 以上的胚，集中在 5孔/英寸的筛下物和 7孔/英寸的筛上物中（即大糁中）。糁中提胚，可借助它们在悬浮速度、比重等方面的差异加以分离。一般情况下，胚的悬浮速度为 7～8m/s；糁的悬浮速度为 11～14m/s；皮的悬浮速度为 2～4m/s。用于提糁、提胚的设备有振动筛、圆筛、平筛、高方筛、吸风分离器、重力分离机等。图 5-2 是用于提糁、提胚糁的筛有平筛或高方筛，可同时进行糁的分级。从平筛内分出的粉粒中，还可分出小糁粒和玉米粉，小糁粒一般用于磨粉。其分出的玉米粉根据质量，可作为成品玉米粉，也可作为饲料粉处理。如图 5-3 所示吸风分离器除用于粉、皮的分离，也用于糁、胚分离，只要选择适当的吸口风速，即大于胚的悬浮速度，小于糁的悬浮速度，常用吸风分离器。提糁提胚的工艺流程如图 5-4 所示。

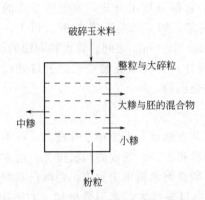

图 5-2　提糁分级筛

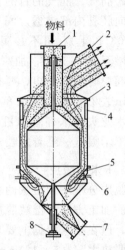

图 5-3　圆柱形吸风分离器结构示意图
1—进料口；2—出风口；3—圆锥分配器；
4—观察窗；5—阀门；6—出气口；
7—出料口；8—底座

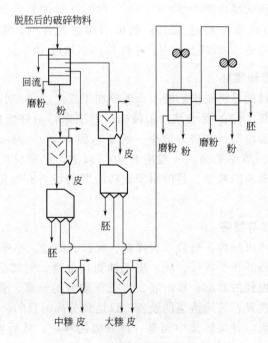

图 5-4　提糁提胚工艺流程

5.1.3.6 玉米综合加工工艺

如图 5-5 为日加工 100t 玉米综合加工工艺流程。加工的原粮以硬粒型玉米为主，提出大、中、小糁占原粮的 35% 左右，提取胚占原粮的 10% 左右（纯度 80% 以上），提取粗粉占原粮的 40% 左右，提取玉米粉（或饲料）占原粮的 12% 左右，其他为下脚料约占原粮的 3%。清理部分，采用了"二筛一去石一磁选"的工艺流程。着水润粮采用了水、气和螺旋输送机。因原粮为角质率较高的硬粒型玉米，故润粮时间应在 10～15min 为宜。脱皮流程中未进行分级，脱皮过程中的粉粒可作为饲料或用作膳食纤维食品的原料。经过清理、脱皮后的物料，进入破糁脱胚流程，可采用制粉设备中的挑担式平筛或高方筛进行产品分级。分级后，5W 筛孔的筛上物经吸风去皮后回流到粉碎机重新破糁、脱胚。5～7W 筛孔间的物料和 7～10W 筛孔间的物料，分别经吸风分离器吸去皮后进入两台重力分级机，进行提糁和选胚。重力分级机的糁胚混合物料进入头道磨压胚。磨粉采用四道磨粉机，磨辊总接触长度为 400cm，筛理面积为 21.6m²，一道、二道提胚，并在打包前经吸风分离器分离出胚乳粒，以提高胚的纯度。小糁在头道平筛筛出后，经吸风分离器分出玉米皮后打包。经四道磨后的物料，因提糁率较高，为保证玉米粉的质量，可提取一定数量的粉料（可作饲料原料）。一道、二道磨采用的速比为 1.5:1，排列为钝对钝和钝对锋，可加强物料的挤压力，减小切削力，以减少胚在磨压中的破碎。在头道磨后提小糁，经过吸风分离器吸去皮后即打包。

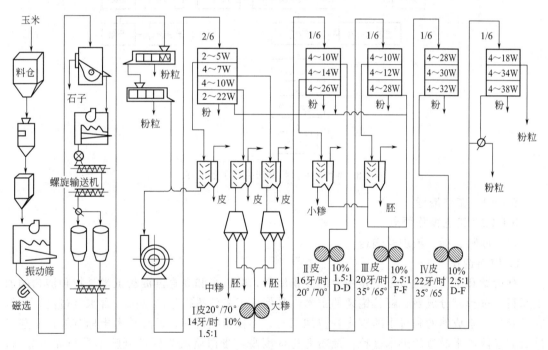

图 5-5 日加工 100t 玉米的综合加工工艺流程

在综合加工过程中，玉米经提取糁和部分胚后，其余的物料则需制成玉米粉，并在制粉的同时进一步提胚。目前用于制取玉米粉和进一步提胚的设备有磨粉机和平筛。一般采用四道磨粉机，流程有两种：一种为一道、二道提胚，三道、四道磨粉；另一种为四道磨粉提胚。如需提取小糁时，一般在一道、二道磨粉时提取。

5.1.4 玉米淀粉的提取

玉米淀粉生产主要包括 3 个主要阶段：玉米清理、玉米湿磨和淀粉的脱水干燥。如果与淀粉的水解或变性处理工序连接起来，可考虑用湿磨的淀粉乳直接进行糖化或变性处理，省去脱水干燥的步骤。图 5-6 为湿法玉米淀粉生产工艺流程，主要分为 4 个部分：玉米的清理去杂、玉米的湿磨分离、淀粉的脱水干燥和副产品的回收利用。其中玉米湿磨分离是工艺的主要部分。

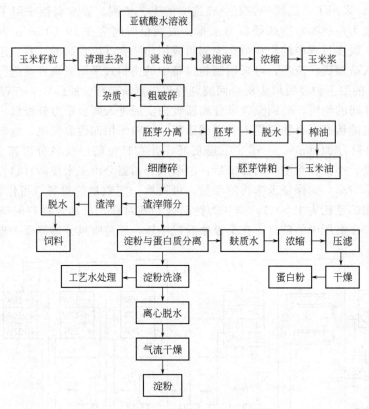

图 5-6　玉米淀粉湿法生产工艺流程

5.1.4.1　工艺流程

5.1.4.2　工艺操作要点

（1）原料选择、清理及输送

a. 原料选择

马齿型和半马齿型黄玉米是主要的淀粉原料，糯玉米和高直链淀粉玉米是特种淀粉的加工原料。选择充分成熟、籽粒饱满的玉米，是保证玉米淀粉得率的基础。含水量过高，籽粒容易变质；未成熟的和过干的玉米籽粒加工时，不仅影响得率，而且技术指标难控；发芽率过低或经热风干燥过的玉米籽粒，淀粉老化程度高，蛋白质成为硬性凝胶不易与淀粉分离，影响淀粉的得率和质量。

b. 清理

玉米在收获、脱粒及运输、储藏的过程中，不可避免地要混进各种杂质，如穗轴碎块、土块、石子、其他植物种子以及瘦瘪、霉变的籽粒，还有昆虫粪便、虫尸以及金属杂质等，籽粒表面还附有灰尘及附着物。这些杂质在浸泡前必须清理干净，否则，增加淀粉中的灰分，降低淀粉的质量，而且石子、金属杂质会严重损坏机器设备。玉米的清理主要用风选、筛选、密度去石、磁选等方法除杂，其原理与小麦、水稻的清理相同。

c. 输送

清理后的玉米一般采用循环水力输送至浸泡罐进行浸泡，即水通过提升机把玉米送至罐顶上的淌筛后与玉米分离再流回开始输送的地方，重新输送玉米，循环使用。输送过程也起到了清洗玉米表面灰尘的作用。在输送过程中，注意定时排掉含有泥沙的污水，补充新水，保证进罐玉米的洁净。

（2）湿磨分离

从玉米的浸泡到玉米淀粉的洗涤整个过程都属于玉米湿磨阶段，在这个阶段中，玉米籽粒的各个部分及化学组成实现了分离，得到湿淀粉浆液及浸泡液、胚芽、麸质水、湿渣滓等。

玉米的浸泡是湿磨的第一个环节。浸泡的效果如何，影响到后面的各个工序，以至影响到淀粉的得率和质量。

玉米浸泡机理和作用　一般情况下，将玉米籽粒浸泡在含有 0.2%～0.3% 浓度的亚硫酸水中，在 48～55℃ 的温度下，保持 60～72h，即完成浸泡操作。

在浸泡过程中亚硫酸水可以通过玉米籽粒的基部及表皮进入籽粒内部，使包围在淀粉粒外面的蛋白质分子解聚，角质型胚乳中的蛋白质失去自己的结晶型结构，亚硫酸氢盐离子与玉米蛋白质的二硫键起反应，从而降低蛋白质的分子质量，增强其水溶性和亲水性，使淀粉颗粒容易从包围在外围的蛋白质间质中释放出来。

亚硫酸作用于皮层，增加其透性，可加速籽粒中可溶性物质向浸泡液中渗透。亚硫酸可钝化胚芽，使之在浸泡过程中不萌发。因为胚芽的萌发会使淀粉酶活化，使淀粉水解，对淀粉提取不利。亚硫酸具有防腐作用，它能抑制霉菌、腐败菌及其他杂菌的生命活力，从而抑制玉米在浸泡过程中发酵。亚硫酸可在一定程度上引起乳酸发酵形成乳酸，一定含量的乳酸有利于玉米的浸泡作用。

经过浸泡可起到降低玉米籽粒的机械强度，有利于粗破碎使胚乳与胚芽分离。浸泡过程可浸提出玉米籽粒中部分可溶性物质，浸泡前后的玉米完成部分可溶性物质的分离。经过浸泡，玉米中 7%～10% 的干物质转移到浸泡水中，其中无机盐类可转移 70% 左右；可溶性碳水化合物可转移 42% 左右；可溶性蛋白质可转移 16% 左右。淀粉、脂肪、纤维素、戊聚糖的绝对量基本不变。转移到浸泡水中的干物质有一半是从胚芽中浸出去的。浸泡好的玉米含水量应达到 40% 以上。

浸泡方法　科学浸泡，适宜的工艺条件，能达到所要求的浸泡效果。

一般说来，浸泡水中的 SO_2 含量应控制在 0.2%～0.3%。含量过低达不到预期的浸泡效果，浓度过高又易产生毒害及腐蚀作用。浸泡温度应控制在 48～55℃ 之间，因为温度低，浸泡时间要延长，温度高于 55℃，淀粉会发生糊化，蛋白质会发生变性而失去亲水性，不易分离。浸泡时间随玉米品种及质量的不同而不同，通常，优质新鲜玉米浸泡时间为 48～50h，未成熟和过于干燥的玉米浸泡时间要延长到 55～60h。高水分的玉米浸泡时间可短些，储藏期长的玉米浸泡时间要长些。目前，世界各国正在致力于在保证浸泡效果的同时，降低浸泡水中 SO_2 的含量，缩短浸泡时间的研究。

玉米浸泡的工艺有 3 种，即静止浸泡法、逆流浸泡法和连续浸泡法。静止浸泡法是在独立的浸泡罐中完成浸泡过程，玉米的可溶性物质浸出少，达不到要求，现已淘汰。逆流浸泡法是国际上通用的方法，该工艺是将多个浸泡罐通过管路串联起来，组成浸泡罐组。各个罐的装料、卸料时间依次排开，使每个罐的玉米浸泡时间都不相同。在这种情况下，通过泵的作用，使浸泡液沿着装玉米相反的方向流动，使最新装罐的玉米用已经浸泡过玉米的浸泡液浸泡，而浸泡过较长时间的玉米再注入新的亚硫酸水溶液，从而增加浸泡液与玉米籽粒中可溶性成分的浓度差，提高浸泡效率。

连续浸泡是从串联罐组的一个方向装入玉米，通过升液器装置使玉米从一个罐向另一个罐转移，而浸泡液则逆着玉米转移的方向流动，工艺效果很好，但工艺操作难度比较大。

亚硫酸水溶液的制备　浸泡玉米用的亚硫酸水溶液是通过硫磺燃烧炉，使硫磺燃烧产生的 SO_2 气体与吸收塔喷淋的水流结合发生反应形成亚硫酸水溶液，经浓度调整后，进入浸泡罐。

（3）玉米的粗破碎与胚芽分离

a. 胚芽分离的工艺原理

玉米的浸泡为胚芽分离提供了条件，因为经浸泡、软化的玉米容易破碎，胚芽吸水后仍保持很强的韧性，只有将籽粒破碎，胚芽才能暴露出来，并与胚乳分离。所以玉米的粗破碎是胚芽分离的条件，而粗破碎过程保持胚芽完整，是浸泡的结果。破碎后的浆料中，胚乳碎块与胚芽的密度不同，胚芽的相对密度小于胚乳碎粒，在一定浓度的浆液中处于漂浮状态，而胚乳碎粒则下沉，可利用旋液分离器进行分离。

b. 玉米的粗破碎

粗破碎就是利用齿磨将浸泡的玉米破成要求大小的碎粒。一般经过两次粗破碎，第一次破碎可将玉米破成 4～6 瓣，经第一次胚芽分离后，再进一步破碎成 8～12 瓣，将其中的胚芽再次分离。进入破碎机的物料，固液之比应为 1：3，以保证破碎要求，如果含液相过多，通过破碎机速度快，达不到破碎效果；如果固相过多，会因稠度过大，而导致过度破碎，使胚芽受到破坏。

c. 胚芽的分离

从破碎的玉米浆料中分离胚芽通用的设备是旋液分离器。水和破碎玉米的混合物在一定的压力下经进料管进入旋液分离器。破碎玉米较重的颗粒浆料做旋转运动，并在离心力的作用下抛向设备内壁，沿着内壁移向底部出口喷嘴。胚芽和玉米皮壳密度小，被集中于设备的中心部位经过顶部喷嘴排出旋液分离器。

在分离阶段，进入旋液分离器的浆料中淀粉乳浓度很重要，第一次分离应保持 11％～13％，第二次分离应保持 13％～15％。粗破碎及胚芽分离过程中，大约有 25％的淀粉破碎形成淀粉乳，经筛分后与细磨碎的淀粉乳汇合。分离出来的胚芽经漂洗，进入副产品处理工序。

（4）浆料的细磨碎

经过破碎和分离胚芽后，由淀粉粒、麸质、皮层和含有大量淀粉的胚乳碎粒等组成破碎浆料。在浆料中大部分淀粉与蛋白质、纤维等仍是结合状态，要经过离心式冲击磨进行精细磨碎。这步操作的主要工艺任务是最大限度地释放出与蛋白质和纤维素相结合的淀粉，为以后这些组分的分离创造良好条件。

磨碎机的主要工作机构是两个带有冲击部件（凸器）的转子，这些凸齿都分布在同心的圆周上，随着由中心向边缘的冲击，每后面一排的各冲击磨齿之间的间距逐渐缩小，以防没有经过凸齿捣碎的胚乳通过。物料进入冲击磨，玉米碎粒经过强力的冲击，使玉米淀粉释放出来，而这种冲击作用，可以使玉米皮层及纤维质部分保持相对完整，减少细渣的形成。

为了达到磨碎效果，要遵守下列工艺规程，进入磨碎的浆料应具有 30～35℃ 的温度，稠度 120～220g/L。用符合标准的冲击磨，可经一次磨碎，达到所要求的磨碎效果。其他各种磨碎机，经一次研磨往往达不到磨碎效果，要经过多次研磨。

（5）纤维分离

细磨浆料中以皮层为主的纤维成分通过曲筛逆流筛洗工艺从淀粉和蛋白质乳液中被分离

出去。曲筛又叫120°压力曲筛，筛面呈圆弧形，筛孔 $50\mu m$，浆料冲击到筛面上的压力要达到 $2.1\sim2.8kg/cm^2$，筛面宽度为 $61cm$，由6或7个曲筛组成筛洗流程。细磨后的浆料首先进入第一道曲筛，通过筛面的淀粉与蛋白质混合的乳液进入下一道工序；筛出的皮渣还裹带部分淀粉，要经稀释后进入第二道曲筛，而稀释皮渣的正是第二道曲筛的筛下物，第二道曲筛的筛上物再经稀释后送入第三道曲筛，稀释第二道曲筛筛出的皮渣用的又是第三道曲筛的筛下物，以此类推。最后一道筛的筛上物皮渣则引入清水洗涤，洗涤水依次逆流，通过各道曲筛。最后一道曲筛的筛上物皮渣纤维被洗涤干净，淀粉及蛋白质最大限度地被分离进入下一道工序。曲筛逆流筛洗流程的优点是淀粉与蛋白质能最大限度地分离回收，同时节省大量的洗涤水。分离出来的纤维经挤压干燥可作为饲料。

（6）麸质分离

通过曲筛逆流筛洗流程的第一道曲筛的乳液中的干物质是淀粉、蛋白质和少量可溶性成分的混合物，干物质中有 $5\%\sim6\%$ 的蛋白质，经过浸泡过程中 SO_2 的作用，蛋白质与淀粉已基本游离开来，利用离心机可以使淀粉与蛋白质分离。在分离过程中，淀粉乳的 pH 值应调节到 $3.8\sim4.2$，稠度应调节到 $0.9\sim2.6g/L$，温度在 $49\sim54℃$，最高不超过 $57℃$。

离心机分离的原理是蛋白质的相对密度小于淀粉，在离心力作用下形成清液与淀粉分离，麸质水和淀粉乳分别从离心机的溢流和底流喷嘴中排除。一次分离不彻底，还可将第一次分离的底流再经另一台离心机分离。分离出来的麸质（蛋白质）浆液，经浓缩干燥制成蛋白粉。

（7）淀粉的清洗

分离出蛋白质的淀粉悬浮液含干物质含量为 $33\%\sim35\%$，其中还含有 $0.2\%\sim0.3\%$ 的可溶性物质，这部分可溶性物质的存在，对淀粉质量有影响，特别是对于加工糖浆或葡萄糖来说，可溶性物质含量高，对工艺过程不利，严重影响糖浆和葡萄糖的产品质量。

为了排除可溶性物质，降低淀粉悬浮液的酸度和提高悬浮液的浓度，可利用真空过滤器或螺旋离心机进行洗涤，也可采用多级旋流分离器进行逆流清洗，清洗时水温应控制在 $49\sim52℃$。

经过上述6道工序，完成了玉米的湿磨分离的过程，分离出了各种副产品，得到了纯净的淀粉乳悬浮液。如果连续生产淀粉糖等进一步转化的产品，可以在淀粉悬浮液的基础上进一步转入糖化等下道工序，而要想获得商品淀粉，则必须进行脱水干燥。

（8）淀粉的脱水干燥

湿淀粉不耐储存，特别是在高温条件下会迅速变质。从上述湿法工艺流程中分离得到含量为 $36\%\sim38\%$ 的淀粉乳要立即输送至干燥车间。淀粉脱水要相继用两种方法：机械脱水和加热干燥。

a. 淀粉的机械脱水

机械脱水对于含水量在 60% 以上的悬浮液来说是比较经济和实用的方法，脱水效率是加热干燥的3倍。因此，要尽可能地用机械方法从淀粉乳中排除更多的水分。玉米淀粉乳的机械脱水一般选用离心式过滤机。自动的卧式离心过滤机是间歇操作的机械，在完成间歇操作时没有停顿。装料、离心分离及卸除淀粉可以连续进行。过滤筛网一般选用120目金属网，筛网借助金属板条和环固定在转子里。

淀粉的机械脱水虽然效率高，但达不到淀粉干燥的最终目的，离心过滤机只能使淀粉含水量达到 34% 左右。真空过滤机脱水只能达到 $40\%\sim42\%$ 的含水量。而商品淀粉要干燥到 $12\%\sim14\%$ 的含水量，必须在机械脱水的基础上，再进一步采用加热干燥法。

b. 加热干燥

淀粉在经过机械脱水后，还含有 36%～38% 的水分，这些水分均匀地分布在淀粉各部分之中。为了蒸发出淀粉中的水分，必须供给对于提高淀粉颗粒内水分的温度所需要的热。

要迅速干燥淀粉，同时又要保证淀粉在加热时保持其天然淀粉的性质不变，主要采用气流干燥法。

气流干燥法是松散的湿淀粉与经过清净的热空气混合，在运动的过程中，使淀粉迅速脱水的过程。经过净化的空气一般被加热至 120～140℃ 作为热的载体，这时利用了空气从被干燥的淀粉中吸收水分的能力。在淀粉干燥的过程中，热空气与被干燥介质之间进行热交换，即淀粉及所含的水分被加热，热空气被冷却；淀粉粒表面的水分由于从空气中得到的热量而蒸发，这时淀粉的水分下降；水分由淀粉粒中心向表面转移。空气的温度降低，淀粉被加热，淀粉中的水分蒸发出来。采用气流干燥法，由于湿淀粉粒在热空气中呈悬浮状态，受热时间短，仅 3～5s，而且，120～140℃ 的热空气温度为淀粉中的水分汽化所降低。所以淀粉既能迅速脱水，同时又保证了天然性质不变。

淀粉干燥按下列顺序工作：离心脱水机卸出的湿淀粉进入供料器，再由螺旋输送器按所需数量送入疏松器。在输送器内进入淀粉的同时，送入热空气，这种热空气是预先经过净化，并在加热器内加热至 140℃。由于风机在干燥机的空气管路中造成真空状态，使空气进入疏松器。疏松器的旋转转子把进入的淀粉再粉碎成极小的粒子，使其与空气强烈搅和。形成的淀粉空气混合物在真空状态下在干燥器的管线中移动，经干燥管进入旋风分离器，淀粉在这样的运动过程中变干。在旋风分离器中混合物分为干淀粉和废气。旋风分离器中沉降的淀粉沿着器壁慢慢掉下来，并经由螺旋输送器排至筛分设备，从而得到含水量为 12%～14% 的纯净、粉末状淀粉，即为可以打包的成品。

5.2　高粱食品加工技术

高粱〔*Sorghumbicolor*（L.）*Moench*〕又称红粮、蜀黍，古称蜀秫，是世界上重要的禾谷类作物之一，主要分布在非洲、亚洲、美洲的热带干旱和半干旱地区，温带和寒带地区也有种植。从世界范围看，它仅次于小麦、水稻、玉米、大麦，种植面积和产量居第五位。我国高粱主要分布在辽宁、吉林、黑龙江、内蒙古、山西和河北等省（区）。高粱有粳性和糯性两种，按粒质分为硬质和软质。籽粒色泽有黄色、红色、黑色、白色或灰白色、淡褐色五种。

5.2.1　高粱的籽粒结构

成熟的高粱（sorghum）种子即籽粒。如图 5-7 所示，籽粒外层由果皮和种皮两部分组成，连接紧密，不易分离，一般占种子的 12% 左右。由于种皮的细胞层含有不同种类和数量的色素，如花青素、类胡萝卜素及叶绿素等，而使种子呈现出红、橙、黄、白等不同的颜色。内部为胚乳部分，与皮层相连的为糊粉层和珠心层，是食用的主要部分。胚部位于籽粒腹部的下端，稍隆起，呈青白半透明状，一般为淡黄色。

成熟的高粱籽粒一般呈椭圆形，其籽粒的大小与品种、产地等因素有关。高粱粒度范围一般为：长 3.7～5.8mm，宽 2.5～4.0mm，厚为 1.8～2.8mm。籽粒的大小和饱满度常用千粒重表示，20g 以下为极小粒，20～25g 为小粒，25～30g 为中粒，30～35g 为大粒，35g 以上为极大粒。

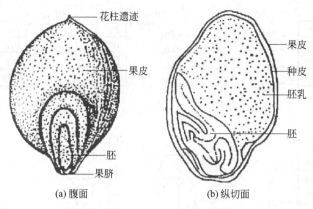

图 5-7　高粱籽粒腹面和纵切面结构图

(a) 腹面　　　　　　　　(b) 纵切面

5.2.2　高粱的化学成分

不同的高粱品种，其化学成分略有差别，但赖氨酸含量均不足，主要成分是淀粉、蛋白质、脂肪、糖分、纤维素、矿物质、水分等。各化学成的含量如表 5-3 所示。

表 5-3　各种高粱的化学成分

品种	水分/%	蛋白质/%	脂肪/%	纤维素/%	淀粉、糖分/%	矿物质/%
白高粱	11.7	10.43	4.37	1.53	69.99	1.92
黄高粱	13.15	9.88	4.02	1.74	69.29	1.92
红高粱	14.3	9.75	3.45	1.34	69.21	1.85
赤褐高粱	13.07	9.87	4.20	1.67	69.35	2.03
一般高粱	10.90	10.20	3.00	3.40	70.80	1.70

5.2.3　高粱粉磨制

高粱深加工产品的原料取决于高粱磨制成粉，是高粱产品开发的关键。高粱粉可分为精粉加工和全粉加工。由于高粱的皮层与胚乳的连接类似糙米皮层与胚乳的关系，而加工成分可利用小麦制粉的工艺。因此，高粱粉的加工，可采用稻谷清理的工艺，先将高粱中的去杂清理，然后脱壳碾成精米，其工艺如图 5-8 所示。

高粱磨制成粉可分为精粉和全粉。精粉所加工的产品口感好，可将去壳高粱先根据产品的要求碾成不同精度的高粱米，再将高粱米按麦心制粉的工艺磨制成不同要求的高粱粉，也可采用玉米淀粉制备的湿法工艺先水磨，经喷雾干燥制粉。由于高粱皮层含有很多维生素、矿物质等成分，为了保持高粱粉的营养价值，可将脱壳后的高粱经如图 5-9 工艺磨粉，同时，还可以提胚和不同等级的粉。

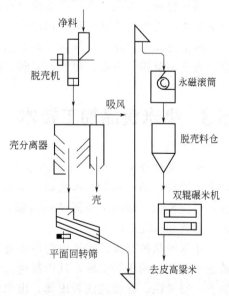

图 5-8　净高粱脱壳碾米工艺流程示意图

5.2.4　高粱产品的开发

在很长一段时间内，我国高粱在东北、黄河流

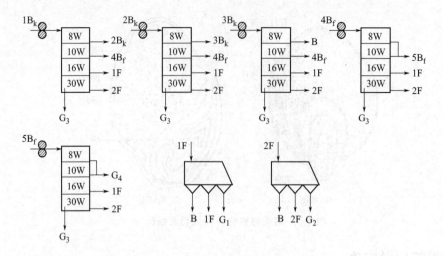

图 5-9　干法提胚制渣工艺流程示意图

域等地区曾为主食，随着人们对营养、健康的重新认识，杂粮主食化逐渐兴起。高粱可开发的产品主要有以下几种。

5.2.4.1　制酒

以高粱为主料制作的白酒包括酱香型和浓香型等类型，在我国具有悠久的历史。在20世纪80年代末，我国在传统大麦啤酒工艺的基础上，用高粱作为主要原料，酿制出特殊浑浊型高粱啤酒，发酵后的酵母菌仍存在于啤酒中，这也是非洲人的传统饮料。

5.2.4.2　制糖

甜高粱茎秆中含10%～14%的蔗糖、3%～5%的还原糖、0.5%～0.7%的淀粉。可采用压榨法出汁取糖，但得率低，国内外一般采用熬制法，通过浓缩结晶制糖。

5.2.4.3　高粱色素

高粱籽粒、颖壳、茎秆等部位含有各种色素，目前多用高粱壳提取高粱红，已证明属于异黄酮类，无毒无特殊气味，色泽好，可用于食品工业和化妆品业。

除上述高粱产品外，风味高粱食品的种类很多，如饸饹、面条和面片、窝头、饺子、烙食、发饼、酥饼、点心、蛋糕，及蒸、炒品质和膨化制品等。

5.3　小米食品加工技术

小米又称谷子（*Setaria italica Beauv.*），别名粟米（millet）、稞子、秫子、黏米、白梁粟、粟谷，是一年生草本植物，属禾本科，我国北方通称谷子，去壳后叫小米，它性喜温暖，适应性强。起源于我国黄河流域，在我国已有悠久的栽培历史，现主要分布于我国华北、西北和东北各地区。

小米的品种很多，按米粒的性质可分为糯性小米和粳性小米两类；按谷壳的颜色可分为黄色、白色、褐色等多种，其中红色、灰色者多为糯性，白色、黄色、褐色、青色者多为粳性。一般来说，谷壳色浅者皮薄，出米率高，米质好，而谷壳色深者皮厚，出米率低，米质差。小米粒小，色淡黄或深黄，质地较硬，制成品有甜香味。

5.3.1 小米的籽粒结构

粟的粒度小，随品种和成熟度的不同而有差异，其范围是长 1.5～2.5mm、宽 1.4～2.0mm、厚 0.9～1.5mm。对粟的品质、大小、饱满程度的评价，常用千粒重表示，千粒重在 3g 以上为大粒，2.2～2.9g 为中粒，在 1.9g 以下为小粒。粟的外层是壳，壳内为粟米，粟米的外层是皮层，皮层

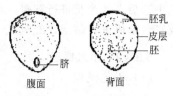

图 5-10　小米腹面和背面
的结构示意图

碾去后，剩下粟米主要由淀粉和蛋白质等成分组成的胚乳，其结构如图 5-10 所示。

5.3.2 小米的化学成分

小米的蛋白质含量较高，特别是色氨酸、蛋氨酸、谷氨酸、亮氨酸、苏氨酸的含量为其他粮食所不及，此外，还含有维生素 B_1、B_{12} 等，并富含矿物质钙、磷、铁、镁及硒等元素。粗小米、小米糠层化学成分的含量如表 5-4 所示，尤其是细糠中蛋白质含量达到 18%以上。

表 5-4　小米的化学成分

项目	水分/%	蛋白质/%	脂肪/%	无氮浸出物/%	粗纤维/%	灰分/%
糙小米	9.40	11.56	3.29	62.99	10.00	2.88
小米	10.50	9.70	1.10	76.60	0.10	1.40
粗粟糠	10.27	6.68	2.33	19.50	52.50	8.72
细粟糠	8.33	18.06	18.48	35.02	11.09	8.44

5.3.3 小米产品的开发

5.3.3.1 精制小米

粟米加工如 5-11 图所示。原粮先经过吸风分离器除去轻杂质，经筛选去除大中小杂质，然后经去石机净除粟粮中的石子，通过磁选去除金属杂质后，采用带风选去壳式砻谷机脱除粟米外面的壳层，再经筛选分离出未脱壳的粟子入砻谷机再次脱壳，已脱壳的粟米经二次风

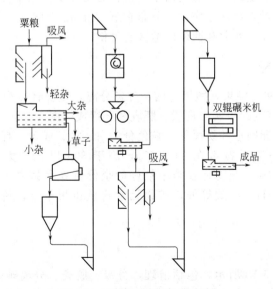

图 5-11　粟米加工工艺流程图

选去杂后，入米机进行精碾，可根据粟米的碾皮情况，采用两次或三次碾粟，即串联式两台或三台米机进行碾粟，经吸风、筛选，提取精碾小米打包。

5.3.3.2 小米锅巴

（1）工艺流程

（2）加工工艺要点

a. 原料混合：将小米磨成粉再按照配料将其放在搅拌机内充分混合，在混合时需边搅拌边喷水，可根据实际情况加入约 30% 的水。在加水时，应缓慢加入，使其混合均匀成松散的湿粉。

b. 膨化：在开机膨化前，先配些水分含量较高的米粉放入机器中，再开动机器，使湿料不膨化，容易通过出口。机器运转正常后，将混合好的物料放入螺旋膨化机内进行膨化。

c. 冷却、切段：将膨化出来的半成品凉几分钟，然后用刀切成所要求的长度。

d. 油炸：在油炸锅内装满油加热，当温度达到 130～140℃ 时，放入切好的半成品，料层约厚 3cm。下锅后将料打散，几分钟后打料有声响，便可出锅。

e. 调味：油炸后的锅巴出锅后，应趁热一边搅拌，一遍加入各种调味料，使调味料能均匀地撒在锅巴表面上。

除上述小米产品外，以小米为主料的产品包括小米卷、小米营养粉、米豆冰淇淋、小米方便粥等。

5.4 燕麦食品加工技术

燕麦（*Avena sativa* L.），又名莜麦，俗称油麦、玉麦、雀麦、野麦等，耐寒，抗旱，是禾谷类作物中一种低糖、高能、营养价值较高作物之一。燕麦一般分为带稃型和裸粒型两大类，世界各国栽培的燕麦以带稃型的为主，常称为皮燕麦。燕麦喜冷凉湿润气候，生长期长，相对产量较低，是世界性栽培作物，分布在五大洲 42 个国家，但集中产区是北半球的温带地区。我国位于华北、西北和西南的地区有种植。

5.4.1 燕麦的籽粒结构

燕麦（oats）的果实为颖果，颖果与内、外颖分离，瘦长有腹沟，籽粒表面有绒毛（基刺），尤其顶部最多。燕麦的果实由皮层、胚乳和胚组成（图 5-12）。

燕麦粒形分筒形、卵圆形和纺锤形。粒色分为白、黄、浅黄。籽粒大小因品种和环境条件不同有较大差异，一般千粒重在 14～25g，高于 30g 以上为大粒。籽粒一般长 0.8～1.1cm，宽 0.16～0.32cm。燕麦是谷类中最好的全价营养食品之一，除富含维生素 B 族、尼克酸、叶酸、维生素 H、泛酸等外，矿物元素含量也很丰富，特别是蛋白质含量较高，如表 5-5 所示。

5.4.2 生产燕麦片

燕麦片的生产如图 5-13 所示，包括清理，分级、脱壳、分离颖壳和籽粒，水热处理和碾麦，籽粒切割和筛分，蒸汽、压片和冷却等 5 个阶段。清理阶段类似稻谷、小麦的清理流程，主要去除燕麦中的大杂、小杂（砂子等）和轻杂，通过振动去石机清除原料中的石子及袋孔分离机去除草籽和异种粮，而圆筒分级机可分离出小燕麦，使其不妨碍脱壳、脱壳籽粒和壳的分离。脱壳常用撞击机，利用撞击机高速运转的叶片转子使燕麦颗粒与粗糙面或带齿的撞击环碰撞，或打芒机高速运转的转子的摩擦、打击作用，使燕麦颖壳被撕裂脱落，再经圆形吸风分离器中的气流吸风的方式分离颖壳，然后经籽粒分离机按大小分离进料仓备用。脱壳的燕麦约含 8％的脂肪，由于燕麦加工过程中细胞壁损伤，产生脂肪酶，如果不经钝化，燕麦脂肪酸很快会酸败，因此，经立式蒸汽调节机钝化酶后，通过窑式烘干机除去水分。该工艺中采用碾麦机主要使燕麦籽粒外表光亮诱人，可作燕麦米产品。水热处理后的燕麦籽粒可切割成籽粒 1/4 厚度的产品，产生的粉先经平筛筛理后吸风去除黏附在燕麦籽粒上的糠皮碎片，而袋孔分离机可将未切割的燕麦籽粒送回切割机。燕麦压片前先经蒸汽机湿、热调节，一般 100℃下处理约 20min，水分达到

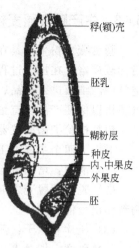

图 5-12　燕麦的籽粒
结构示意图

17％左右，主要是使燕麦中的淀粉部分糊化产生胶凝及组织结构部分破坏，有利压片。从压片机出来的燕麦片经流化床快速冷却、除水，使其温度接近室温，水分含量在 11％左右，通过摇动筛筛选出符合要求的产品。

表 5-5　燕麦和小麦各部分化学成分

成分	燕麦果实/％	颖壳/％	燕麦籽粒/％	小麦/％	裸燕麦粉/％
水分	13.4	6.77	13.40	13.40	—
蛋白质	9.46	2.45	12.34	12.10	15.00
脂肪	5.33	1.27	2.23	1.09	8.50
碳水化合物	60.23	52.20	63.47	69.00	—
粗纤维	8.96	33.45	1.33	1.90	—
灰分	2.62	3.86	1.83	1.70	—

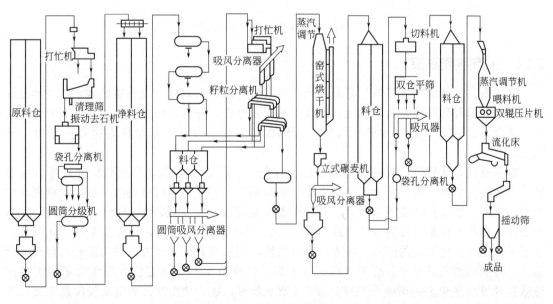

图 5-13　燕麦片加工工艺流程图

5.4.3　生产膳食燕麦粉

膳食燕麦粉生产是在燕麦片加工工艺流程和设备的基础上进行的，要求产品质量和卫生指标较严格，在加工过程中要求完善地分离出低质量原料和杂质；不采用气力输送机，防止空气中的细菌进入产品；研磨生产线设计成能生产粒度极细的燕麦粉；排气系统的进气经过过滤机以保证产品没有细菌；配备中央真空处理系统以保持楼面的清洁；提供全套试验室设备，包括检验细菌的仪器。

对以下四个主要加工工序应加强措施。

（1）清理：增加带着水装置的着水螺旋以提高极干燥燕麦的水分。

（2）脱壳：脱壳之前必须用圆筒分级机把燕麦按厚度分级，使脱壳机能对所加工的各个物料作出最佳的调节。

（3）压片和烘干：燕麦片经过摇动筛后打包。

（4）研磨：把燕麦片研磨成膳食燕麦粉（图5-14）。燕麦片用双对辊磨预研；双仓平筛把具备最终产品质量的燕麦粉和可能仍存在的糠粉分离出来。留下的燕麦粉用冲击磨磨成所需的细度；用刷麸机把从冲击磨得到的粉料重筛，粗物料回流到冲击磨。

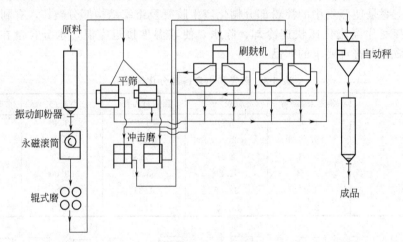

图 5-14　膳食燕麦粉研磨系统流程图

5.4.4　生产燕麦麸皮

研究表明，摄入燕麦可溶性膳食纤维可以有效降低餐后血糖浓度和胰岛素水平。燕麦纤维素食品与非谷物纤维素食品相比，更容易被人体吸收，并且含热量很低，既有利减肥，又更能适合心脏病、高血压和糖尿病患者选择食疗需要。因此，燕麦麸皮的开发显得十分需要。

燕麦麸皮是从脱壳后的燕麦籽粒上除下来的，包括部分胚乳，虽然总膳食纤维含量较低，但可溶性膳食纤维物质含量较高。经过提取燕麦油脂后用不同碾磨方法得到的燕麦麸皮产品，其可溶性膳食纤维含量提高。而从燕麦淀粉提取法得到的纤维组分由皮层和胚组成，有更高的总膳食纤维和可溶性纤维物质的含量。1989年10月，AACC有关单位对此产品建立了一个定义：把清洁的燕麦或燕麦片经过细研，用筛或其他分级方法分离出粉而得到的食品，及得到的燕麦麸皮组分必须不包括多于原始物料的50%，其总膳食纤维含量加上可溶性膳食纤维含量和 β-葡聚糖必须符合表5-6所示数值，这一燕麦麸皮的定义仅仅是定义，不是商业标准。德国农业协会（DLG）给出的定义是：食用级燕麦麸皮由各物籽粒周围的皮层组成，燕麦颖壳不算周围皮层。食用级燕麦麸皮至少含有20％总膳食纤维（干基）。

表 5-6　燕麦麸皮需要满足的要求

燕麦麸皮	AACC 燕麦麸皮	DLG 燕麦麸皮
总膳食纤维	至少 16％（干基）	至少 20％（干基）
可溶性膳食纤维	至少总膳食纤维的 1/3	
总 β-葡聚糖	至少 5.5％（干基）	

燕麦麸皮加工的基本流程如图 5-15 所示。生产燕麦麸皮的原料为燕麦片和脱壳燕麦籽粒。两者一般都已经过水热处理，使脂肪裂解和脂肪氧化酶钝化。若以燕麦片作为原料，用冲击磨完成研细工作，经过一道研磨已达到最终细度，这时燕麦麸皮得率为 35％～50％。出粉很多，造成筛理困难，即使采用离心打麸机，筛面必须在短的间隔时间内加以清理。若以脱壳燕麦籽粒作为原料，多数情况下采用，用辊式磨粉机经过 1～4 道研细，按研细道数得到或多或少的燕麦麸皮，一般道数多时燕麦麸皮得率低，其总膳食纤维含量较高，燕麦麸皮的总膳食纤维含量为 20％（干基）时，燕麦麸皮得率为 30％～40％。

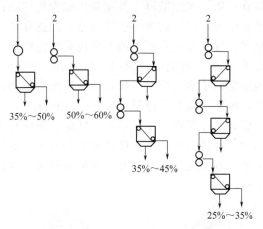

图 5-15　燕麦麸皮生产基本流程

5.5　荞麦食品加工技术

荞麦（*Fagopyrum esculentum moench*）又称三角麦，隶属蓼科荞麦属，约有 15 种，为一年生或多年生草本或半灌木。主要栽培品种有 2 种，即甜荞麦（*Fagopyrum tartaricum*）和苦荞麦（*Fagopyrum esculentum*）。荞麦具有丰富的营养成分，已成为备受关注的食品原料。据测定荞麦粉含水分 13.5％，蛋白质 10.2％，脂肪 2.5％，碳水化合物 72.2％，纤维素 1.2％。荞麦的蛋白质组成不同于一般的粮食作物，由 19 种氨基酸组成，其中谷氨酸、精氨酸、天冬氨酸和亮氨酸含量较高，每 100g 蛋白质的含量分别为 18.18g、9.09g、9.92g 和 6.53g，且人体必需的 8 种氨基酸组成比较合理，接近鸡蛋蛋白质的组成比例。国外食品营养专家研究证实，荞麦蛋白质的营养效价指数高达 80％～90％（大米为 70％、小麦为 59％），是粮食作物中氨基酸种类最全面、营养最丰富的粮种。此外，荞麦具有较高的药用与保健价值的利用形式多种多样。近年来，随着人们生活水平的不断提高，天然无污染的保健食品越来越受人们的关注，苦荞因其所具有的独特的风味，良好的适口性，降血脂,降血糖,降尿糖,促进消化,抑制癌细胞增长等作用,受到许多消费者的青睐。

5.5.1 荞麦的籽粒结构

我国荞麦(buckwheat)果实长度为 4.21～7.23mm。甜荞长度大于 5.0mm;宽度为 3.0～7.1mm;甜荞千粒重为 15～38.8g,平均千粒重为(26.5±7.4)g,其中以千粒重为 25.1～30g 的中粒品种为主,占 41.4%,其次为 20.1～25g 的小粒品种,占 26.9%,30.1～35g 的大粒品种占 17.5%,千粒重小于 20g 的特小品种占 13.3%。苦荞籽粒比甜荞小,千粒重范围为 12～24g,平均千粒重为(18.8±4.7)g,其中以千粒重为 15.1～20g 的中粒品种为主占 57.7%,其次千粒重大于 20g 的大粒品种占 29.9%,千粒重小于 15g 的小粒品种占 12.6%。

荞麦果实又称瘦果,三棱形。甜荞果实为三角状卵形,棱角较锐,果皮光滑,常呈棕褐色或棕黑色;苦荞果实呈锥形卵状,果上有三棱三沟,棱构相同,棱圆钝,仅在果实的上部较锐利,棱上有波状突起,果皮较粗糙,常呈绿褐色和黑色。

荞麦籽粒纵切面结构如图 5-16 所示。荞麦果实的果皮较厚,包括外果皮、中果皮和内果皮。外果皮是果实的最外一层,细胞壁厚,外壁角化成为角质壁;中果皮为纵向延伸的厚壁组织,壁厚,由几层细胞组成;内果皮为一层管细胞,细胞分离,具有细胞间隙或相距较远,在横切面上呈环形果实。在完全成熟后,整个果皮的细胞壁都加厚,且发生木质化以加强果皮的硬度,成为荞麦的"壳"。种皮可分为内、外两层,外层外面的细胞为角质化细胞,表面有较厚的角质层;内层紧贴于糊粉层上,果实成熟后变得很薄,形成一层完整或不完整的细胞壁。种皮中含色素,这使种皮的色泽呈黄绿色、淡黄绿色、红褐色、淡褐色等。种子包于果皮之内,由种皮、胚乳和胚组成。胚由胚芽、胚轴、胚根和子叶组成。胚最发达的部位是子叶,有二片,片状的子叶宽大而折叠;胚乳是制粉的基本部分,荞麦胚乳组织结构疏松,呈白色、灰色或黄绿色,且无光泽;胚乳有明显的糊粉层,为品质良好的软质淀粉,无筋质,制作面食制品较困难。

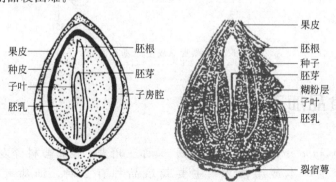

图 5-16 荞麦粉粒纵切面结构示意图

5.5.2 荞麦米

脱壳的荞麦,采用砂辊碾米机加工,主要碾除种皮,如从营养和药用价值出发,亦可碾除糊粉层,连同种皮一起作为一种产品,其加工工艺类似糙米碾米。荞麦种子或荞麦米通过齿辊磨加工和筛理后得到荞麦糁,荞麦糁经过压片机加工后得到荞麦片。

5.5.3 荞麦粉

荞麦粉加工的原料是荞麦种子或荞麦米。荞麦粉加工的方法,是采用"冷"碾磨加工法，用钢辊磨破碎，筛理分级后用砂盘磨磨成荞麦粗粉称为"冷"研磨，所得产品是健康食品。比之纯用钢辊磨研制的产品具有更为有益于健康的、活性的营养。而钢辊磨制粉方法属于传统制粉工艺，是将荞麦果实经过清理后入磨制粉，荞麦粉的质量较差。新的制粉工艺是将荞麦果实脱壳后分离出种子入磨制粉，荞麦粉的质量好，国际上都采用此种方法，我国有待推广。

新制粉工艺采用1皮、1渣、4心工艺。种子经1皮破碎后，分离出渣和心，渣进入渣磨系统，心进入心磨系统，制粉原理和小麦制粉基本相同，但粉路较短。有多种产品：全荞粉、荞麦颗粒粉，荞麦外层粉（疗效粉）和荞麦精粉。

5.6 薏米食品加工技术

薏米（*Coix lacroyma-jobi* L. var. *frumen-taca* Makino），又名苡米、苡仁、药玉米、六谷子、回回米、川谷、裕米、菩提子、菩提珠等，为禾本科植物。

薏苡种仁营养丰富。现代营养化学及药理学研究表明，薏米不但营养成分含量高，且不含有重金属等物质，具有健康、美容功效，并对某些疾病有良好的治疗作用，是一种十分有开发前景的功能性谷类作物。目前，我国已经开发多种薏米食品。

5.6.1 薏米的籽粒结构

薏米（coix seed；barley rice）是薏苡的颖果，外包果壳为雄性小穗基部鞘叶变态而来。果壳有两种，一种是厚壳坚硬，似珐琅质，外表光滑无脉纹，内含米仁（颖果）不饱满，出米率仅为30%左右，野生类型多属此种。另一种是薄壳易碎，多数壳表面有脉纹，内含米仁饱满，出米率为60%～70%。果壳内的种仁多数为宽卵圆形或长椭圆形，长4～8mm，宽3～6mm，一端钝圆，另一端微凹，种仁背面圆凸，腹部有一条宽而深的纵沟（腹股沟）；种仁表面乳白色，腹沟内常留有残存的浅棕色种皮痕迹。米仁表面有薄皮层，紧连是糊粉层，内部是胚乳，含量占米仁的80%以上，其横切面结构如图5-17所示。

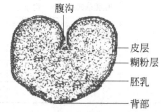

图5-17 薏米仁横切面示意图

5.6.2 薏米的化学成分

据测定，薏米仁的蛋白质、脂肪、维生素 B_1 及主要微量元素含量（磷、钙、铁、铜、锌）均比大米高，如蛋白质含量为18.8%，是大米9.6%的2.0倍；脂肪含量为6.90%，是大米的1.20%的5.80倍；5种微量元素含量平均是大米的1.5倍；8种人体必需氨基酸是大米的2.3倍。表5-7是中国农业科学院品种资源所对不同地区种植和野生的薏苡成分含量测定结果，可为薏苡原料加工提供参考。

5.6.3 薏米产品制品

5.6.3.1 食品、美容品与浴用剂原料

薏米是优质、营养丰富的粮食，又是很重要的药材和保健品，适合现代人们延年保健、养颜驻容的需求。日本每年从我国进口大量薏米，除作中药外，主要用作做饭、粥、面、醋、酱、酒、茶等食品类加工业，及航空食品生产。目前市场上还开发出薏米饮料、膨化食

品等食品。

5.6.3.2　工艺品原料

薏苡的野生种——川谷是农家常用的装饰材料，在川谷球形果实中部有条腹沟，因此极易用细绳穿成门帘、手镯、项链等饰物。也可制成坐垫（巾）以及其他装饰用工艺品，也有活血保健作用。川谷果壳是珐琅质，光亮坚硬，回收加工后是很好的建筑材料。

5.6.3.3　产品出口

薏苡米是我国主要的出口农产品，每年有薏米 500~1000t、薏苡谷 1000t 左右销往日本和东南亚等国。

表 5-7　薏苡、川谷品质分析结果（选列 10 种种质）

| 类型 | 种质 | 产地 | 百粒重/g | 蛋白质/% | 脂肪/% | 氨基酸/% | | | | | | | | 脂肪酸/% | | |
						异亮氨酸	亮氨酸	赖氨酸	苯丙氨酸	苏氨酸	脯氨酸	缬氨酸	谷氨酸	油酸	亚油酸	亚麻酸
栽培型（薏苡）	滇二	云南	13.6	14	7.5	0.48	1.63	0.28	0.64	0.36	0.86	2.86	5	35	36	
	紫云川谷	贵州	11.1	17.9	6.9	0.62	2.11	0.32	0.81	0.42	1.07	0.86	3.65	50.4	33.1	0.64
	那坡白	广西	9.7	17.8	7.1	0.6	2.12	0.28	0.76	0.4	1.06	0.82	3.63	51.4	33.9	0.56
	临听薏苡	山东	10.97	19.5	7.11	0.66	2.36	0.32	0.84	0.44	1.18	0.88	4.05	52.7	39.9	0.4
	通江薏苡	四川	10.1	17.3	7.35											
	江宁五谷	江苏	11.4	18.9	5.97											
	平均		11.5	17.6	7	0.59	2.06	0.3	0.76	0.41	1.04	0.81	3.54	51.1	34	0.53
野生型（川谷）	北京草珠子	北京	31	20.9	6.14	0.72	2.58	0.31	0.9	0.44	1.24	0.93	4.4	53.8	33.9	0.28
	锦屏野六合	贵州	21.2	22.7	2.94	0.78	2.83	0.34	0.94	0.52	1.33	1.01	4.8	55.5	32.5	0.47
	荔波米六合	贵州	9.2	19.9	6.53											
	南京川谷	江苏	23.9	19.9	6.9											
	平均		21.3	20.9	6.62	0.75	2.71	0.33	0.92	0.48	1.29	0.97	4.6	54.7	33.2	0.38

5.7　大麦食品加工技术

大麦（*H. vulgare*，barley）在植物学上归为禾本科的一种。栽培大麦又分皮大麦（带壳的）和裸大麦（无壳的），农业生产上所称的大麦是指皮大麦，裸大麦在不同地区有元麦、青稞、米大麦的俗称。我国的冬大麦主要分布在长江流域各省市；裸大麦主要分布于青海、西藏、四川、甘肃等省自治区；春大麦主要分布于东北、西北和山西、河北、陕西、甘肃等地的北部。

大麦具坚果香味，碳水化合物含量较高，蛋白质、钙、磷含量中等，含少量 B 族维生素。因为大麦含谷蛋白量少，不能做多孔面包，可做不发酵食物。大麦果实淀粉含量的一般在 46%~66%，灰分约 3%；裸大麦可用的直链淀粉含量，正常的达 25%，低的小于 1%，高的达 40%；胚乳中色氨酸、赖氨酸和蛋氨酸的含量是较少。

5.7.1　大麦的籽粒结构

如图 5-18 所示，大麦果实大致是一个两端尖、呈锥形的纺锤体，颖壳黏附在颖果上，外颖内有内颖，外颖覆盖在颖果的背面一侧，包括大半粒，包围大半粒颖果；外颖表面有五条纵脊；外颖顶端有芒，芒是外颖尖端的延伸物，在脱壳时常被折断，外颖边缘较薄，与薄薄的内颖边缘相互重叠；内颖有二条脊脉，使颖果上留有痕迹，内颖基部有基刺，是一个略带茸毛的小穗轴。颖果由果皮、种皮、胚乳和胚组成，果皮有外、中、内三层，是由三种或四种类型的细胞组成。外果皮由扁平的薄壁细胞组成，沿颖果纵轴伸长，纵轴尖端带茸毛；中果皮，又称下皮层，是些形状相同的细胞，再向内是双层的横细胞，其伸长与颖果轴成直角；内果皮是数量稀少而明显可见的管细胞。种皮包括外种皮和内种皮，包围着除与腹沟色素束毗邻和结合的部分及籽粒基部的珠孔部位外的整个颖果。外种皮有内外两层，均为角质层，外层明显比内层厚，外层可以从颖果皮层上剥离下来；外层在腹沟侧面和颖果顶部较厚，但向其边上和背部边缘逐渐变薄，它薄薄地覆盖着整个胚，到珠孔部位逐渐减退或完全消失；外种皮在腹沟处与色素束合并，色素束横贯整个颖果的长度。内种皮是一层受压挤的透明的细胞层，是珠心表皮遗留物。盾片是一个扁平伸展的器官，它的外侧隐埋入胚轴，内侧紧靠淀粉胚乳。盾片主要由薄壁的组织构成，但与胚乳相交处覆盖着一层单细胞的栅栏型柱状的上皮。胚通过上皮细胞和胚乳连结起来，胚内淀粉粒很少或没有。糊粉层围绕着整个淀粉胚乳的周围，只在腹沟处逐渐消失。正常情况下，糊粉层有 2～4 层细胞，糊粉层细胞大致成立方形，并被厚的细胞壁分开，再由细胞间连丝横贯相通，细胞中充满浓厚的细胞质，细胞质含有明显的、含多种含脂类的圆珠体的细胞核和复杂球形的糊粒，但无淀粉存在。胚乳位于颗粒的中部，充满各种大小的淀粉粒，淀粉粒被埋藏在蛋白质的基质中。

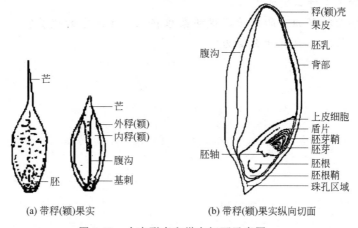

(a) 带稃(颖)果实　　(b) 带稃(颖)果实纵向切面

图 5-18　大麦形态和纵向切面示意图

5.7.2　大麦制米

大麦制米前，先要经过清理阶段。清理原粮大麦的工艺与设备，基本与加工小麦相同，主要有筛选、风选、磁选、表面处理等，相应设备为振动筛、垂直吸风道、永磁滚筒、打麦机等。但设备工作参数的选择要根据大麦的物理性质而定。

清理后的大麦可用撞击脱壳设备、撞击式谷糙分离机进行脱壳和颖果分离，然后采用卧式或立式砂辊碾米机进行去皮、碾白。我国已有研究人员采用 NF-14 碾米机进行脱壳，经三道脱壳后，脱壳率可达到 97%；同时还发现，水分对大麦脱壳率有一定的影响，水分为 14.4% 的大麦脱壳率略高于 13.5% 的脱壳率，说明适当增加水分有利于脱壳。可能是大麦颖壳和颖果在吸水量、吸水速度和吸水后的膨胀系数等方面存在差异，使颖壳和颖果之间产生一个微量的位移，使原本结合紧密的颖壳和颖果之间变得疏松，易于导致壳果分离。

5.7.3 大麦制粉

原郑州工学院谷物科学与工程系曾用布拉班德实验磨和3100型实验室样品磨分别对脱壳后的大麦进行制粉，并对两种制粉方法的制粉效果、营养成分损失、面粉品质等方面进行比较发现：粉碎法制粉工艺简单，且有利于物料的破碎，淀粉破损率较小；制取的大麦粉具有较低的营养成分损失率、较高的吸水率和较高的黏度。采用1皮、1渣、4心的研磨法制取的大麦粉，加工精度高，但营养成分损失较大。

除大麦米、大麦粉产品外，大麦可用于制作啤酒、麦芽，以及大麦茶、大麦咖啡、麦乳精、大麦复合饮料等，或者面筋蛋白需要不高的焙烤制品，如饼干、酥饼等；也可用作膨化食品、挂面的原料。

思考题

1. 杂粮加工与粮油加工有什么联系和区别？
2. 大麦与其他杂粮相比的特点是什么？
3. 简述各种杂粮的特点及主要加工工艺？
4. 简述玉米的清理过程？
5. 大麦是否可以用来制作面包？
6. 杂粮加工有什么前景？
7. 请列举杂粮深加工的例子，说明杂粮在未来生活中的优势？
8. 我国杂粮加工业有什么潜力？

第6章 粮油副产品深加工

本章学习的目的和重点： 本章要求了解稻谷、小麦、油料等加工主要副产品，及副产品的化学成分；重点掌握副产品开发产品的工艺、技术参数，以及加工原理。目的是通过粮油副产品深加工的学习，了解目前国内外副产品利用的途径、作用，为开发类似的副产品提供借鉴。

6.1 碎米深加工

我国现行的大米国家标准（GB 1354—2009）规定，碎米（broken kernel）是指长度小于同批试样米粒平均长度四分之三，通过直径 2.0mm 圆孔筛，留存在直径 1.0mm 圆孔筛上的不完整米粒。目前，我国以年产稻谷约 1.85 亿吨位于世界之首，而大米消费量也远超于其他国家。由于现有碾米均为摩擦、压力、剪切等物理机械技术，稻米加工过程中一般会产生 10%～15% 的碎米，即 1850 万～3000 万吨。随着生活水平的提高，人们更偏向精米消费，使得精米加工量逐年增加，分级中产生的碎米量也随之增加。

从外观上看，碎米的粒径比普通大米要小得多，因此不能像普通大米那样直接被消费者用来蒸煮米饭。但是碎米中含有大量的淀粉（75%）、蛋白质（8%）等营养成分，其含量与普通大米没有明显区别，价格还不到普通大米的一半。因此，对碎米进行深加工开发，充分有效利用粮食资源以及提高粮食深加工的经济效益具有深远的意义。

目前，我国利用碎米淀粉可转化的产品有人造米、米粉及米粉制品、米酒、大米淀粉、大米蛋白、淀粉糖制品和饮料等。下面介绍几种常见的碎米深加工工艺。

6.1.1 人造米

人造米（artificial rice）以淀粉为主料添加各种营养强化物质，利用机械物理技术造粒、糊化、干燥制成人造米粒。人造米实际上也是一种营养强化米，一般无需淘洗，可以单独或与普通大米混煮，起到强化普通大米营养的作用，并可减少蒸煮时间，增加口感。所选用的原料主要是碎米、淀粉、杂粮以及营养强化剂等，常见的工艺流程为：

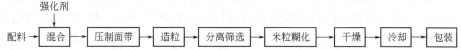

技术上要求将各种原料按配方数量称取后，投入混合机混合，加入适量的温水和 0.2% 食盐（将强化剂配合在里面），再充分搅拌，使面团含水率达到 35%～37%。用辊筒式压面机把面团压成宽带，然后送入具有米粒形状凹模（凹模的长径为 0.8cm，短径为 0.3cm）的压粒机，在加压状态下把面带压成米粒，也可用挤压切粒法制成米粒。用振动筛将米粒分离并筛除粉状物后，把米粒（含水量40％左右）放在输送带上用蒸汽处理3～5min，使米粒表面糊化，形成具有保护作用的凝胶膜，最后经烘干、冷却即得成品。

烘干温度一般为95℃，需时约40min。烘干后的人造米水分降到13％，再经冷却使水分降至11％～11.5％，即可贮存食用。

随着技术的改进，人造米目前更多的是采用单螺杆或双螺杆挤压法生产。即碎米粉或杂粮粉、淀粉（也可以是变形淀粉）与营养强化剂先加水混合，再经模具挤压熟化、切割、干燥，即可成为人造米。工艺简单，连续、低耗、高效，其外形与普通大米类似，现已在人造米生产上普遍采用。

6.1.2　米粉（米线）及米粉制品

米粉或米线（rice noodle）是我国历史悠久的传统食品。它是以碎米、大米或淀粉等为原料，经一系列工序所制成的细丝状或扁宽状的米制品。米粉在不同的地域有不同的称谓。在赣、桂、粤、闽、湘、鄂等地称为米粉或米丝；在云、贵、川、渝等地称为米线；在上海、江苏、浙江一带称为米面，扁宽状的米粉在广东等地称为沙河粉。下面简述2种传统米粉生产工艺。

6.1.2.1　挤压成形米粉的工艺流程

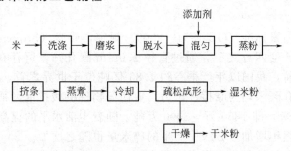

6.1.2.2　切条成形米粉的工艺流程

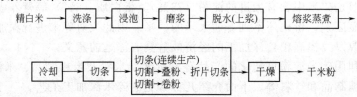

6.1.2.3　操作要点

原料应选择精白米、碎米，但不能用糙米。因为糙米外层含有较高的油脂和蛋白质，这些成分影响淀粉凝胶的形成。

先洗米以去除表面的杂物和糖分，至洗涤水澄净不浑浊为止；米淀粉粒的细胞组织较硬，在磨浆前需浸泡1～4h，水分达到35％～40％，以使米粒胚乳淀粉吸水疏松便于磨浆；磨浆时，浆液的浓度控制在相对密度为1.208～1.261，粒度控制在全部过CB42筛绢，水分为50％～60％。磨好的浆可以直接倾倒在蒸粉机的帆布输送带上，形成一定厚度的均匀薄层，以利于米浆受热糊化均匀。米浆层厚度一般控制在0.8～1.2mm，蒸粉时间与粉层厚薄有关，多为60s；如粉层较薄，40s也能使米粉充分α化。

经过蒸粉后的粉皮，糊化度可达75％～80％，具有较高的强度和韧性，经适当冷却后，可送入挤压成型机或切条机进行成型操作。通常为了保证切条能顺利进行，还需要将粉皮进行预干燥，目的是适当降低粉皮的水分，初步固定米粉的α化结构，使粉皮定形。预干燥的工艺条件为热风温度 70~80℃，干燥时间为 15~20min，水分含量为 16%~20%。

经预干燥的粉皮具有良好的韧性，可以根据需要切成 8~10mm 宽的扁长条，即得湿切粉。挤压成形是将粉皮经一带有若干圆形模孔的模头挤压成直径为 0.8~2.5mm 的圆长条。挤压成形后通常还需要复蒸，使糊化度达到 90%~95%，以进一步提高米粉的黏合力。复蒸可用蒸汽蒸煮，时间为 10~15min。

要制成干米粉，则需将成形米粉进行干燥，使其含水量由 28% 降至 13% 左右。

要干燥的米粉水分虽然较低（28% 左右），但干燥很不容易，因此干燥速度非常重要。过快会使米粉表面快速失水，以至内部水分向表面的扩散速度低于表面的蒸发速度，从而造成内湿外干或表面裂纹产生，不易贮藏和易断条。一般将干燥室内温度控制在比环境温度高 10~15℃，例如气温为 25℃ 时，干燥温度可以采用 35~40℃。无论是挤压成形或是切条成形的米粉，采用低温长时间的干燥工艺对保证制品质量有利。

在米粉加工过程中，为改善米粉制品的品质及加工特性，可以适量添加食用油脂，尤其在切条成形米粉加工时更为重要。食用油脂用量为原料米的 1% 左右，食用油以花生油为最佳。这样处理可以增加制品表面的润滑性，便于松散，减少相互粘连的现象，同时赋予制品油脂风味。

为提高米粉良好的复水性，使食用更加方便，应尽量防止淀粉的 β 化，提高米粉的 α 化程度，为此可采用 80℃ 以上的热空气对蒸熟的米粉进行干燥，或用油炸脱水方法将其制成干制品。

目前，随着技术进步，米粉工艺生产多采用单螺杆或双螺杆挤压法。其工艺多为大米或碎米、杂粮去皮磨粉，过 80 目筛后所得粉即可使用。粉料添加各种添加剂混匀后进行调质增加原料的含水量，调质好的物料经螺旋喂料机构送入螺杆挤压机内，直接挤压出不同模孔成形，切割、烘干、冷却，即为成品，减少了磨浆、蒸粉过程。工艺简单、能耗低、产量大。

6.1.3 发酵制品

6.1.3.1 酿酒

传统的米酒酿造原料是大米，但由于碎米中的营养成分与大米相近，且价格便宜，所以碎米作为酿酒的原料越来越普遍，工艺上也完全可行。碎米酿酒主要利用碎米的淀粉经过各种菌类、糖化酶的作用由淀粉变成糖分，再由糖分经过酵母发酵、酒化酶作用变成酒。其工艺过程为：

碎米 → 浸泡 → 蒸料 → 摊凉、加曲 → 糖化或培菌 → 发酵 → 蒸馏 → 白酒

具体操作如下。

（1）浸泡：将碎米摊在干净的地上，加入碎米重 30% 的稻壳，同时泼入 50% 重量的水，翻拌均匀，堆成堆，闷 12h 左右，使米料达到手搓即成粉的程度。

（2）蒸料：先将水烧热到 70~80℃，取出相当于碎米重一半的水，保持水温，以免很快冷却。然后，把水烧开，铺于底算，撒上一层稻谷，接着把浸泡过的碎米装入蒸甑，圆气后再蒸 1.5h，米结成饭块，饭粒软而有弹性，随即挖出一部分摊放在席上，翻动甑内和席上的米饭，泼入刚舀出的热水（此时温度 60~70℃），翻动后将摊放在席上的米饭装回甑内，在上面撒一层稻壳，进行复蒸。复蒸时火要旺，1.5h 后，稻壳已被蒸湿，碎米已软而透明，呈疏松状，用木锨拍打时，弹性很大，即可出甑。

（3）摊晾、加曲：碎米蒸透出甑后，取出摊在席上，翻动 2~3 次，撒第一次曲。当温度为 36~37℃（冬季）或 28~32℃（夏季）时，再翻动一次，随后撒第二次曲，搅拌均匀，

用曲量为1%。拌曲后入箱糖化，温度控制在21～22℃。

（4）糖化或培菌：入箱糖化12h后，碎米温度逐渐升高，到拌曲入箱后24h，温度可达37～40℃，米结成块，色黄，有光亮油质感，并有甜香味，即可出箱。通常糖化时间为25～26min。

（5）发酵：醅糟温度23℃，夏天醅糟品温高时，可加水降温，水量为原料加入量的30%。如糖化不好，可掺入一部分酒尾。

配糟量，秋天为1:28，夏天为1:4，发酵24h，温度为26～27℃，24h后为33～34℃，24h后升至38～40℃，最后降至32～34℃即可蒸馏。通常发酵5d便可进行蒸馏。

6.1.3.2 饮料

据日本研究报道，大米的水提取物营养丰富，用它加工制得的原料具有明显的美容和增加皮肤光滑细嫩程度的效果，同时对特应性皮肤炎症有治疗效果，是一种具有良好前景的美容饮料。而碎米经酶或微生物发酵，所得营养型软饮料能提供给人体所必需的水分，又能供给机体所需要的养分，消暑解渴，减轻疲劳，帮助消化，增进食欲，促进新陈代谢，是人们日常生活中不可缺少的营养品。碎米经过液化、糖化、发酵等工艺可制成软饮料，既可实现营养化，又能达到生产规模大型化的目的。目前，将碎米加工成为独特的发酵或不发酵大米饮料有如下工艺。

（1）不发酵饮料的主要生产工艺如下：

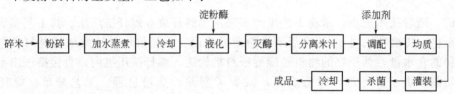

（2）发酵饮料生产工艺的主要步骤为：

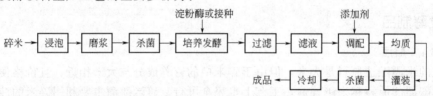

6.1.3.3 功能性红曲色素粉

红曲色素是中国古老的天然食用红色素，长期以来用于酱油、腐乳、豆酱、鱼、肉、糕点等食品和药品的着色，近年来又用于化妆品和饮料的生产。近20多年来，科学家发现人工合成红色素有致畸、致突变的潜在威胁，现在人们日益重视天然红色素的开发和应用。但大多数从动植物中提取的红色素稳定性差，且价格贵，色价低。红曲色素是一种优良的食用天然色素，它具有安全性高、热稳定性强、耐光性强、对蛋白质着色性好、色泽鲜红等特点，同时具有原料价廉、生产周期短、价格波动小等优点。研究还证明，红曲色素具有一定的抑菌作用和降血压、降胆固醇、降血脂、降血糖和抗疲劳、增强免疫力等功能。

传统生产红曲红色素以粳米为原料，经红曲霉发酵，繁殖成红曲素，再经过提取、精制、干燥而成。而功能性红曲色素生产是以碎米或籼米为原料，工艺中采用了红曲固体发酵、液体种子发酵等新工艺，并重点对红曲生产所需的菌种进行分离诱变、优选。其产品的特点：生理活性成分如Monacolin K类物质、甾醇、氨基、多糖含量丰富。Monacolin K含量达250～340mg/kg，最高可达345mg/kg；色价达2300u/g，是现行国家标准红曲色素色价的3倍。其制作工艺如下：

除以上成熟的碎米加工产品外，碎米还用于生产休闲米果、方便早餐、饴糖、米蛋白等，以及利用碎米的低敏性和可吸附性制作的平衡保湿面膜，利用碎米淀粉来替代脂肪制作肥皂、隔离霜等产品。

6.2 米糠深加工

米糠（rice bran）是糙米表皮碾脱产生的副产品，占稻谷重量的5%~7%。我国是世界第一的大米生产国，每年的米糠产量达1500万吨以上。米糠营养丰富，除含有糖类、脂肪、蛋白质和维生素外，还含有近100种具有各种功能的生物活性因子。因此，国内外米糠的研究开发相当广泛和深入。据不完全统计，迄今为止，以米糠为原料开发出的产品有上百种之多，主要集中在食品、日化和医药三大行业。

6.2.1 米糠的理化特性

碾米机排出的米糠，大部分是由果皮、种皮和糊粉层的碎片以及胚乳淀粉和胚组成。这些成分的粒度不同，能通过100目筛孔的一般称为糠粉。米糠的粒度与碾白方式有关，与碾白道数没有明显关系。擦离式碾米机生产的米糠，其粒度比碾削式碾米机生产的米糠要大。经湿热处理（气蒸3min后快速干燥和冷却）后的稳定化米糠，其颗粒产生团聚作用，粒度有所增加。此外，蒸谷米的米糠外观比普通米的米糠扁平且略大些。

米糠的容重为0.2~0.4kg/L，体积质量为272~275kg/m³，酸价为3~10mgKOH/g，静止角在稻谷和大米静止角之间，一般为38°。米糠吸水性强，具有吸湿和散湿的性质。新鲜的米糠呈黄色，呈鳞片状的不规则结构，具有米香味。

米糠的化学成分随稻谷品种和成品米精度的不同而有较大差异，其变化范围见表6-1。

表6-1 米糠的化学成分

成分	粗脂肪/%	粗蛋白/%	粗纤维/%	无氮浸出物/%	灰分/%	水分/%
含量	15~20	12~16	6~8	35~41	8~10	10~14

一般情况下，擦离碾白的米糠，其含量要高于碾削碾白的米糠。随着碾白道数的增加，米糠中无氮浸出物逐渐增加，而蛋白质、脂肪、纤维素、灰分却逐渐减少，见表6-2。

表6-2 不同碾白道数的米糠化学组成

碾白道数	第一道砂辊(0~3)[①]	第一道砂辊(3~6)[①]	第一道砂辊(6~9)[①]	第一道砂辊(9~10)[①]
蛋白质/%	17.03	17.63	16.97	16.74
脂肪/%	17.65	17.11	16.45	14.23
纤维素/%	10.51	10.73	5.72	5.67
灰分/%	9.82	9.37	8.35	7.49
无氮浸出物/%	45.0	45.2	52.5	55.9

① 括号内数字为碾减率。

米糠蛋白质中，清蛋白约占37%，球蛋白约占36%，谷蛋白约占22%，醇溶蛋白约占5%。米糠蛋白中氨基酸含量如表6-3所示。

表6-3　米糠蛋白中氨基酸含量　　　　单位：g/16.8g（氮）

氨基酸	含量	氨基酸	含量	氨基酸	含量
丙氨酸	7.1	异亮氨酸	4.9	苏氨酸	3.3
精氨酸	6.1	亮氨酸	9.2	色氨酸	1.4
天冬氨酸	9.6	赖氨酸	4.3	酪氨酸	5.0
胱氨酸	1.2	蛋氨酸	2.7	缬氨酸	5.6
谷氨酸	16.8	苯丙氨酸	6.1	氨	3.0
甘氨酸	4.1	脯氨酸	5.2	—	—
组氨酸	1.4	丝氨酸	5.2	—	—

米糠中脂肪的含量较高，约为20%，是我国仅次于大豆的植物油资源，所以米糠常用于制油。米糠脂肪的主要成分为中性脂质及磷脂，此外还有一定的糖脂。中性脂质以甘油三酯为主，磷脂中含有8种物质，其中卵磷脂、脑磷脂及肌醇磷脂含量最多。

米糠中无氮浸出物的大部分为纤维素和半纤维素，含量分别为8.7%～11.4%和9.6%～12.8%，半纤维素分为水溶性和碱溶性两种，米糠中水溶性半纤维素含量很少，主要为碱溶性半纤维素。

米糠中矿物质含量受品种、土壤条件、生长环境及加工条件等影响而有所差异。米糠中矿物质含量以磷最多，其次为钾、镁、硒等。米糠中的磷存在于植酸、核酸和一些无机磷中，其中植酸中的磷占米糠总量的89%。米糠中矿物质含量见表6-4。

表6-4　米糠矿物质含量　　　　单位：mg/kg

矿物质	含量	矿物质	含量
Al	53～369	P	14800～28700
Ca	140～1310	K	13650～23900
Cl	510～970	Si	1700～16300
Fe	190～530	Na	0～290
Mg	8650～12300	Zn	80
Mn	110～877	—	—

米糠中富含B族维生素和维生素E，但缺乏维生素A和维生素C。米糠中维生素含量见表6-5。

表6-5　米糠中维生素含量　　　　单位：mg/kg

维生素	含量	维生素	含量
维生素A	4	肌醇	4600～9300
维生素B_1	10～28	胆汁酸	1300～1700
维生素B_2	2～3	间氨基苯甲酸	0.7
尼克酸	236～590	叶酸	0.5～1.5
吡哆醇	10～32	维生素B_{12}	0.005
泛酸	28～71	维生素E	150
生物素	0.2～0.6	—	—

国外最新研究证明，米糠集中了 64％的稻米营养素，含有丰富和优质的蛋白质、脂肪、多糖、维生素、矿物质等营养素和生育酚、生育三烯酚、γ-谷维醇、二十八碳烷醇、角鲨烯、神经酰胺等生理功能的活性物质，这些成分具有预防心血管疾病、调节血糖、减肥、预防肿瘤、抗疲劳、美容等多种功能。米糠不含胆固醇，其蛋白质的氨基酸种类齐全，营养品质可与鸡蛋媲美，且米糠所含脂肪主要为不饱和脂肪酸，必需脂肪酸含量达 47％，还含有70 多种抗氧化成分，因此，米糠被誉为"天赐营养源"。米糠中的主要营养成分见表 6-6。

表 6-6 米糠中的营养成分（100g 米糠）

营养成分	含量	营养成分	含量
水分/g	6.00	生育酚、生育三烯酚/mg	25.61
蛋白质/g	14.50	维生素 B/mg	56.95
碳水化合物/g	51.00	总膳食纤维/g	29.00
灰分/g	8.00	可溶膳食纤维/g	4.00
肌醇/g	1.50	总脂肪酸/g	20.50
γ-谷维醇/mg	245.15	热量/kJ	1.38
植物甾醇/mg	302.00	—	—

6.2.2 米糠的稳定化

6.2.2.1 米糠品质劣变的原因

米糠在加工和储存过程中非常容易发生酸败变质，实际生产中，刚碾出的新鲜米糠不可能在几小时内就生产出米糠油，如不立即处理，米糠中的脂类物质将以每天 5％～10％的速度分解为游离脂肪酸，一个月内米糠中的游离脂肪酸将增长到占米糠油总量的 25％。大量游离脂肪酸的存在不但严重降低米糠油的出油率，而且分解出的不饱和脂肪酸为脂氧合酶提供了底物，从而导致油脂氧化酸败，影响米糠油的产率、色泽、气味及食用品质。

米糠酸败变质的原因可归属于米糠中的酶类、微生物和昆虫等有害因素，但主要原因是由于自身所含的脂肪分解酶和氧化酶造成的。在稻谷籽粒中，脂肪酶位于种皮层，油脂位于糊粉层、亚糊粉层和胚内，由于处在不同部位，二者没有接触，它们之间不会起反应。碾米后，脂肪酶混入米糠中，这时脂肪酶显示出活力，催化脂类物质分解，油脂的水解作用就会迅速发生而产生游离脂肪酸，接着在氧化酶、光、热等因素的共同作用下，发生脂肪的酸败。此外，在适宜的水分条件下，米糠中的磷脂在磷脂酶的作用下也发生分解，生成酸性甘油、磷酸、脂肪酸和胆碱，使酸价上升。

米糠发生酸败后，出油率降低，甚至失去利用价值。若米糠的酸败问题不能妥善解决，其开发利用价值就会大大降低，因此，米糠的稳定化是米糠资源开发利用的前提条件。

6.2.2.2 米糠稳定化的方法

防止米糠酸败最有效的方法就是使脂肪酶的活性得到有效的抑制和钝化，进而达到米糠稳定化的目的。米糠稳定化方法可分为物理法和化学法两大类型。物理法主要以限制米糠中脂肪酶活性所需的温度和水分来达到稳定化的目的，包括冷藏法、辐照法和热处理法等。化学法则以抗氧化剂、酸及酶等手段处理米糠，从而达到米糠稳定化的目的。化学法由于考虑到安全性和经济性以及其他不利方面，所以这种方法实际应用有很大的局限性，冷藏法由于所需设备昂贵，一时难以推广，辐照法尚未成熟，目前较为常用的是热处理法，主要包括干热法、湿热法和挤压膨化法等。

（1）干热法

干热法主要是用炒锅、干燥器等加热设备，对米糠进行加热处理以除去水分，钝化脂肪酶的活性，从而延长米糠的保质期。其工艺方法是：将新出的米糠在2～4h内烘炒加热10～15min，使稳定达到95℃以上，水分降到4%～6%，即可使米糠在短时间内保鲜。若继续加热，使温度达到115～120℃，水分降到3%～4%，保鲜期可达半个月左右。

（2）湿热法

湿热法是利用蒸炒锅等设备，先在上层对米糠通入直接蒸汽，进行加湿、加热，然后再干燥至水分为12%以下，最后再冷却至常温。同干热法相比，湿热法钝化脂肪酶的效果好，但操作复杂，蒸汽耗量较大。

（3）挤压膨化法

挤压膨化法是利用挤压膨化机对米糠进行膨化处理，使米糠在高温、高压和摩擦力的作用下达到钝化脂肪酶的目的，使米糠的储存期大大延长，并且营养成分破坏少，结构疏松，有利于米糠作为饲料或后续制油工作。20世纪90年代后期，美国RICE-X公司对米糠挤压技术取得了重大突破，挤压法脱酶稳定米糠已发展成为可行的工程化技术，在稳定米糠的同时能保持米糠的营养价值，稳定米糠的保质期可达到一年，使米糠的酸价稳定在10以下，解脂酶（甘油酯水解酶）的残酶活力小于4%。我国学者在米糠挤压稳定化技术方面也获得了重大突破，并达到了国际先进水平。江南大学的科研人员研究指出：以安徽粳稻新鲜米糠（刚从米机碾下45min）为例，用单螺杆挤压机，米糠水分15%，螺杆转速600r/min，套筒外加热温度为135℃的试验条件，挤压后稳定化米糠经过66天的37℃强化储藏试验，相当于常温储藏8个多月，稳定化米糠的酸价始终稳定在6的水平，而未经稳定米糠的酸价已上升到125。表明经挤压稳定化的米糠，其稳定性提高了21倍。过氧化酶残余酶活为1.2%，远小于4%的国际指标，说明挤压后的米糠已脱酶稳定，可以长期储藏。关于挤压稳定化的机理，国外的相关研究指出，利用挤压过程中的高温可有效降低脂肪氧化酶的活性，同时降低水分含量，使游离脂肪酸不易生成。另外挤压过程中所形成的直链淀粉-油脂复合物，脂肪被包埋在直链淀粉中不易暴露而氧化，也是产品贮存期延长的一个原因。

实践证明，采用高温、高压、高剪切的挤压处理是米糠稳定化行之有效的方法，米糠的挤压稳定化技术已在生产实际中得到广泛的应用。

6.2.3　米糠蛋白和纤维的分离方法

分离米糠蛋白和纤维的目的在于，除去较多的纤维颗粒、分离出蛋白质及富含蛋白质的组分，其主要方法有干法和湿法两种。

6.2.3.1　干法分离

将脱脂米糠磨细后再用气流分级设备进行分级，可得到蛋白质含量达15%，高于米糠原始10.8%的蛋白含量，但其纤维素含量仍高达6.5%，且加工费用也高。

6.2.3.2　湿法分离

湿法分离有碱抽提法、水抽提/沉淀法、有机溶剂沉淀法三种。

（1）碱抽提法

脱脂米糠在pH11的条件下搅拌1h后离心，得蛋白液。调pH值为5.5，使蛋白质沉淀下来。将上清液煮沸，使少量可溶性蛋白凝聚而沉淀。碱抽提法的工艺流程如图6-1所示。用于这种方法的最有效和最经济的试剂是氢氧化钠和盐酸。也可添加阴离子交换树脂以平衡磷酸盐和植酸盐，增加最终蛋白质得率。等电位沉淀之后可以应用热凝结进一步回收一定量的蛋白质。

对于一般的全脂米糠和热稳定化米糠，氮可提取性的条件为，pH2～11、温度 30～80℃、固液比 1：30～1：3（质量/容积）、时间 205～360min、粒度小于 $1000\mu m$，离子强度 0～0.06（使用硫酸钙）。一般米糠 pH 值在 5～11 范围内，氮的可提取性有所增加。而热稳定化米糠在 pH7～11 范围内，氮的可提取性有所增加，并且随着 pH9～11 范围内的提取温度的增高而增加。

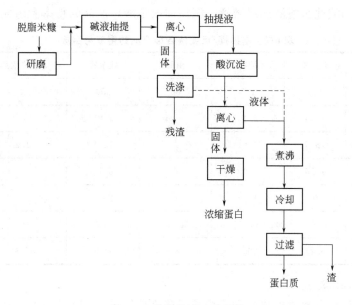

图 6-1　碱抽提法工艺流程

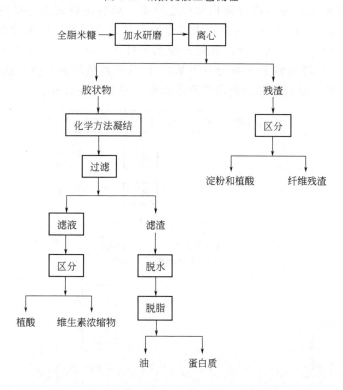

图 6-2　水抽提/沉淀法工艺流程

（2）水抽提/沉淀法

水抽提/沉淀法分离米糠纤维和蛋白质的工艺流程如图 6-2 所示。将米糠放在适量的水中研磨，用离心法分离出固体，剩下的是胶体溶液，其中含有蛋白质-油复合物、植酸、蛋白质、维生素和碳水化合物，对蛋白质-油复合物作化学凝结，用过滤分离开来。经过脱水和脱脂产生油和一种白的或灰白的蛋白粉。在滤出物中添加植酸沉淀剂可以进一步分级为植酸和维生素浆。把第一次离心分离的残余固体进一步分级为最终残余物以及淀粉和植酸的混合物，后者可以用酸性水溶液加以溶解，沉淀回收植酸，产品的得率和组成见表 6-7。

表 6-7　水抽提/沉淀法各种产品的得率与组成

名称	蛋白质	淀粉	植酸	残余物	维生素浆浓缩物	米糠油
出率/kg	110	145	80	250	220	165
水/%	8.56	5.40	—	2.21	—	—
蛋白质/%	78.5	1.61	0	13.1	11.2	—
脂肪和油/%	1.75	0.49	0	6.76	—	—
维生素/%	0	1.67	0	26.3	0	—
灰分/%	2.9	0.67	41.2	2.6	—	—
碳水化合物/%	8.28	90.1	0	48.8	87.3	—

（3）有机溶剂沉淀法

有机溶剂沉淀法分离米糠蛋白和纤维的工艺流程如图 6-3 所示。用二倍溶剂的正己烷在高速混合机中破碎米糠，随后进行筛理和离心分离，最后用篮式离心机分离出一种褐色部分，粒度在 60 目和 250 目之间，它含有米糠中最大量的纤维素。用沉淀和对上清液的连续离心获得通过 250 目筛的白色部分，其量占原始米糠的 35%～40%，含有约 22% 蛋白质、50% 碳水化合物、4% 纤维和 20% 灰分（干基）。白色和褐色部分的蛋白质效率比价（FER）分别为 1.80 和 1.30，原始米糠的蛋白质效率比价（FER）为 1.50。

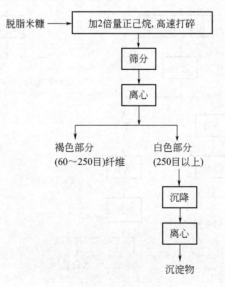

图 6-3　有机溶剂沉淀法工艺流程

6.2.4　米糠的综合利用

米糠的营养价值较高，虽然只占稻米质量的 5%～7%，却集中了 64% 的稻米营养素以及 90% 以上的人体必需元素，有"天然营养宝库"之称，因而世界各国对其综合利用表现出极大的兴趣，特别是美国、日本、韩国以及东南亚一些较为发达的国家对米糠的综合利用进行了大量的研究，取得了较为丰硕的研究成果。

米糠可以经过进一步加工提取有关营养成分，还可用于榨取米糠油，脱脂米糠还可以用来制备植酸、肌醇和磷酸氢钙等。米糠颗粒细小、颜色淡黄，便于添加到烘焙食品及其他米糠强化食品中；米糠中的米蜡、米糠素及谷甾醇都具有降低血液胆固醇的作用。米糠在动物畜禽饲料中代替玉米等原料的添加，可降低饲料成本。米糠的综合利用如图 6-4 所示。

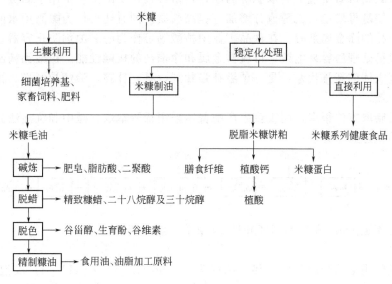

图 6-4　米糠的综合利用

6.2.4.1　米糠油

米糠油不仅是一种营养丰富的食用油，而且是一种天然的健康型油脂。在米糠油所含的脂肪酸中，不饱和脂肪酸比饱和脂肪酸多，二者比率为 4:1。米糠油中还含有 2%～5% 的维生素 E，它是天然抗氧化剂，可以防止米糠油在储存过程中品质劣变，因此米糠油较其他食用油安全。

米糠油的提取方法主要有压榨法、碱炼法、低温浸出法、有机溶剂萃取法、蒸馏脱酸精制法等，其工艺流程见第 4 章。

6.2.4.2　米糠蛋白

从米糠中提取蛋白质是米糠资源利用的一种有效途径。米糠蛋白中赖氨酸的含量高，是其他植物蛋白无法比拟的；其又是低过敏蛋白，生物效价高，可以用来生产婴幼儿食品和老年食品。近年来，随着科学研究的深入，发现米糠蛋白制备肽具有多种生物活性功能，在抗氧化、降血压血脂、抗血管紧张素转化肽（ACE）抑制活性、阿片样拮抗活性、免疫调节等功能活性方面都有相关报道。因此，米糠肽被公认为是一种非常有前途的功能活性肽。

尽管米糠蛋白的营养和保健功能已得到公认，但目前其应用并不广泛，这主要是由米糠蛋白难以分离提取造成的。在天然状态下，米糠中的蛋白质含有较多的二硫键及其与米糠中的植酸、纤维素和半纤维素等物质的聚集作用，使得它不易被普通溶剂，如盐、醇和弱酸所提取。此外，米糠的稳定化处理条件、米糠油的提取工艺等也可能对米糠蛋白的溶解性产生不利影响。

目前米糠蛋白的提取方法主要有酶法和化学法（碱法）。另外，在这两种方法的前提下，辅以研磨法、均质法、超微粉碎法、挤压变性等物理方法来提高蛋白质提取率。提取工艺流程见米糠蛋白与纤维素分离。

6.2.4.3 植酸钙

植酸钙（calcium phytate）又称菲汀（phytin），是植酸与钙、镁形成的一种复盐。原料中的植酸酶也能使植酸钙分解，此酶分解的最适 pH 值为 5.5，最适温度为 55℃。因此，用来生成植酸钙的原料不宜久放，已提取的植酸钙粗品也应烘干后存放或直接用来生成肌醇，以防分解。植酸钙可做工业上制取肌醇的原料，植酸钙在发酵工业中用于酒类酵母培养时可代替磷酸钾，使酵母增殖，乙醇成分增加，提高酒质。同时还可作为酿酒用水的加工剂，酒类和食醋等产品的除金属剂等。在食品工业中植酸钙可作为防腐蚀剂防止容器盖子生锈。金属表面用植酸钙处理后容易电镀，可改善金属和涂饰剂的接触性能。植酸钙精制后用于医药上，可以促进人体的新陈代谢，是一种滋补强壮剂，具有补脑，治疗神经炎、神经衰弱和幼儿佝偻病等功效。

植酸钙的制取方法很多，而工业生产中普遍采用稀酸萃取、碱中和沉淀法。从米糠饼中提取植酸钙的工艺流程如下：

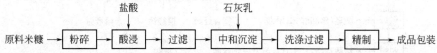

（1）粉碎

米糠饼粉碎至 1mm 左右的细度并过 20 目筛，制成糠饼粉。

（2）酸浸

酸浸时盐酸用量约为原料的 8 倍，浓度为 0.1mol/L，保持 pH2～3，浸泡温度 30℃左右，冬季浸泡时间 6～8h，夏季 4～6h，酸浸液中加入尿素、铵盐或硫酸钠、氯化钠等盐类（加入量为浸液量的 0.05%～0.5%）可使酸浸液中的蛋白质、糖类等溶入量减少至 0.01%以下，这对于提高植酸钙质量是有利的。

（3）过滤

酸浸萃取液，自然滤出或采用真空吸滤滤出，萃取液可经沉降处理，澄清后吸取上层清液并过滤，再将下层悬浮液压滤，滤渣用清水洗涤 1～2 次，合并滤液和洗涤液，送入中和沉淀工序，滤渣另作处理后作饲料或酿酒原料。

（4）中和沉淀

中和沉淀是影响植酸钙得率的重要工序，须严格控制。植酸钙在酸性溶液中呈离解状态，需加入碱性物质方可分离。国内多用新鲜的石灰水做沉淀剂（生石灰：水＝1∶10），将石灰水配好后过 100 目筛，加入滤液中，边加边搅拌，pH 值控制在 7.5 左右，加完后静止 2h，让植酸钙充分析出。

（5）洗涤过滤

中和液分层后，吸去上清液，加水反复洗涤至 pH 值为 7 时为止，将下层白浆打入压滤机压滤，压滤完毕后，用压缩空气除去部分水分，即得到含水约 80%的水膏状植酸钙。

（6）精制

精制时，向原料（粗制膏状植酸钙）中加入稀盐酸，pH 值调整至 1～2，使植酸钙重新溶解，然后加入浓度 30%～50%的氯化钙溶液使其钙化，搅拌后，用活性炭脱色 15min 后过滤。过滤后清液用10%碳酸钠中和，调整pH值为4.5，搅拌10min后静置，吸去上层清液，下层沉淀即为精制植酸钙，过滤后反复用水洗至无氯离子为止。最后压滤去水，在50～70℃的烘房内烘干后即得成品药用植酸钙。

6.2.4.4 肌醇

肌醇（inose）具有与生物素、维生素 B_1 相类似的作用，因此，被广泛用于医药行业，在各种维生素缺乏时，肌醇能起到良好作用，促进维生素的微生物合成。肌醇可与其他药物共同使用以处理脂肪与胆固醇分解代谢的失调。目前医药上多用来治疗肝硬化症，脂肪肝、四氯化碳中毒等疾病。肌醇还可防止脱发，且具有降低血液中胆固醇含量等作用。在发酵和食品工业中，肌醇能促进各种菌种的培养和酵母生长。

以植酸钙为原料制取肌醇的工艺流程如下：

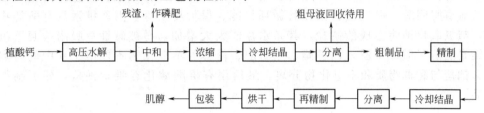

（1）水解

按植酸钙与水 1：（3～3.5）的比例，把所需的水先放入水解罐中，开动搅拌，后加入植酸钙，缓慢加热。投料量不得超过水解罐容积的80%。搅拌转速50～70r/min，压力为0.5～0.8MPa；6h后取样检验，当水解液pH值达2.5～3时，水解基本完成，即可出料。

（2）中和

水解液在水解罐的压力作用下送入中和罐，边搅拌边加入石灰乳，使pH值达8～9。继续搅拌并升温煮沸15min。石灰乳浓度为8～9°Be′。煮沸后立即用离心机或压滤机进行分离。滤渣是磷酸钙和磷酸二氢钙的混合物，是较好的磷肥，可回收利用。

（3）脱色

滤液在脱色罐用活性炭进行脱色。加1%左右的活性炭，升温至90℃，充分搅拌（30min以上）。脱色后抽滤罐或滤棒中抽滤，然后去活性炭。

（4）浓缩

在浓缩罐中，当料液浓度增至1.25～1.3时即可出料，放入搪瓷桶或不锈钢桶中进行冷却，当降到32℃有大量晶体出现时，便可离心分离。分离后的母液，可投入下一批浓缩液中使用。离心分离得到的晶体即为粗肌醇。

（5）精制

粗肌醇中含钙、氯和硫酸根等离子，需用水洗除。按粗制品：蒸馏水＝1：1.2的比例将料投入精制罐，缓慢加热，在物料全部溶解后加入5%的活性炭，沸腾15min。再用砂芯滤棒抽滤，所得滤液装入不锈钢桶中进行冷却，温度控制在32℃左右进行分离。分离物快干时用少量药用酒精冲洗一次（肌醇量的0.2～0.3倍），于50～80℃的干燥室内干燥，即得成品。

6.2.4.5 糠蜡

糠蜡（rice bran wax）是米糠毛油精炼时得的粗糠蜡再经精炼而得到的产品。糠蜡主要是高碳直链脂肪酸和高碳醇结合的酯类。米糠油中糠蜡含量一般为3%～5%。糠蜡在人体内不能被消化吸收，无食用价值，因此，糠蜡要从米糠油中分离出来，以免影响米糠油的质量。糠蜡虽没有食用价值，但其用途广泛。一般的蜡可制成蜡烛，质量好的蜡可用作电气的绝缘材料，还可用来制造蜡纸、复写纸、蜡笔、唱片材料等。

糠蜡制取方法一般有压榨皂化法和溶剂萃取法两种方法。溶剂萃取法所得糠蜡质量较好，得率较高，脱蜡油的回收也比较充分，并能节约烧碱，减轻劳动强度，但溶剂消耗量大，设备较复杂，防火、防爆条件要求严格。压榨皂化法则设备简单，维修费用低，但产品得率较低，糠蜡和米糠油损失大，蒸汽耗用大，产品的纯度、光泽、硬度等均较溶剂萃取法差。

6.2.4.6 谷维素

谷维素（oryzanol）以三萜（硒）醇为主体的阿魏酸酯混合物。米糠压榨时谷维素溶于油中，浸出时谷维素由混合油带出。毛糠油中谷维素含量为 2%～3%。谷维素的药理作用主要有：调节植物神经、促进动物生长、调节改善肠胃功能、阻止体内合成胆固醇和降低血清胆固醇、促进皮肤微血管循环机能、保护皮肤等。因谷维素具有酚类物质的性能，与氢氧化钠能生成酚钠盐，其亲水性能大大增加，易被碱性皂吸附一起下沉。利用谷维素能溶于碱性甲醇，而糠蜡、脂肪醇、甾醇等不皂化物不能溶于其中的特点，使谷维素钠盐与黏稠物质和不皂化物分离，最后用有机酸酸化谷维素钠盐，即可制得谷维素成品。

6.2.4.7 谷甾醇

甾醇（sterol）在皂脚和脱臭馏出物这两个米糠油精炼油脚产品中得到富集。传统的甾醇制取方法，即以皂脚为原料提取谷维素的过程中，通过甲醇碱液皂化，使甾醇浓集于析出的皂渣中，皂渣就成为提取谷甾醇的好原料。提取原理是用丙酮萃取甾醇，再经过滤、脱溶浓缩、脱色重结晶等物理过程制得甾醇成品。

6.2.4.8 米糠食品

（1）水溶米糠营养素

水溶米糠营养素也称为米糠精或全能稻米营养素，它富含了米糠中水溶性的营养素，其制取工艺流程如下：

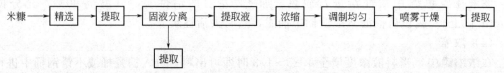

由于提取过程中采用了适合植酸酶作用的条件，米糠内源性或外加一部分的植酸酶使成品中抗营养因子植酸的含量大大下降。水溶性米糠营养素富含各种营养素，味道甘美，可直接食用或制成饮料，也可作为其他食品的营养增强剂。其质量指标见表 6-8。

表 6-8 水溶米糠营养素质量指标

项　目	指　标	项　目	指　标
蛋白质/%	7～12	含水率/%	≤7
脂肪/%	25～32	细菌总数/（个/g）	≤10000
膳食纤维/%	3～6	大肠杆菌/（个/g）	≤3
灰分/%	≤7	沙门氏菌/%	不得检出

（2）米糠营养纤维

米糠营养纤维也称为米糠浓缩纤维，主要成分是米糠中的膳食纤维。其制取工艺流程如下：

米糠渣 → 淀粉液化 → 过滤 → 气流干燥 → 成品

米糠纤维营养素富含米糠多糖，具有清理肠胃、降低血脂、减肥通便等功能，可作为纤维食品及各类食品（焙烤食品、休闲食品及糕点）的功能性添加剂。米糠营养纤维的质量指标见表6-9。

表6-9　米糠营养纤维质量指标

项　目	指　标	项　目	指　标
蛋白/%	≤15	含水率/%	2～7
脂肪/%	≤20	细菌总数/(个/g)	≤10000
膳食纤维/%	≥40	大肠杆菌/(个/g)	≤3
灰分/%	≤15	沙门氏菌/%	不得检出

（3）制作焙烤食品

美国 CALBRAN 公司已经研制出一系列含有稳定化米糠的焙烤食品，如全麦面包、松饼、花生酱甜饼和燕麦片甜饼等。米糠在这些焙烤食品中成功利用的水平已达 20%，如果添加米糠比例过高，则会使面包结构、体积、外观和风味都受到影响。稳定化米糠的性能主要是指其吸脂性能、吸水性能、起泡性能和起泡稳定性，它能吸收自身质量 1.5 倍的油脂和 2 倍以上的水分。在焙烤食品中，高水分和高油脂的吸附能力有助于保持产品的水分含量和新鲜度，可延长产品的保存期，米糠的起泡能力有助于形成蓬松的食品结构。需要说明的是食品加工中添加膳食纤维的量受加水量的限制，因此在面包类产品中加入米糠后，为得到合格产品，需要改变水、蛋和其他配料的用量。

（4）功能性添加物

目前，美国已从稳定化米糠产品中开发出新的第二代功能性添加物，如天然低脂米糠、组织状天然米糠、稳定天然米糠等。

a. 天然低脂米糠

越来越多的食品配方偏重于降低食品本身所含的脂肪和热量。稳定化米糠经处理（不用化学物质和添加剂）后，自身脂肪含量降低约 60%，维生素 B 含量增加约 15%，同时，自身的纤维和蛋白质含量也有所提高。天然低脂米糠不仅具有柔和的、类似烤面包片的、甜的及果仁的风味，还具有柔和的棕黄色泽，其较好的膨胀特性在谷物配方中也很重要。在饼干、油炸土豆片、营养饮料及面条等食品的应用中，米糠的良好颗粒结构使成品具有光滑的组织。由于低脂米糠具有柔和的风味，易于处理，因此允许在加工食品中使用，可以使成品中的纤维含量增加。总的来说，这类产品有如下优点：高纤维、低脂肪、低热量、光滑的结构、理想的风味。

b. 组织状天然米糠

组织状天然米糠，这种添加物主要由稳定米糠和挤压得到的纯大米粉末混合而成，可提供给食品理想的风味、组织结构和外观。

c. 稳定天然米糠

若将糙米直接研磨成粉，因米糠的不稳定性，很容易使产品变质。如把稳定化米糠和大米粉按天然糙米的比例混合而成糙米粉，则可使产品的稳定性提高。稳定糙米粉的营养价值比白米粉有明显的提高，它包含皮层中的所有维生素和矿物质，另外，它还含有较多的蛋白质和纤维素，货架寿命至少有 12 个月。这种添加物尤其适合于松脆卷曲的大米食品以及各种挤压产品。

（5）饮料

a. 米糠大豆粉饮料

米糠先经焙炒，装进口袋中，按每 100g 米糠加 300～400mL 水的比例添加水，煮 5～10min，取出浸出液，反复几次加热提取，使浸出液总量达 1000mL，备用。

将脱脂大豆粉 110g 放入米糠浸出液中，加热溶解，在 110℃时加入为总质量 3% 的葡萄糖，加压灭菌 15min。冷却后，在脱脂豆乳中加入少量的湿热乳酸杆菌，37℃下发酵 48h，料液酸度可达 2.5 左右。产品在装瓶灭菌之前如需加入调味品，还应进行发酵乳清的均质工作。按上述方法制出的大豆米糠酸乳，既无豆腥味，也无米糠的不良气味，营养价值高。

b. 米糠蛋白营养饮料

这种饮料是采用化学方法制取的。把米糠与 5～10 倍质量的水混合，于 100℃左右煮沸30～60min，冷却至室温或 60℃，加入米糠质量的 0.1%～0.5% 的番木瓜蛋白酶和具有番木瓜活性因子的 L-半胱氨酸，两者的质量比为 (17～18)：1，于 55℃下搅拌物料 2h，加入米糠质量 4% 左右的酒石酸或柠檬酸，调溶液的 pH 值至 3.0～4.0，降温至室温，过滤或离心分离，得 pH4.0 的含蛋白质黄色透明液体。此饮料含蛋白质 10%～20%，含泛酸、维生素 B_1、维生素 B_2 和尼克酸，营养丰富，加入酒石酸等酸味剂可防止饮料浑浊与褐变。

c. 含酒精乳酸菌饮料

在日本，米糠一般分为红米糠（糙出白为 90% 的米糠）、中白米糠（糙出白为 80% 的米糠）和白米糠（糙出白为 80% 以下的米糠）。最近，日本对米糠特别是红米糠和中白米糠的有效利用进行了很多研究，其中之一是以米糠为原料生产含酒精乳酸菌饮料。

工艺方法：将 270 份水加热至 58℃，加红米糠 10 份和液化酶剂（淀粉酶活力 $1×10^5$U/g，葡萄糖淀粉酶活力 310U/g）0.043 份，使之分散。分散液在 58～60℃下保温，在搅拌的情况下于 2h 内缓慢加入红米糠 90 份（红米糠总量 100 份），在相同温度下保温 1h，使红米糠液化。然后将米糠液加热至 97℃，保温 30min，继续液化并杀菌。将液化液冷却至 55℃，加糖化酶剂（淀粉酶活力 $9.8×10^5$U/g，葡萄糖淀粉酶活力 $4×10^4$U/g）0.5 份，在 55℃下糖化 20h，糖化后，以 8000r/min 转速离心分离 10min，上清液加活性炭 5 份，过滤，得糖化液 208 份。此糖化液 pH 值约为 6.0，含直接还原糖 11.9%，酸度 0.11。在90℃下将糖化液杀菌 30min，冷却至 37℃。

将干酪乳杆菌接种于 10% 脱脂奶粉水分散液，在 37℃下培养 2d，制备乳酸菌菌母。将IFO2300 菌株接种于以米糠糖化滤液和曲子浸出液为营养源的糖液，在 30℃下培养 2d，制备酵母菌菌母（$1×10^8$ 个/mL）。

向上述经过杀菌、冷却的糖化液中加乳酸菌菌母 2 份和酵母菌菌母 20 份，以 37℃进行乳酸发酵和酒精发酵 3d，所得发酵物 pH3.4，含酒精 5.7%、直接还原糖 1.0%，酸度为 2.1。

预先用白米糠 272 份制得与上述同样进行液化、糖化、离心分离、活性炭处理的糖化液593 份，加到前述发酵物中，混合，制成含酒精的乳酸菌饮料。这种饮料含酒精 2.0%、还原糖 14.2%，酸度 0.74%，浑浊适度，稳定，成分平衡，爽口味美。

6.3 麸皮和麦胚深加工

6.3.1 麸皮的综合利用

麸皮（bran）又称麦麸（wheat bran），主要由小麦的果皮、种皮、糊粉层和少量麦胚和胚乳组成。一般来说，麸皮中的麦胚含量的多少与制粉过程中是否提胚有关，而胚乳含量的多少则由面粉加工的精度所决定。麸皮的出品率一般为小麦的15%～25%，我国麸皮年产量在2000万吨以上，是大宗农副产品资源之一。

麸皮中含有大量的营养物质和生物活性成分，除用作饲料和被酿造业加工利用外，近年来，麸皮作为健康食品的原料越来越受到人们的重视。麸皮中含有较丰富的酶系、蛋白质、碳水化合物、维生素、矿物质以及酚酸等，来源充足且价格低廉，对麸皮进行深加工利用，将具有很高的经济效益和社会效益。

6.3.1.1 麸皮的组成

麸皮的组成与小麦种类、品质、制粉工艺、面粉出率等要素有关。一般来说，在生产较低等级的面粉或同时生产次粉时，麸皮的粗纤维含量较高，另外，制粉过程不提取麦胚时，麦胚都混在麸皮内，因而脂肪含量较高。生产高等级粉而不提取次粉时，麦麸中无氮抽出物较多，粗纤维含量相对较低。麸皮中主要组分及含量见表6-10。

表6-10 麸皮中主要组分及含量

组成成分	含量/%	组成成分	含量/%	组成成分	含量/%
水分	8～10	总膳食纤维	32～52	总淀粉	13～34
粗蛋白	16～19	可溶性膳食纤维	1.5～3.3	灰分	4～6
粗脂肪	3～6	戊聚糖	27～42	维生素	—

麸皮中的蛋白质含量较高而且质量较好，氨基酸组成较平衡。麸皮蛋白质中含有成人所必需的8种氨基酸和儿童所需的10种必需氨基酸。在构成蛋白质的基本氨基酸中，又以谷氨酸、天门冬氨酸、精氨酸、脯氨酸、亮氨酸等居多。表6-11列出了小麦麸皮中氨基酸组成及含量。

表6-11 小麦麸皮中氨基酸组成及含量

名称	含量/%	名称	含量/%	名称	含量/%	名称	含量/%
赖氨酸	0.56～0.71	异亮氨酸	0.44～0.53	酪氨酸	0.40～0.51	丙氨酸	0.67～0.81
苯丙氨酸	0.64～0.73	缬氨酸	0.68～0.78	半胱氨酸	0.34～0.39	组氨酸	0.37～0.44
蛋氨酸	0.13～0.22	精氨酸	0.79～1.06	谷氨酸	2.89～4.33		
苏氨酸	0.46～0.53	甘氨酸	0.75～0.90	脯氨酸	0.82～1.24		
亮氨酸	0.90～1.08	丝氨酸	0.60～0.75	天冬氨酸	0.93～1.16		

6.3.1.2 麸皮的直接加工利用

（1）加工食用麸皮

小麦麸皮虽含有较丰富的蛋白质、维生素和矿物质，营养价值很高，因口感粗糙，无法食用，常用作饲料。为提高麸皮的食用性，可通过蒸煮、加酸、加糖以及干燥等加工方法去除麸皮本身的气味，使之产生香味，改善口感。

加工食用麸皮的原料并无特殊的要求，各种麸皮均能使用。通常麸皮的粒皮小，成品的口感就较好，所以当粗麸含量较多时，要在蒸煮工序的前后进行粉碎。粒度控制在40目以上，加工性能较好。加工食用麸皮，首道工序是对麸皮进行蒸汽处理，可采用高压锅、蒸压器等加压处理方法。蒸煮的时间根据使用的设备而不同，在使用蒸笼处理时，蒸煮时间为10～20min，然后添加一定量的水、酸以及糖溶液并同时投入搅拌机进行搅拌。待麸皮均匀吸收水分之后，将搅拌好的麸皮摊开片刻，再放入110℃的烘箱内加热干燥30min即可得到产品。

添加的酸以柠檬酸、酒石酸、乳酸等有机酸较好，也可使用这些酸中的一种或两种以上的混用，酸的添加量占麸皮重量的 $0.2\%\sim5\%$ 较合适。添加的糖可以用蔗糖、葡萄糖、麦芽糖、果糖等其中一种或两种以上混用，或者用蜂蜜糖稀等以糖为主要成分的食用原料。糖的添加量占麸皮重量的 $30\%\sim80\%$ 为好。此外，除了添加酸和糖，还可以添加各种调料、着色剂、香料，也可以把糊精、淀粉、蛋白质、乳制品、油脂等适量混合，酸和糖都应以水溶液的方式添加。

（2）制取各种营养强化品

对麸皮进行超微粉碎加工，可以制得各种营养强化品。先对麸皮进行粗粉碎，用筛绢筛出粒度为 $280\sim325\mu m$ 的粉，称 A 类粉（若采用反复循环粉碎的方法使筛下物微粉，称为 D 类粉）。进一步用旋转式空气分离机（流量为 $50\sim100kg/h$，转速 $1000\sim1500r/min$，风量 $25\sim30m^3/min$）分离，用 $74\sim130\mu m$ 的筛绢分出大于 $(100\pm25)\mu m$ 的粉，称为 B 类粉，而小于 $(100\pm25)\mu m$ 的粉，称为 C 类粉或称蛋白质类粉。

B 类粉主要由果皮和种皮构成，食用纤维含量较高，可达 $30\%\sim50\%$（称为膳食纤维类粉），同时还含有很丰富的戊聚糖和矿物质，可单独作为富含食物纤维的食品添加物。C 类粉和 D 类粉主要由糊粉层和珠心层构成，含有 $24\%\sim40\%$ 的蛋白质，维生素的含量也很高，是用于食品和饲料行业的高蛋白、高维生素的营养强化物。

（3）麸皮配方食品

a. 麸皮液态饮料

麸皮液态饮料即除去麸皮膳食纤维而获得的麸皮水溶液饮料。以下为麦香茶饮料制作工艺流程：

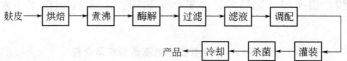

工艺要点说明如下。

麦麸筛选：麦麸过 40 目筛，去除杂物。

烘焙：将麦麸置于烤盘中，于 $250\sim300℃$ 烘焙至麦麸颜色变为略呈焦黄色并具有浓郁的炒麦焦香味时，停止烘焙，时间约需 20min。烘焙时需不断翻烤，切不可有炒煳炭化现象。

水煮酶解：将烘焙好的麦麸称重，按麦麸∶水＝1∶15 的比例，加入沸水中煮沸20min，冷却至 80℃，然后加入质量分数为 0.5% 的淀粉酶，保温条件下水解 1h，使附着在麸皮上的淀粉充分水解溶于水中。

过滤：趁热先粗滤，粗滤液经过压滤机精滤得澄清透明滤液。

调配：在滤液中添加 6% 的糖，2% 的蜂蜜，10mg 的乙基麦芽酚进行调配。

灌装：将调配好的料液及时灌装、封口。

杀菌：采用常压沸水杀菌（100℃，60min），然后自然冷却至常温。

b. 麸皮固态饮料

麸皮固态饮料，是在以麸皮膳食纤维粉为主要原料的基础上，加入悬浮剂和风味剂，经搅拌、混合制成的可经热水冲调食用的产品。麸皮固态饮料的制作工艺流程为：

配方：将麸皮膳食纤维 6g、悬浮剂（黄原胶 0.35g，β-环糊精 0.15g，羟甲基纤维素钠 0.45g）、风味剂（果糖 2g，麦奶香精 0.035g，柠檬酸 0.05g，食盐 0.3g）混合均匀后，包装即可。每份用 250～300mL、80～90℃热开水冲泡，待冷却后即可饮用。

c. 麸皮口嚼片

麸皮口嚼片是以小麦麸膳食纤维粉为主要原料的基础上加入辅料和风味剂，经过压制，制成硬度适中、口感良好的口嚼片。该产品属于低热量型、高纤维食品，适合多种人食用，尤其是肥胖者。麸皮口嚼片的生产工艺流程和工艺配方如下：

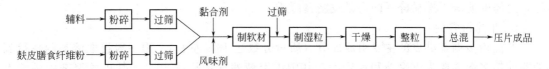

取麸皮膳食纤维 12 份、低取代羟丙基纤维素（L-HPC）1 份、十二烷基硫酸钠 0.8 份、辅料（阿拉伯胶 1.75 份，预胶化淀粉 2.25 份，微晶纤维素 1.5 份）、风味剂（麦奶香精 0.1 份，果葡糖浆 0.4 份，木糖醇 1.5 份）。将其混合均匀，用 10% 的 50～60℃ 明胶溶液喷涂造粒，制成软材，过 40 目筛制粒，将湿粒置于温度为 70℃ 的鼓风干燥箱中，干燥 2min。再过 40 目筛整粒，整粒后加入硬脂酸镁 0.6 份搅拌均匀，再压制成 1 份每个的口嚼片，即为成品。

d. 麸皮面包

将麸皮磨碎到要求的细度，可添加到以面包为主的多种食品中。在小麦麸皮面包中，麸皮的添加量以 5%～20% 为宜，一般以 10% 为标准添加量。在小麦粉的选择上，以面筋质强的优质面粉为好，加水量随小麦麸皮添加量增加而增加。

麸皮面包的配方是：强力粉 90%、麸皮 10%、水 67%、红糖 5%、油 4%、奶粉 4%、盐 2%、酵母 2.5%、改良剂 0.25%（按种类不同选用）。除红糖外，也可加蜂蜜风味都比较好，添加量以 5% 最佳，面包的焙烤温度为 210～230℃，时间约 30min。另外，还有一种以麦麸为主要原料的面包，其麦麸含量占 50% 以上，小麦粉含量在 50% 以下，食盐占 2%，加水量为混合原料的 1～2 倍，具体配方可根据产品的特别需要而定。为了使面包具有一种特别风味，可以添加一些增香剂和调味品，这种麦麸面包非常松脆，发热量较低，不会导致肥胖，且含有的大量纤维素，对增强肠胃功能十分有益。

6.3.1.3 麸皮的间接加工利用

（1）麸皮中碳水化合物的提取利用

a. 膳食纤维

膳食纤维（dietary fiber）是具有代表性的功能性食品，在现代营养学中被称为"第七大营养素"。研究证明，膳食纤维在人体内虽不被吸收，但有助于调节体内碳水化合物和脂质的代谢及矿物质的吸收，能显著降低血脂和体内过氧化水平，对肥胖病、高血压、冠状动脉粥样硬化、胆结石、糖尿病、结肠病、高血脂、心脏病及心血管疾病等有一定的预防和治疗作用，还有防止腹泻、保护肝脏及提高免疫力等生理功能。

小麦麸皮中含有近一半的膳食纤维，是加工膳食纤维的良好来源。目前国内应用于麸皮膳食纤维制备的常用方法有化学法、酶法、酶-化学法。化学法制备的膳食纤维纯度高，但色泽较深、碱味重、口感不佳，且得率低；酶法制备膳食纤维得率高但纯度低；酶-化学法制得的膳食纤维其持水力、溶胀性及得率都优于前两者，且所得产品纯度高、成本低。酶-化学法制备麸皮膳食纤维的一般加工工艺流程如下：

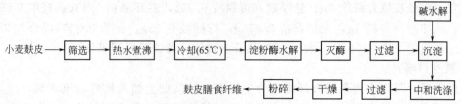

在以上工艺流程中，α-淀粉酶的添加量为 0.4%，酶解温度 65℃，酶解时间 45min。碱水解蛋白时 NaOH 的浓度为 4%，作用温度 30℃，碱水解时间 50min。碱水解结束中和洗涤，过滤的滤渣干燥粉碎后即得麸皮膳食纤维。

b. 非淀粉多糖

非淀粉多糖是麸皮的主要组成成分（质量分数达 46% 左右），用一般提取溶剂制备得到的非淀粉多糖主要为戊聚糖和葡聚糖，其中戊聚糖的含量超过 70%。麸皮戊聚糖中的绝大部分为阿拉伯木聚糖（arabinoxylans），是麸皮非淀粉多糖中含量最多、功能特性最为重要的组分，具有高黏度、高持水性等特征以及氧化交联形成凝胶等作用，对面团流变特性及产品品质有着显著地影响，同时还具有诸多重要的生理活性，如降低血清胆固醇、调节血糖水平、抗氧化、抗肿瘤以及增强免疫力等，可以作为保健食品原料加以利用。

根据在水中溶解性的不同，阿拉伯木聚糖可以分为水溶性和水不溶性两种。一般认为，水溶性阿拉伯木聚糖松散地结合在细胞壁表面，在谷粒中与其他组分不完全交联，所以能够溶于水/热水中，而水不溶性阿拉伯木聚糖则与其他阿拉伯木聚糖分子以及细胞壁组分，比如蛋白质、纤维素或木质素等，通过共价键或者非共价键相互作用，保存在细胞壁内，很难溶于水中。但在碱液条件下，阿拉伯木聚糖结构中的结合键会被打开，使原来不溶性的阿拉伯木聚糖变为可溶性的阿拉伯木聚糖，藉此原理可以提取制备阿拉伯木聚糖。

麸皮中主要以水不溶性阿拉伯木聚糖存在，占整个阿拉伯木聚糖含量的 90% 以上。因此，根据溶解性的差异，可以分别制备水溶性阿拉伯木聚糖和碱溶性阿拉伯木聚糖。

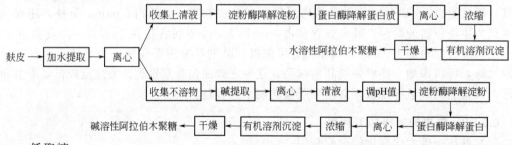

c. 低聚糖

低聚糖是由 2～10 个单糖组成的聚合物的总称，是介于多糖大分子和单糖之间的碳水化合物。麸皮中富含纤维素和半纤维素，是制备低聚糖的良好资源。以麸皮为原料酶法制备低聚糖的生产工艺如下：

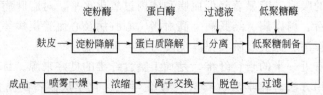

在酶法制备低聚糖生产工艺中，不同低聚糖酶及提取工艺制得的麸皮低聚糖，结构、组成成分有所差异，但都以阿拉伯糖、木糖为主要组成成分。

麸皮低聚糖具有促进益生菌增殖、增强免疫应答、抑制高脂膳食引起的氧化应激反应、润肠通便以及降血糖等功能活性，因此，其可作为一种功能性食品原料，广泛应用于食品、药品等各个生产领域。

（2）麸皮中蛋白质的提取利用

麸皮中含有较多的蛋白质，营养价值较高，生理价值也相当高，能与鸡蛋蛋白媲美，因此麸皮蛋白是一种优质蛋白。由麸皮提取的蛋白可做为食品添加剂，添加于糕点、面包，能防止老化；添加于肉食制品如腊肠、香肠、灌肠等，可以增加其保油性，避免油脂流出。此外，还可用于乳酪及乳酸饮料、替代鸡蛋清做蛋白发泡剂使用。提取蛋白后剩下的残渣和废渣，可用作赖氨酸、味精酵母等的培养基。

麸皮蛋白的提取通常采用方法有碱法、捣碎法和酶分离法。

a. 碱法

碱法属化学分离方法。用水浸泡麸皮，加入碱使蛋白溶解，然后再加入酸中和，最后沉淀去杂质而得蛋白液。

b. 捣碎法

先把麸皮粉碎加水搅拌成为奶油状，用水洗净，再用筛网分离，把淀粉和小块蛋白分开。

c. 胃酶分离法

在麸皮中加入水，通过加酸调整酸碱度，当酸碱度为 1.9～2.2 时，水温保持在 40℃，加入胃酶可将蛋白质分解。

d. 淀粉酶分离法

麸皮粉碎，加入淀粉酶，温度保持在 45～60℃反应 6h 后，淀粉已被液化，此时蛋白质在不变性的情况下被分离出来。

（3）提取维生素 E

小麦麸皮中含有相当丰富的 B 族维生素和维生素 E（抗不育维生素或生育酚），维生素 E 与动物的生殖功能有关，是防止不育症和人体细胞衰老的营养素，还有抗癌的作用。维生素 E 不溶于水、溶于脂肪和脂溶剂、耐热、在无氧时加热至 200℃不受影响。根据这些特点，可进行维生素 E 的提取，常用的提取方法是：将小麦麸皮装入布袋，放入酒精容器中加热，而后减压浓缩，可得维生素 E 含量为 0.73% 的溶液。同时还可得维生素 B 溶液和糖浆，这种维生素 E 可用做肉类、果品、蔬菜的保鲜。

（4）生产丙酮、丁醇

用麸皮可以代替玉米做原料生产丁醇、丙酮，为了能正常发酵，除有足够的碳水化合物外，还必须有适量的氮元素和其他微量元素。研究表明，以麸皮为有机氮源，是玉米所不及的，这是因为麸皮中含有 15% 左右的蛋白质，而玉米含蛋白质仅 8.5%。麸皮中含有硫胺素、核黄素、尼克酸等微生物生长所必需的生长素。此外，还含有 α-淀粉酶、β-淀粉酶、氧化酶、过氧化酶和过氧化氢酶，这些都是微生物生长所必需的。用麸皮代替玉米，C/N 适宜，发酵不但能顺利进行，而且效果上完全可以达到添加玉米的发酵水平。

（5）制取酶

植酸酶（phytase）是我国最早发现的能将有机磷转化为无机磷的酶之一，是一种能促进植酸（肌醇六磷酸）或植酸盐水解生成肌醇与磷的一类酶的总称。植酸酶广泛分布于植物和动物组织及一些特殊的微生物中，小麦麸皮也是提取植酸酶的价廉易得的好原料。

β-淀粉酶广泛存在于粮食谷物中，尤其以小麦、大麦、山芋、大豆等粮食中的含量较高。从麸皮中提取 β-淀粉酶，可作为糖化剂，代替或部分代替麦芽用于啤酒、饮料的生产，在节约粮食的同时，还可实现副产品的有效增值。

在实际生产利用中，可考虑同时提取制备植酸酶和 β-淀粉酶，提取工艺流程为小麦麸皮原料直接用蒸馏水浸泡，然后用不同浓度的盐析过程分别制备植酸酶和 β-淀粉酶，各自纯化，制备成液态产品或冷冻干燥制备粉末状态产品。

6.3.2 麦胚的综合利用

小麦胚（wheat germ）是小麦制粉的副产品，它集中了小麦籽粒的大部分营养精华，含有极其丰富而优质的蛋白质、脂肪、多种维生素、矿物质及多肽等生理活性组分，被营养学家们誉为"人类天然的营养宝库"。小麦胚可以直接食用，可以作为营养强化剂添加于多种食品，可以制取小麦胚芽油后再利用，也可以用来制作高级营养品或休闲小食品等。据报道，我国每年可供开发利用的小麦胚达 300 万吨，因而小麦胚的开发与胚油的生产在我国具有广阔的前景。

6.3.2.1 麦胚的化学成分与营养特性

麦胚是小麦籽粒中最富有营养的部分，与小麦相比，麦胚的蛋白质和脂肪含量高得多，而碳水化合物含量较低且不含淀粉，如表 6-12 所示。

表 6-12　麦胚和小麦的化学成分比较

种类	水分/%	粗蛋白/%	粗脂肪/%	粗纤维/%	碳水化合物/%	灰分/%
麦胚	14.0	28.2～38.4	14.4～16.0	4.0～4.3	14.5～14.8	5.0～7.0
小麦	13.5	8.8～12.0	1.8～2.0	2.5～2.7	68.5～70.0	1.7～1.8

表 6-13　麦胚蛋白和其他食物的必需氨基酸含量比较

项目	麦胚/%	小麦粉/%	鸡蛋/%	牛肉/%	大米/%
蛋白质含量	30	10	12	20	7
赖氨酸	1.85	0.26	0.72	1.44	0.14
苏氨酸	1.10	0.33	0.72	0.93	0.28
色氨酸	0.29	0.22	0.21	0.21	0.20
蛋氨酸	0.85	0.15	0.43	0.51	0.14
缬氨酸	1.18	0.46	0.86	1.10	0.40
亮氨酸	2.50	0.76	1.18	1.46	0.66
异亮氨酸	0.87	0.39	0.63	0.77	0.25
苯丙氨酸	1.21	0.49	0.86	1.10	0.40

麦胚蛋白主要由清蛋白、球蛋白、谷蛋白、醇溶蛋白构成。麦胚不仅蛋白质含量高，而且各种必需氨基酸含量也较丰富，其营养价值不比鸡蛋蛋白逊色。赖氨酸是小麦面粉的限制性氨基酸，而麦胚中赖氨酸的含量是面粉的 7 倍，因此，麦胚蛋白是一种高营养价值的优质蛋白质。麦胚蛋白与其他食物的必需氨基酸含量比较见表 6-13。

麦胚是天然维生素的丰富来源，特别是维生素 E 在麦胚中得到富集。小麦含有丰富的 B 族维生素，但这些维生素在各部分的分布极不均匀。硫胺素在麦胚中含量最丰富，烟酸在糊粉层中最多，吡哆醇集中在糊粉层和麦胚中。表 6-14 是小麦和麦胚中维生素的含量比较。

麦胚中含有 10% 以上的脂肪，其中不饱和脂肪酸占 80% 以上，见表 6-15。

表 6-14　小麦和麦胚中维生素含量比较　　　　　　　　单位：mg/100g

维生素	小麦	麦胚	维生素	小麦	麦胚
维生素 E	—	27～30.5	维生素 B$_6$(吡哆醇)	0.41	3.6～7.2
维生素 B$_1$	0.38～0.45	1.6～6.6	叶酸	0.05	0.21
维生素 B$_2$	0.08～0.13	0.43～0.49	胆碱	211	265～410
维生素 B$_3$(烟酸)	5.0～5.4	4.4～4.5	维生素 H(胆碱)	0.01	0.02
维生素 B$_5$(泛酸)	0.9～4.4	0.7～1.5	肌醇	341	852

表 6-15　麦胚脂肪酸组成

种　　类		含量/%	种　　类		含量/%
不饱和脂肪酸	亚油酸	44～56	饱和脂肪酸	棕榈酸	11～16
	亚麻酸	4～10		硬脂酸	1～6
	油酸	8～30		花生酸	1～1.2

　　小麦胚中还含有人体所必需的多种矿物质，尤以镁、磷、钾的含量丰富。人体所需矿物元素有一定的比例关系，如钙磷比以 1：2 为宜，但麦胚中钙偏少，故在食用时宜补充钙质。麦胚中矿物质的含量见表 6-16。

表 6-16　麦胚中矿物质含量　　　　　　　　单位：mg/100g

镁	磷	钾	锌	铁	铜	锰	钙	钠
400	959.7	2000	22.6	8.3	1.7	9.8	22.7	3.5

6.3.2.2　麦胚的稳定化

　　麦胚中含有丰富的不饱和脂肪酸，加之麦胚是小麦的再生组织器官，各种酶的活力很强，特别是脂肪水解酶、脂肪氧化酶。小麦胚在制粉过程中被分离出来后，脂肪酶就迅速将脂肪分解成脂肪酸，从而引起酸败，造成麦胚变质而难以贮藏，严重制约了小麦胚的开发利用。因此，提高麦胚贮藏稳定性、防止变质是其开发利用的关键。国内外的研究人员对于麦胚的稳定化处理做了大量的研究，有很多的文献和专利相继出现。加热处理钝化脂肪酶活性是最早的报道，目前普遍采用这种简单易行的方法。

　　一般都是将新鲜麦胚放置在可以鼓风的烘箱内，均匀铺展 10～50mm 厚，在 100～150℃条件下加热 10～30min。经过热处理的麦胚中两种酶的活力大大降低，保质期可以延长至 6～12 个月。另有研究表明，热处理还能够改善麦胚的风味和色泽，提高蛋白质的消化率和利用率，从而改善其营养价值。但是该方法也有温度高、蛋白质变性严重、功能性质降低的缺点。

　　近几年，微波技术也被广泛应用到麦胚的稳定化上，并取得了良好的效果。微波法灭酶的时间短、效果好，经微波处理的麦胚，室温下货架期在半年以上。特别值得指出的是，经微波加热处理的小麦胚芽，维生素 E 和其他热敏性营养成分的破坏程度较小，麦胚蛋白不变性，其功能性质能够得到较好的保持，也不会产生加热法所带来的苦味。

　　挤压膨化是高温、高压、高剪切的组合加工过程。麦胚经蒸煮挤压，发生淀粉糊化、蛋白质变性、分子结合键裂解等，能够有效地抑制、钝化脂肪酶的活性。此外，挤压可以促使游离脂肪与蛋白质和淀粉相结合，这种结合态的脂肪较稳定，不易氧化，从而实现麦胚的稳定化，经过挤压膨化稳定化处理的麦胚在 30℃贮藏 8 周无任何变化。

　　另外，采用高压蒸汽、高压蒸煮和微波干燥相结合等技术稳定麦胚，也取得较好的效果。有文献报道，采用超临界萃取法萃取胚芽油也能起到抑制脂肪氧化酶和灭菌的作用，但目前尚未见辐射处理的报道。

6.3.2.3 麦胚油

从麦胚中提取的胚芽油主要成分是亚油酸、油酸和亚麻酸等不饱和脂肪酸。亚油酸是人体合成花生四烯酸的主体，这是人体合成前列腺素的必要物质。麦胚油是维生素 E 含量最高的植物油，其含量为 $200\sim500\text{mg}/100\text{g}$ 油，高于其他植物油 $1\sim9$ 倍，是鱼肝油的 4 倍。

我国从麦胚中提取麦胚油早期用改装后的 95 型榨油机，用经过煮炒后的麦胚榨油，入榨温度在 $110\sim130℃$，水分 $2\%\sim4\%$，能得到 5% 左右的毛油。麦胚毛油为棕色，有臭味，要经过过滤、碱炼及水洗后成为精炼麦胚油，也有工厂曾采用浸出法生产小麦胚芽油，虽然出油率较高，但存在着产品溶剂残留物问题，出于安全方面考虑，浸出法没有被接受。

超临界 CO_2 萃取技术作为一门高新技术，目前在我国工业化大规模生产已经成熟，该技术具有低温、节能、高分离效果、无污染等特点，适合于产品纯度要求高、母体中含量低的固体或流体的萃取。采用 CO_2 做抽提剂，具有廉价、无色、无味、无臭、无毒、临界温度低、安全性好、溶解能力强等特点，若控制合适的萃取压力和分离温度，将会得到最佳的工艺效果。用此工艺萃取小麦胚油，出油率比传统的压榨法提高 1 倍，麦胚油的维生素 E 含量也比压榨法增加近 1 倍。超临界 CO_2 萃取麦胚油的工艺流程如下：

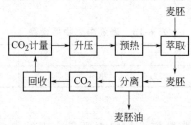

CO_2 经计量后进入升压系统，在控制一定的压力和温度（根据设备和处理量确定）后进入添加有小麦胚的萃取柱进行萃取，萃取完毕后，CO_2 经减压冷却后进入分离罐，这时便可以分离出纯净的小麦胚油，分离出的 CO_2 可以回收重新再用。

6.3.2.4 麦胚油胶丸及胶囊的制作

萃取出的麦胚油从经济角度考虑一般不直接销售，而是将麦胚油注入明胶胶丸中制成麦胚油胶丸，用做保健品或制成化妆品。胶丸的制作工艺如下：

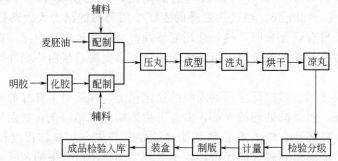

此外，将萃取后的精制胚芽油，加入适量的营养成分平衡配置，再加入适量防腐剂，按照一定的份额，制成胶囊片，可作为中老年人的保健食品，也可配置成护肤、美颜的化妆品胶囊。

6.3.2.5 维生素 E

维生素 E 即生育酚（tocopherol），具有很强的抗脂质自由基过氧化作用，可增强人体免疫力、延缓衰老、抗癌等，广泛应用于医药、化妆品和食品工业。麦胚中维生素 E 的含量为 30mg/100g，麦胚油中维生素 E 含量为 $250\sim520$mg/100g，其中生物活性最高的 α-型维生素 E 占总量的 50% 左右。利用溶剂提取法可以从麦胚中制取维生素 E 浓缩液，工艺流程如下图所示。

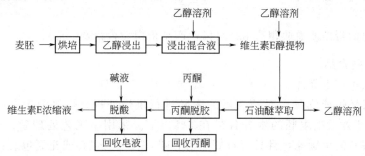

操作技术如下。

（1）提取：用 95% 乙醇作为浸出剂对 115℃烘干的麦胚进行浸出处理，乙醇与麦胚的体积比为 3:1，浸出 $100\sim120$min。

（2）富集：过滤并收集滤液，减压浓缩回收乙醇后获得维生素 E 乙醇提取物。然后用其质量 $5\sim10$ 倍的石油醚或乙醚溶解，过滤醚提取物。收集过滤液，减压回收石油醚或乙醚后获得维生素 E。

（3）脱胶、脱酸、脱水：向维生素 E 乙醚提取物中加入其质量 $5\sim10$ 倍的丙酮，搅拌溶解，然后离心分离。收集离心上清液，减压回收丙酮后再用稀碱液处理，除去游离脂肪酸。再次离心，弃皂化物后用水洗涤数次，然后真空脱水或用分子筛脱水，获得维生素 E 浓缩液。

该工艺获得的维生素 E 浓缩收得率为 1.03%，浓缩液中维生素 E 浓度为 2.153g/100g。

6.3.2.6　麦胚蛋白

脱脂麦胚中蛋白质含量可达到 $31\%\sim35\%$，仅次于大豆。麦胚蛋白中必需氨基酸的比例与 FAO/WHO 推荐模式值及大豆、牛肉、鸡蛋的氨基酸构成比例接近，易于人体吸收，是一种具有开发价值的主要蛋白质资源。同其他蛋白质一样，麦胚蛋白的深加工首先是提取麦胚蛋白，然后以该蛋白为原料直接加工食品，或制备肽类物质和氨基酸等，最后用于医药、食品、化妆品等加工。常采用沉淀法提取麦胚蛋白的工艺流程如下：

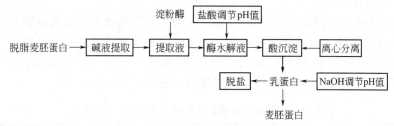

操作技术如下。

（1）提取：将脱脂麦胚粉碎后过 $100\sim120$ 目筛，置于 $8\sim10$ 倍稀食盐溶液中，食盐浓度为 $1\%\sim2\%$，pH$9.0\sim9.5$，在常温下搅拌提取 $1\sim2$h，使麦胚球蛋白溶解。若要提取麦胚清蛋白，则以 $8\sim10$ 倍软水替代食盐溶液。

（2）分离、水解：将提取液用离心机离心，离心机转速为 $4000\sim5000$r/min，离心时间 $10\sim15$min。收集离心上清液，升温至 65℃，用稀盐酸调节 pH 值为 6.3，加入 0.3% 的 α-淀粉酶，搅拌水解淀粉 3h。

（3）沉淀、洗涤、干燥：用稀盐酸继续调节水解液 pH 值为 4.0，沉淀麦胚蛋白，然后用 4000～5000r/min 的转速离心 10min。收集沉淀，用其质量 5～10 倍的软水洗涤沉淀 2～3 次，同法离心。收集脱盐蛋白沉淀，用稀碱液调节 pH 值至 7，然后喷雾干燥成麦胚蛋白粉。喷雾干燥的进风温度为 150～160℃，出风温度为 85～95℃，喷雾离心机转速为 8000～10000r/min。

该工艺制得的蛋白质总收得率 82.34%，产品蛋白质含量 94.05%。

6.3.2.7 麦胚食品

（1）烘烤法生产麦胚片

选用滚筒式转炉或沸腾床对精选后的麦胚进行烘烤处理，烘烤温度 80～120℃，时间 35～50min，使干燥后的麦胚的水分含量在 4% 以下。采用本工艺处理后，麦胚呈金黄色，脱除了麦胚所特有的生腥味，且具有较好的清香味，可真空包装或充氮包装；或者作为一种食品原料，例如，添加到面制食品中，制成麦胚面包、蛋糕、饼干、巧克力、面条、黄油酥等；也可将烘烤后的麦胚片加入到蛋、奶、咖啡、粥中食用，风味独特。

（2）加压烧煮法生产麦胚豆奶

麦胚和一定量的大豆一起加压烧煮，可生产出清甜醇厚、具有清新植物香味的豆奶。将大豆除杂、脱皮，加入麦胚一起浸泡 12h，加入磷酸盐稳定剂后搅拌并加压烧煮，浆渣分离后进行均质，加入豆奶等配料过滤后再次均质，并经过脱臭、灭菌处理后即可装瓶制得麦胚豆奶成品。该豆奶具有麦胚所含有的各种营养成分及功效，而且与豆浆合为一体，营养更为丰富，人体消化吸收率可高达 95%。

（3）麦胚蛋白饮料

利用麦胚经浸泡后分离出浸泡液再磨浆的方法，可以获得乳白色、风味良好的麦胚蛋白饮料。浸泡液经加热、过滤、调制等处理后，称为另一种澄清透明的清凉饮料。

6.4 油脂下脚料深加工

6.4.1 油脂提取下脚料的基本性质

6.4.1.1 油料皮壳

油料种子由籽仁和皮壳组成，制油过程中，为了提高出油率，改善油脂的品质，大多数油料都经先剥壳后制油，脱除的皮壳可作为轻化工原料或燃料进一步加以利用。油料皮壳的主要成分包括：半纤维素 15%～40%，纤维素 30%～45%，木质素 12%～30%，其他（蜡、油、单宁、色素等）。几种植物纤维素原料的主要成分见表 6-17。

表 6-17　几种植物纤维素原料的主要成分（按干基计）

原料名称	多缩戊糖/%	纤维素/%	木素/%	灰分/%
玉米芯	38～47	32～36	71～20	1.2～1.8
棉籽壳	22～25	37～48	29～32	2.0～3.5
葵花籽壳	26～28	30～40	27～29	1.8～2.0
稻壳	16～22	35.5～45.0	21～26	11.4～22.0
油茶壳	24～27	—	—	—

6.4.1.2 油料饼粕

油料经压榨法取油后的剩余物质称为"油饼"(oil cake)，经浸出法取油后的剩余物质称为"油粕"(oil meal)，油料饼粕是油脂提取后的主要副产物。油料饼粕所含的成分因油料品种、取油工艺条件的不同会有所差异，但主要成分大体相同，一般饼粕中含有15%～40%蛋白质，0.5%～6.0%的脂肪，2%～20%的纤维素，20%～25%的无氮提取物（包括糖类、色素、维生素、无机盐等），以及少量的水分。部分油料饼粕的主要成分见表6-18。

表6-18 部分油料饼粕的主要成分

名称	蛋白质/%	脂肪/%	纤维素/%	无氮抽取物/%
大豆	41～50	1～3	3～7	25～27
花生	30～51	1～6	4～7	18～27
棉籽	39～49	1～9	7～15	23～34
芝麻	43～47	1～6	4～5	24～26
葵花籽	29～43	1～6	7～13	15～20
菜籽	<35	1～5	6～8	20～25
米糠	15.0～17.1	1～5	6～11	40～52
茶籽	<14	1～6	5～6	37～41
蓖麻子	<32	1～8	2～3	25～34
椰子肉	<24	1～6	10～13	40～41
亚麻籽	32～34	1～5	2～10	25～30

6.4.1.3 皂脚

在油脂精炼过程中，为了除去毛油中游离脂肪酸，需对毛油进行脱酸处理。碱炼脱酸是油脂精炼过程中常用的脱酸方法之一。在用碱中和油脂中的游离脂肪酸时会生成肥皂，肥皂具有很好的吸附作用，它能吸附色素、蛋白质、磷脂、黏液及其他杂质，甚至悬浮的固体杂质也可被絮状肥皂夹带，一起从油中分离，该沉淀物常称为皂脚。由于加工工艺和操作方法的不同，皂脚的成分也很复杂，一般皂脚的成分如下：肥皂含量15%～30%，中性油12%～25%，水分35%～55%，其余是少量的有机杂质、色素、游离碱及无机杂质等；总脂肪酸含量为40%～50%。

皂脚(soapstock)中脂肪酸的组成随原料油脂品种的不同而异，几种油脂的主要脂肪酸组成见表6-19。从各种油脂皂脚都可以制取与原料油脂大致相同的各种混合脂肪酸，若将各种混合脂肪酸分离，则又可以得到不同特色的脂肪酸产品。如米糠油、棉籽油、花生油等皂脚适于生产油酸；大豆油皂脚适于生产亚油酸；亚麻油皂脚适于生产亚麻酸。棉籽油、米糠油皂脚在生产油酸后，还可以将所得的固体脂肪酸进一步加工成以软脂酸为主要成分的工业用硬脂酸产品。目前由皂脚中提取的脂肪酸产品主要有混合脂肪酸、油酸、亚油酸、氢化硬脂酸及棕榈酸等。

皂脚脂肪酸一般是直链的饱和与不饱和脂肪酸，且组成脂肪酸链的碳数大部分在20个以下，多系偶数。一般植物油中不饱和脂肪酸的双键数多在3个以下，而且大部分是18碳酸，如油酸、亚油酸、亚麻酸等，几乎全部动植物油里都含有大量油酸，亚油酸也差不多存在于各种油脂中，而多数植物油中只含有少量亚麻酸。

表 6-19　　几种油脂的主要脂肪酸组成　　　　　　　　单位：%

脂肪酸名称	油脂种类										
	大豆油	棉籽油	花生油	菜籽油	米糠油	茶籽油	亚麻油	葵花籽油	橄榄油	棕榈油	红花籽油
软脂酸	7~10	20~23	6~9	1~3	12~18	7.6	9~11	4.6~6.8	6.9~14.4	32~47	2.1~8.4
硬脂酸	2~6	1~3	3~6	1~2	1~3	0.8	9~11	1.7~3.9	1.4~2.4	1~6	1.0~6.5
花生酸	0.2~1.5	0.2~0.5	2~4	—	—	—	—		0.1~0.3	—	0.4~1.2
油酸	—	—	53~71	12~18	40~50	83.3	13~29	29.3~60.0	69.1~84.4	40.52	37.9
亚油酸	23~35	23~35	13~27	12~16	29~42	7.4	15~30	29.9~61.8	3.9~12.0	5~11	56.7~80.0
亚麻酸	42~54	42~54		7~9			44~61	0.2~0.5			0.3
芥酸				45~55							

6.4.2　深加工产品开发

6.4.2.1　糠醛

糠醛（furaldehyde，furfural）又名呋喃甲醛，是带有双键的杂环醛，化学性质活泼，在有机合成工业中占有很重要的地位。糠醛及其液体衍生物的用途广泛，除了在工业上用做选择性溶剂外，还可以用于塑料、合成树脂、纤维、橡胶、医药、农药、燃料中以及食品工业、国防工业等部门。糠醛生产主要是利用多缩戊糖，因此含有多缩戊糖的油料皮壳可以作为生产糠醛的原料加以综合利用。工业上具有利用价值的糠醛生产方法有两种，一是利用植物纤维原料制取纤维、乙醇等其他产品时，糠醛作为副产品加以回收；二是将含有多缩戊糖的原料，在一定条件下水解成戊糖，然后再将生产的戊糖脱水制得糠醛。目前应用最广泛的是稀酸加压水解法生产糠醛，即将原料在一定温度和加酸性催化剂条件下进行水解，直接得到糠醛。

6.4.2.2　木糖醇

木糖醇（xylosic alcohol，xylitol）属于多元醇，为白色晶体，易溶于水和乙醇，其甜度高于蔗糖。木糖醇广泛用于轻工业、医药等方面。在食品工业中，木糖醇作为甜味剂加到各种食品中，如糖果、巧克力、饮料、果酱、糕点、饼干等，主要为糖尿病患者专用食品。此外木糖醇具有防龋齿功能，是防龋齿食品的重要原料之一。当前国内外流行的无糖口香糖，即是以木糖醇、山梨醇等糖醇为甜味剂生产的。此外，木糖醇可以替代甘油作为保湿剂应用在牙膏生产中；作为增韧剂应用在纸张生产中；作为保湿加香剂应用在卷烟生产中。同时，木糖醇还广泛用于国防、塑料、皮革、涂料等方面。

利用油料皮壳生产木糖醇，其原理是皮壳中的多缩戊糖经水解得到木糖，木糖再经过氢化便可得到木糖醇。从化学反应来看，制取木糖醇只需要水解、氢化两步，但从工艺生产上，则需要多道工序，主要原因是原料中的多缩戊糖，要经稀酸溶液水解才可能变成木糖，水解液中不仅含有木糖和酸，还含有原料中带来的色素、胶体、灰分等杂质。原料水解后，首先要中和其中的酸，然后用活性炭或焦木素脱色除去其中的色素和胶体，最后经过离子交换，除去残存的有害物质，使木糖液纯度达95%以上才适合加氢制取木糖醇，以免使氢化过程中的催化剂中毒产生而很快失去活性。木糖氢化后，便可变成木糖醇溶液，经浓缩和结晶，便得到结晶木糖醇。部分未结晶的木糖醇，在离心时转入母液，成为副产品。母液经净化后，可成为商品液体木糖醇。

6.4.2.3 活性炭

活性炭（acticarbon，activated carbon）具有多孔性，其表面积很大，尤其是具有巨大的内表面，每克活性炭的总表面积可达到 $500\sim1000m^2$，对气体、蒸汽或胶态固体具有强的吸附能力。活性炭的用途甚多，它可用于糖液、油脂、甘油、醇类、药剂等脱色净化，也可用于溶剂的回收，气体的吸收、分离和提纯，以及用作化学合成的催化剂和催化载体等。

活性炭的生产主要包括炭化和活化两个过程。炭化一般在低于 $600℃$ 的温度进行，经干馏后的原料常含有各种不同挥发性的碳氢化合物及微量的钙、钠、钾等盐类。当温度上升到 $500\sim600℃$ 时，就发生裂化和挥发作用，这种炭化作用使炭粒仍保持与原来相似的外形，但体积有所缩小。由于热解气体的逸出，使初级炭获得了多孔性结构，并增加了表面积，而呈一定的活性，活化是利用氧化气体和药物进行的。气体活化通常是使用水蒸气或二氧化碳通过 $800\sim1000℃$ 的炭层进行一次炭的活化，氧化气体使炭部分氧化，炭的毛细孔周围逐渐腐蚀，部分一次炭变为二氧化碳、一氧化碳等，炭中所含的高级碳氢化合物再次裂解变为低沸点挥发性物质与固定炭分离，原有的毛细孔和表面积扩大，活性加强，得到活性炭。药物活化是以化学药品处理，这种药品称为附活剂，以氧化锌的浓溶液浸渍原料，然后干燥、炭化及活化，当氯化锌蒸汽大量逸出时，取出冷却，再以水或酸洗涤。

高温水蒸气氧化法生产活性炭可以用棉籽壳或葵花壳等为原料，也可以用它们的皮壳在生产糠醛后的残渣作为原料。高温下的炭化反应是吸热反应，在开始的炭化过程中需要加温，使整个活化炉的温度不低于 $800℃$，反应进行中所产生的 H_2 和 CO 燃烧后均放出热量。在实际生产过程中，由炭化反应释放出 H_2 和 CO 燃烧后放出的热量足以补充该反应所需的热量，使活化炉中的温度保持在 $800\sim900℃$，这样在不加热的情况下，能使活化反应正常进行，其工艺流程如下：

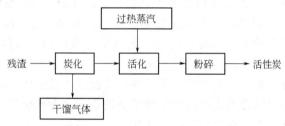

6.4.2.4 大豆蛋白

油料饼粕中含有丰富的蛋白质，是制取各种植物蛋白质的重要原料。以豆粕为例，其中的蛋白质含量高达 $41\%\sim50\%$，可以用于生产各种大豆蛋白产品。利用豆粕生产的大豆蛋白产品主要有脱脂大豆粉、大豆浓缩蛋白、大豆分离蛋白、大豆组织蛋白等，产品形状有粉状、粒状、纤维状和海绵状。产品中蛋白质含量一般为：大豆蛋白粉 $42\%\sim55\%$，大豆浓缩蛋白不小于 65%，大豆分离蛋白不小于 90% 以上。大豆蛋白制品目前广泛应用于食品加工领域，由于不同制品有其不同的功能特性，因此，用途也不尽相同。总的来讲，主要有以下功能特性：乳化性、吸油性、吸水性和保水性、黏度、凝胶性、起泡性等。

以低变性浸出粕为原料，将豆粕粉碎、筛分，即得到食用脱脂大豆粉，可根据不同的用途粉碎粒度 $90\sim300$ 目。以低温脱溶豆粕为原料生产的"脱脂大豆蛋白粉"，氮溶解指数（NSI）值不小于 75%，可利用其凝胶性，用于肉制品添加，提高肉制品加工品的咀嚼韧性，改善食品品质。大豆蛋白的酶活性对面粉有增白作用，可取代化学增白剂，提高食用安全性。在面条、饺子中大豆蛋白可以提高韧性，水煮过程中减少淀粉溶出率，不浑汤。在焙烤食品中，可提高饼干的酥脆度，强化面包的弹性，改善蛋糕的松软度。大豆蛋白中的水溶蛋白，可使馒头、包子等蒸制食品表面光滑，添加大豆蛋白粉价格的馒头可恢复咀嚼韧劲，改善风味。大豆蛋白粉用于方便面、油条等油炸食品中，在油炸熟化过程省油，减少食用时的油腻感。

大豆浓缩蛋白（soybean protein concentrate）蛋白质含量高，吸水性和乳化性较好，常用于畜肉制品和糕点制作。大豆浓缩蛋白的原料以低变性脱脂大豆粕为佳，也可用高温浸出粕，但得率低且质量较差。目前生产大豆浓缩蛋白的主要方法有乙醇洗涤法、稀酸等电点法以及膜分离法。乙醇洗涤法的原理是，当乙醇浓度为 60％～65％ 时，可溶性蛋白质的溶解度最低，此时，可利用乙醇溶液与豆粕混合，便能洗涤豆粕中的可溶性糖类、灰分与醇溶性蛋白质等，然后过滤混合物，所得浓浆液经干燥获浓缩蛋白粉，分离出的醇溶液，进行乙醇和糖的回收。该方法生产的蛋白粉色泽和风味较好，蛋白质损失也少。缺点是由于乙醇的作用使得蛋白质稍有变性；另外蛋白中仍含有 0.25％～1.00％ 不易去除的乙醇，使其食用价值受到一定限制。稀酸等电点法是利用大豆粕浸取液在等电点 pH4.3～4.5 时蛋白质的溶解度最低，进而用离心法将不溶性蛋白质、多糖与可溶性碳水化合物及低分子蛋白质分开，然后再对分离相进行中和、浓缩干燥，所得产品即为浓缩蛋白粉，此法可以同时去除大豆的腥味。膜分离法的原理是基于利用纤维质隔膜的大小不同孔径，使被分离的物质小于孔径者通过，而大于孔径者被截留。隔膜最小孔可达 1μm 左右，因而有较好的分离效果。应用膜分离法制取浓缩蛋白，先将豆粕浸泡并磨浆分渣，得到的豆乳即可利用超滤和反渗透技术分离得到蛋白质。该法脱糖用超滤而不用溶剂或酸碱，用反渗透脱水法还能回收水溶性的低分子蛋白质与糖类，且不需要增加废水处理工程，因而可节约能源和操作费用。

大豆分离蛋白（soybean protein isolate）又称等电点蛋白，是以低变性大豆粕为原料，经过碱溶、酸沉处理后，除去大部分碳水化合物和其他杂质后得到的蛋白质产品，蛋白质含量 90％以上。生产原理依据大豆蛋白质的溶剂特性，用氢氧化钠溶液萃取大豆粕中的蛋白质，将 pH 值控制在 7～9 范围内，蛋白质溶解在碱性溶液中，而多糖则不溶，经分离除去。然后用盐酸调节蛋白质溶液 pH 值至等电点，蛋白质沉淀析出，这样就与可溶的碳水化合物、无机物等非氮提取物分离，最后经过水洗、中和、干燥等工序得到大豆分离蛋白。在食品工业上，利用大豆分离蛋白的乳化性、吸油性、纺丝性和起泡性，可以制作多种多样的食品。例如，大豆分离蛋白代替鸡蛋蛋白用于糖果制造业，作为疏松剂用于饼干和面包的制作等。大豆分离蛋白在其他工业也得有广泛的应用，如在造纸工业作为纸浆调和剂、耐水剂、纸板黏合剂；木材工业上用于水释漆的制造；塑料工业上用于制造纽扣、假象牙、绝缘电木；文具制造工业上用于配置胶水、水彩画涂料和高级油墨。此外，还可以作灭火器的泡沫稳定剂、沥青乳化剂、皮革消光剂及瓷器的黏合剂等。

大豆组织蛋白（soybean tissue protein）是将粉末状大豆蛋白通过物理或化学方法加工成具有类似动物瘦肉组织形态和咀嚼感的仿肉制品，可用作人造肉或其他肉制品制作时的添加物。大豆组织蛋白的加工原理是，脱脂大豆蛋白粉或浓缩蛋白中加入一定量的水分，在挤压膨化机加温加压，即在热和机械剪切力的联合作用下蛋白质变性，使大豆蛋白分子定向致密排列，在物料挤出瞬间，压力降至常压，水分子迅速蒸发逸出，使大豆组织蛋白呈现多孔疏松状态，外观呈现肉丝状。

6.4.2.5　大豆异黄酮

大豆异黄酮（soy isoflavones）是大豆中的次生代谢物，属于生物类黄酮，仅存在于豆科植物中。据研究发现具有雌激素活性、抗氧化活性、抗溶血活性、抗真菌活性及酶抑制剂活性等功能。天然存在的大豆异黄酮共有 12 种，它们大多以 β-葡萄糖苷形式存在，微苦，略有涩味。以脱脂豆粕为原料提取大豆异黄酮的原理是，利用 50％ 的乙醇提取大豆异黄酮，经过滤、蒸发回收溶剂后，提取液中加入盐酸调至 pH 值至等电点，沉淀蛋白质并离心去除，随后提取液经大孔吸附树脂纯化，再用乙酸乙酯和丙酮溶剂组合进行萃取，大豆异黄酮含量可以达到 70% 以上。

6.4.2.6　茶皂苷

油茶籽（camellia seed）是我国特有的木本油料，经取油后，饼粕中含有 10%～15% 的溶血性茶皂苷，其毒性较大。从茶籽饼粕中制取皂苷，不仅可以提高茶籽饼粕的饲料营养价值，且皂苷还是医药和化工行业的重要原料。茶皂苷由于具有起泡、乳化、去污及抗渗透、抗炎症等特性，因此可用作生产清洁剂、泡沫剂、杀虫剂、消炎剂、利尿剂等的原料。利用皂苷溶于极性溶剂的性质，采取浸出方法，可以有效地制取皂苷。以有机溶剂提取法为例，提取茶皂苷（theasaponin, tea saponin）的一般工艺步骤如下：茶籽饼粕 800g，加入 50% 异丙醇 1500mL 混合，加热至 60～70℃约 10min，搅拌 16～18h，过滤后再加 50% 异丙醇 1500mL，提取 2h，过滤后合并滤液，回收异丙醇至原体积的 1/3，加入 NaCl（每 100mL 残留液体加 NaCl 5g），使其溶解。然后用 1mol/L 盐酸调节残液至 pH4.5，再用正丁醇萃取两次，正丁醇萃取液用 5% NaCl 水溶液洗涤，回收正丁醇得淡棕色皂苷，得率为茶籽饼粕的 13%～15%。

6.4.2.7　皂脚脂肪酸

皂脚脂肪酸的生产原理是肥皂在强酸的存在下发生酸解或中性油发生水解而制得脂肪酸、甘油和相应的盐类。脂肪酸的制取一般分为混合脂肪酸的制取和分离两部分。混合脂肪酸的制取方法有：皂化酸解法、酸化水解法、高温催化剂法、高温无催化剂离心分离法、精馏法、溶剂分离法和尿素分离法等。脂肪酸的用途十分广泛，一般混合脂肪酸可直接用于工业原料。工业用硬脂酸一般用于制蜡烛、合成洗涤剂、润滑剂和肥皂等，还可用于光泽剂、防水剂、唱片材料和橡胶配合剂等。工业用油酸是制取洗涤剂的重要原料，它广泛用于毛纺工业，也可作金属光泽剂、制革剂、润滑剂和选矿剂等。

6.4.2.8　皂脚制取日用化工产品

（1）棉油皂

制皂要大量耗用油脂，用棉油皂脚（cottonseed oil soapstock）代替一部分油脂作为制皂的原料是可行的。棉油皂脚制取肥皂的工艺流程如下：

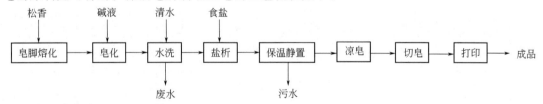

（2）洗衣膏

以棉油皂脚为主要原料，配以各种辅料（如乳化剂、分散剂、抗再沉淀剂、香精、颜料等）制成主要用于洗衣机的膏状皂，既保持了原低级皂去污力强、泡沫适中以及对皮肤刺激小的优点，还克服了色泽深暗、气味难闻、稀软、氧化冒霜等缺点，而与洗衣粉相比又有生物降解性好、泡沫适中、易漂洗、价格低廉等优点。

（3）复合肥皂粉

利用菜油皂脚制取复合肥皂粉，制皂的基本反应是菜油皂脚中的油脂与碱发生反应，产生肥皂和甘油，菜油皂脚经反应后形成皂基，加入调和剂和碳酸钠，经干燥、粉碎、筛选、复配，成复合肥皂粉。

1. 碎米的主要化学成分有哪些？能开发出哪些产品？

2. 米糠稳定化的方法有哪些？为什么？

3. 米糠的主要化学成分有哪些？米糠最适合开发哪类产品？前景如何？

4. 用哪些方法可以直接将麸皮开发出产品？

5. 间接方法可以将麸皮开发出哪些产品？前景如何？

6. 麦胚和玉米胚为什么可以制油？此外，还能开发出哪些产品？

7. 根据油料皮壳的化学成分特性的不同，列出其开发的产品。

8. 大豆粕可以开发出哪些蛋白质产品？比较其工艺方法。

9. 大豆粕能否制作豆腐？

10. 油脂下脚料能够开发出哪些产品？各有什么前景？

参 考 文 献

[1] 马涛，肖志刚. 谷物加工工艺学 [M]. 北京：科学出版社，2009.

[2] 朱永义，郭祯祥，天建珍等. 谷物加工工与设备 [M]. 北京：科学出版社，2003.

[3] 李新华，董海洲. 粮油加工学 [M]. 北京：中国农业出版社，2007.

[4] 刘玉兰，汪学德. 油脂制取与加工工艺学 [M]. 北京：化学工业出版社，2006.

[5] 何东平，闫子鹏. 油脂精炼与加工工艺学. 第 2 版 [M]. 北京：化学工业出版社，2012.

[6] 于殿宇，胡立志，王俊国等. 油脂工艺学 [M]. 北京：科学出版社，2012.

[7] 王兴国，杨玉民，王苏闽等. 油料科学原理 [M]. 北京：中国轻工业出版社，2011.

[8] 张美莉. 杂粮食品生产工艺与配方 [M]. 北京：中国轻工业出版社，2007.

[9] 赵钢. 荞麦加工与产品开发新技术 [M]. 北京：科学出版社，2010.

[10] 曾洁，杨继国. 五谷杂粮食品加工 [M]. 北京：化学工业出版社，2011.

[11] 杜连启，朱凤妹. 小杂粮食品加工技术 [M]. 北京：金盾出版社，2009.

[12] 郑建仙. 现代新型谷物食品开发 [M]. 北京：科学技术文献出版社，2003.

[13] 卢庆善，王呈祥，孙毅等. 高粱学 [M]. 北京：中国农业出版社，1999.

[14] 王月慧. 小杂粮加工技术 [M]. 武汉：湖北科学技术出版社，2101. 12.

[15] 赵晋府. 食品工艺学 [M]. 北京：中国轻工业出版社，2001.

[16] 林汝法，柴岩，廖琴等. 中国小杂粮 [M]. 北京：中国农业出版社，2005.

[17] 姚惠源，方辉. 色选技术在粮食和农产品精加工领域的应用及发展趋势 [J]. 粮食与食品工业，2011，18（2）：4-6.

[18] 杨磊，张作永，杜红光. 色选机在小麦清理工艺中的布置 [J]. 粮食加工，2010，35（5）：40-42.

[19] 丁应生. SG 型高速振动筛筛面上物料的运动 [J]. 武汉食品工业学院学报，1999（2）：1-8.

[20] 张永林，刘协舫. 重力谷糙分离机的工作原理及分离板上物料的运动分析 [J]. 粮食与饲料工业，1995（7）：4-6.

[21] 赵仁勇，Alain Cretois. 小麦入磨水分和硬度对研磨特性的影响 [J]. 中国粮油学报，2003，18（2）：29-32.

[22] 李林轩. 碾麦清理技术的应用 [J]. 粮食加工，2011，56（5）：4-6.

[23] 黄建平. 日处理 300t 小麦制粉工艺 [J]. 粮食与饲料工业，2007（1）：8-10.

[24] 顾尧臣. 小宗粮食加工（一）[J]. 粮食与饲料工业，1999（4）：10-14.

[25] 顾尧臣. 小宗粮食加工（二）[J]. 粮食与饲料工业，1999（5）：17-19.

[26] 顾尧臣. 小宗粮食加工（三）[J]. 粮食与饲料工业，1999（6）：13-15.

[27] 顾尧臣. 小宗粮食加工（四）[J]. 粮食与饲料工业，1999（7）：19-23.

[28] 顾尧臣. 小宗粮食加工（六）[J]. 粮食与饲料工业，1999（9）：22-23.

[29] 顾尧臣. 小宗粮食加工（八）[J]. 粮食与饲料工业，1999（11）：18-20.

[30] 吴雪辉，何淑华，谢炜琴. 薏米淀粉的颗粒结构与性质研究 [J]. 中国粮油学报，2004，19（3）：35-37.

[31] 回瑞华，侯冬岩，郭华等. 薏米中营养成分的分析 [J]. 食品科学，2005，26（8）：375-377.

[32] Zhao Y L, Dolat A, Steinberger Y, et al. Biomass yield and changes in chemical composition of sweet sorghum cultivars grown for biofuel [J]. Field Crops Research, 2009 (111): 55-64.

[33] 李亚光，周立汉. 精制小米的加工技术 [J]. 粮食与饲料工业，2001（5）：5-6.

[34] 周裔彬. 浅述小麦籽粒的结构与制粉的关系 [J]. 粮食与饲料工业，1996（12）：5-7.

[35] 周裔彬，李雪玲. 浅析提高稻谷加工出米率的新途径 [J]. 粮食与饲料工业，1999（12）：12-13。

[36] 郑耀华，徐亚元，张齐等. 鲜米糠中蛋白质的提取工艺研究 [J]. 农产品加工学刊，2012，274（3）：73-76.

[37] 徐亚元，周裔彬，万苗等. 脱脂米糠抗氧化肽的制备工艺研究 [J]. 中国油脂，2014，39（2）：28-32.

[38] 徐亚元，周裔彬，万苗等. 脱脂米糠蛋白酶解物的制备及抗氧化性 [J]. 食品科学，2013，34（15）：43-47.

[39] 安红周，金征宇，陆建安. 进料水分对挤压人造米理化特性和物的影响 [J]. 食品工业科技，2004，25（9）：55-58.

[40] 安红周，范运乾，豆洪启等. 直接挤出制备米粉（线）工艺的优化 [J]. 中国粮油学报，2012，27（7）：86-91.

[41] 黄忠华，梁智. 碎米及其综合利用概述 [J]. 淀粉与淀粉糖，2013（2）：12-15.

[42] 欧阳嘉，曹叶青，樊可可等. 多种油脂的脂肪酸组成分析 [J]. 南京化工大学学报，1997，19（2）：84-88.

[43] GB/T 8873—2008.

[44] GB/T 1350—2009.

[45] GB/T 1355—2005.

[46] GB/T 2716—2007.

[47] GB/T 1536—2004.

[48] GB/T 21719—2008.

[49] JB/T 9817—1999.

[50] GB/T 1353—2009.